U0179902

稀土元素在微合金钢中的材料物理学

王海燕　高雪云　任慧平　著

科学出版社

北京

内 容 简 介

本书主要以稀土元素在微合金钢中应用的理论与实验研究为主线，从材料学与物理学角度介绍稀土元素在钢中的作用机理。在内容的编排上，首先介绍稀土元素物理、化学性质，稀土金属间化合物等基础知识；其次针对稀土元素在微合金钢中的实际应用情况，详细介绍稀土元素在钢中固溶、偏聚、扩散以及与微合金元素交互作用行为的研究；最后以稀土元素作用机理的研究为先导，对稀土元素在微合金钢中的应用进行工业评价，为微合金钢中稀土元素的成分优化设计与微合金化机理研究提供理论与实验数据。

本书可供材料科学领域的教学与科研人员参考，也可用作材料科学与工程、冶金工程及相关专业的研究生教材或参考书。

图书在版编目（CIP）数据

稀土元素在微合金钢中的材料物理学/王海燕，高雪云，任慧平著. —北京：科学出版社，2021.9
ISBN 978-7-03-069469-0

Ⅰ.①稀⋯ Ⅱ.①王⋯ ②高⋯ ③任⋯ Ⅲ.①稀土族–应用–低合金钢–材料科学–物理学 Ⅳ.①TG142.33

中国版本图书馆 CIP 数据核字（2021）第 148940 号

责任编辑：牛宇锋 罗 娟 / 责任校对：任苗苗
责任印制：吴兆东 / 封面设计：蓝正设计

科 学 出 版 社 出版
北京东黄城根北街 16 号
邮政编码：100717
http://www.sciencep.com
北京中石油彩色印刷有限责任公司 印刷
科学出版社发行 各地新华书店经销

*

2021 年 9 月第 一 版　开本：720×1000 B5
2022 年 6 月第二次印刷　印张：16
字数：312 000
定价：118.00 元
（如有印装质量问题，我社负责调换）

前　　言

稀土元素因其在钢中的净化、变质、微合金化等作用而引起材料研究者的广泛关注。大量理论与实践表明，通过稀土元素的变质、细化作用来减轻或消除不均匀性，利用稀土元素的净化作用来减少或去除有害相及杂质，借助稀土元素的微合金化来强化材料的薄弱区，是提高材料力学性能的重要途径。微合金化的程度取决于微量稀土元素的固溶作用，稀土元素与其他溶质元素或化合物的交互作用，稀土元素的存在状态、尺寸、数量和分布，以及稀土元素对钢表面和基体的影响等。然而，稀土元素极其活泼，易与钢中的氧、硫等生成化合物，较难在固相钢铁中扩散，使得钢中本来就很少的稀土元素易产生非平衡分布，并可能处于和材料成分及具体生产工艺相关的非平衡状态。此外，在工程应用中容易造成水口堵塞等工艺问题。因此，钢中稀土元素微合金化一直是物理冶金研究的难题。

稀土是不可再生的重要战略资源，在高新技术领域具有不可替代的作用。如何基于包头白云鄂博地区丰富的矿产资源优势开发具有中国特色的稀土钢系，是我国科研教育界和产业界的重要课题。面临 21 世纪发展高强韧钢、高附加值钢种的时机，钢的冶炼控制技术和洁净度不断提高，稀土元素在高洁净钢中的微合金化作用必将得到更有效的发挥，有望成为发展新型高附加值钢铁材料的重要微合金元素。因此，控制稀土元素在钢中的存在形式，提高对稀土元素在钢中作用机理的认识水平，使白云鄂博铁矿自然带入钢中的残留稀土元素充分发挥作用，对于高附加值稀土钢品种的研究与开发具有重要的理论与实际意义。

如何发挥残留稀土元素的有益作用，不仅需要关注稀土元素本身在钢中的存在形式与作用，还应着眼于稀土元素与其他微合金元素的交互作用。通过稀土元素微合金化与控轧控冷技术的有机结合，依靠钢中碳氮化物析出与形变再结晶的协同作用使钢获得良好的强韧性，对于有效利用稀土资源开发高端稀土钢产品具有重要理论与实际意义。基于稀土元素的优异特性，科研人员对稀土元素在钢液中的行为和稀土钢冶金物理化学，以及稀土元素在钢中的作用机理做了大量研究工作。然而，由于稀土元素理化性质的特殊性，目前尚没有足够的证据能够精确证明稀土元素的存在形式。在实际研究中，稀土元素与其他微合金元素的交互作用、稀土元素对微合金元素固溶度的影响、稀土元素对微合金钢中第二相析出行为的影响，以及相关析出热力学和动力学模型还缺乏系统深入的探索，需要在实验研究的基础上，寻找新的理论方法和检测手段进行计算与表征。本书结合作者在稀土钢微合金化方面的研究结果及国内外学者近年来得到的相关理论，在继承传统理论的基础上，将实验研究与理论计算有机结合，从材料物理学角度出发，多角度多层次阐述稀土元素在微合金钢中的作用规律与微观机理。

本书在整体内容的编排上，均以介绍稀土元素在微合金钢中的作用实例为先导，展开稀土原子在钢中微合金化行为的分析，使每部分都形成完整的知识体系。首先，介绍稀土元素的基本性质、稀土元素在金属材料中的作用以及应用方面的研究进展。随后，结合作者近年来的研究结果，重点讨论稀土元素与钢中微合金元素的交互作用机理，聚焦目前稀土元素对铌溶解与析出行为影响方面所取得的研究结果，分析其在工业实践中对控轧控冷条件下钢中形变再结晶与析出行为的影响。在此基础上，对白云鄂博铁矿生产钢材的可行性和经济性进行评估，并给出稀土钢中成分优化设计与热机轧制工艺设计的思路。同时，分析当前制约稀土钢发展的一些问题，总结通过高通量计算、高通量制备、先进表征手段等建立稀土元素在钢中应用的数据库，从而加快稀土钢研发。

全书共八章，其中，第 1 章由任慧平、王海燕、邢磊编写，第 2～7 章由王海燕与高雪云编写，第 8 章由任慧平、王海燕、吴忠旺、谭会杰、邢磊编写，最后由王海燕负责全书的统稿。

本书在完成过程中得到多方面的帮助。感谢北京科技大学毛卫民教授、安徽工业大学朱国辉教授、燕山大学肖福仁教授、广西大学曾建民教授给予的理论指导，感谢陈树明、王成猛、姚兆凤、贾幼庆等同学为本书提供的实验与计算数据，感谢马才女、吕萌等同学进行的书稿整理工作。本书的研究内容得到国家自然科学基金(51101083、51174114、51961030)、内蒙古自治区"草原英才"工程产业创新人才团队(优势资源高性能金属材料研究与开发)、内蒙古科技大学材料科学与工程"双一流"建设项目、内蒙古自治区"草原英才"工程支持计划、内蒙古自治区高等学校"青年科技英才支持计划"的经费支持，在此表示衷心感谢。

由于作者的认识水平有限，书中难免存在不妥之处，恳请读者批评指正。

作　者

2020 年 9 月 15 日于包头

目　　录

第1章 绪 论

1.1 稀土元素的基本性质

稀土元素是元素周期表中原子序数为 57～71 的镧系元素以及与镧系元素化学性质相似的钪和钇元素，共 17 种化学元素的总称，常用 RE(rare earth)表示，包括镧(La)、铈(Ce)、镨(Pr)、钕(Nd)、钷(Pm)、钐(Sm)、铕(Eu)、钆(Gd)、铽(Tb)、镝(Dy)、钬(Ho)、铒(Er)、铥(Tm)、镱(Yb)、镥(Lu)、钪(Sc)、钇(Y)。

稀土是芬兰学者加多林(Johan Gadolin)在 1794 年发现的。当时，在瑞典的矿石中发现了矿物组成类似"土"状物而存在的钇土，因为 18 世纪发现的稀土矿物较少，当时只能用化学法制得少量不溶于水的氧化物，历史上习惯把这种氧化物称为"土"，便定名为"稀有的土"。此后，又陆续发现了与此同类的多种元素，总称为稀土。但后来的研究发现，稀土在地壳中的丰度要比人们想象的多得多，稀土并不稀少，也不是"土"，全部是金属元素[1,2]。稀土元素在地壳中的丰度[3,4]：铈、钇、钕含量最高，均超过 20×10^{-6}，其在火成岩和地壳上部的丰度，比钨、钼、钴、铅都多；镧、镨、钪含量较高，均在 10×10^{-6} 以上；铥和镥含量最少，均小于 1×10^{-6}。

稀土金属不但能以单质形式存在，而且能以金属间化合物的形式与其他金属形成合金。稀土元素有两个突出的特点：电子结构和化学性质相近，不同稀土元素通常共生，因此化学性质非常相似，这使得稀土元素彼此分离非常困难；因 4f 亚层的轨道电子被外层的 5s 和 5p 层电子有效地屏蔽，不能参与成键，物理性质差异明显，这给稀土元素的开发应用，特别是新材料领域的应用创造了多方面的条件。稀土元素独特的物理和化学性质使其具有诸多其他元素所不具备的光、电、磁特性，因此稀土被誉为新材料的"宝库"与高技术的"摇篮"[4-6]。目前，稀土元素成为材料学家广泛关注的重要元素。日本科技厅选出的 26 种高技术元素中，除 Pm 以外的 16 种稀土元素都包括在内，占 61.5%。美国国防部公布的 35 种高技术元素，也包括除 Pm 以外的 16 种稀土元素，占全部高技术元素的 45.7%[7]。因此，稀土元素被赋予工业中的"维生素"称号，是 21 世纪的重要战略物资，也是科技前沿研究开发新材料和发展高新技术产业不能缺少的重要元素。

1.1.1 物理性质

稀土元素的物理性质与金属中离子的电子结构及其排布有关，它们具有相同的壳层结构，只是 4f 过渡电子数目从 0 到 14 不等。外层电子都是 1 个 d 电子和 2 个 s 电子，采取 $[Xe]4f^n6s^2$ 或 $[Xe]4f^{n-1}5d^16s^2$ 基层组态[8]。其原子半径较大，一般为 1.641~2.042Å，约是 Fe 的 1.5 倍。稀土元素的基本物理性质见表 1-1 和表 1-2。

表 1-1 稀土元素的基本物理性质 1

原子序数	元素	原子量	密度/(g/cm³)	熔点/℃	沸点/℃	维氏硬度
21	钪(Sc)	44.96	2.989	1539	2831	—
39	钇(Y)	88.91	4.469	1522	3338	—
57	镧(La)	138.91	6.174	921	3457	—
58	铈(Ce)	140.12	6.689	798	3468	—
59	镨(Pr)	140.91	6.475	931	3520	—
60	钕(Nd)	144.24	7.004	1024	3074	—
61	钷(Pm)	144.91	6.475	1042	3000	—
62	钐(Sm)	150.35	7.536	1072	1791	412
63	铕(Eu)	151.96	5.259	822	1597	167
64	钆(Gd)	157.25	7.901	1311	3233	—
65	铽(Tb)	158.93	8.23	1356	3230	—
66	镝(Dy)	162.50	8.55	1409	2562	—
67	钬(Ho)	164.93	8.79	1474	2695	481
68	铒(Er)	167.26	9.01	1529	2863	589
69	铥(Tm)	168.93	9.32	1545	1947	520
70	镱(Yb)	173.04	6.54	824	1196	206
71	镥(Lu)	174.96	9.85	1663	3315	1160

稀土金属为呈铁灰色到银白色有金属光泽的金属，一般较软、可锻、有延展性，在高温下呈粉末状。其中铈的熔点为 798℃，而镥的熔点为 1663℃，差别较为明显。

表 1-2 稀土元素的基本物理性质 2

| 原子序数 | 元素 | 电子排布 | | 氧化价态 | 氧化物颜色 | 热中子俘获截面/b(靶恩)[①] | 总磁矩(玻尔磁子) |
		原子	M^{3+}				
21	钪(Sc)	$3d4s^2$	[Ar]	+3	—	13	—
39	钇(Y)	$4d5s^2$	[Kr]	+3	—	1.3	0.67
57	镧(La)	$5d^16s^2$	[Xe]	+3	白色	8.9	0.49
58	铈(Ce)	$4f^15d^16s^2$	$4f^1$	+3, +4	米色	0.7	2.51
59	镨(Pr)	$4f^36s^2$	$4f^2$	+3, +4	黑色	11.2	3.56
60	钕(Nd)	$4f^46s^2$	$4f^3$	+3	淡蓝色	46.0	3.3
61	钷(Pm)	$4f^56s^2$	$4f^4$	+3	—	—	—
62	钐(Sm)	$4f^66s^2$	$4f^5$	+2, +3	淡黄色	5500	1.74
63	铕(Eu)	$4f^76s^2$	$4f^6$	+2, +3	白色	4600	7.12
64	钆(Gd)	$4f^75d^16s^2$	$4f^7$	+3	白色	46000	7.95
65	铽(Tb)	$4f^96s^2$	$4f^8$	+3, +4	深褐色	44	9.7
66	镝(Dy)	$4f^{10}6s^2$	$4f^9$	+3	白色	1150	10.64
67	钬(Ho)	$4f^{11}6s^2$	$4f^{10}$	+3	白色	64	10.89
68	铒(Er)	$4f^{12}6s^2$	$4f^{11}$	+3	粉色	166	9.5
69	铥(Tm)	$4f^{13}6s^2$	$4f^{12}$	+3	苍绿色	118	7.62
70	镱(Yb)	$4f^{14}6s^2$	$4f^{13}$	+2, +3	白色	36	0.41
71	镥(Lu)	$4f^{14}5d^16s^2$	$4f^{14}$	+3	白色	108	0.21

① $1b = 10^{-28}m^2$。

　　稀土元素的磁性质是由未充满 4f 电子层内的未成对电子引起的。其中，镝和钬的原子磁矩最大，钐、铈、镨和钕与强磁性的铁和钴的配伍性最好，能产生极强的相互作用，形成 $SmCo_5$ 和 $Nd_2Fe_{14}B$ 等把磁畴保持在一起的高度抗退磁材料。此外，一些稀土元素的磁热效应、磁致冷、磁致伸缩和磁光效应都充分展现了各种稀土元素特有的性质，为稀土的开发与应用提供了思路。

　　稀土元素的电子能级和谱线较普通元素更多种多样，它们可以吸收和发射从紫外、可见到红外谱区各种波长的电磁辐射，仅钆原子的某个激发态就有多达36000 个能级。由于稀土元素 4f 亚层未成对电子与其他元素外层电子如 d 电子间的相互作用，可以形成丰富多彩、性能各异的稀土材料系列。与荧光、激光、阴极射线发光、电致发光、电光源以及瓷釉着色、玻璃色调的调整等相关的稀土材料及其应用，都离不开稀土光谱中的发射与吸收等与能级跃迁相关的过程，也就是说，与稀土元素特殊的电子结构密切相关。

1.1.2　化学性质

稀土元素在化学性质方面均为典型的金属元素，因为其原子半径大，又极易失去外层的 6s 电子和 5d 或 4f 电子，所以其化学活性很强，仅次于碱金属和碱土金属，但其不像碱金属那样过于活泼而不便于处理，又强于其他金属元素的活性。虽然三价稀土离子较稳定，但在不同环境及不同条件下，稀土元素又呈现混合价、价态起伏变化的情况。在 17 种稀土元素中，镧元素最活泼，随着原子序数的增加，稀土金属在空气中的稳定性逐渐升高。

稀土金属对氢、碳、氮、氧、硫、磷和卤素具有极强的亲和力。轻稀土金属于室温在空气中易于氧化，重稀土金属在室温形成氧化保护层，因此一般将稀土金属保存在煤油中，或置于真空或充以氩气的密封容器中。此外，稀土金属溶于稀盐酸、硝酸、硫酸，难溶于浓硫酸，微溶于氢氟酸和磷酸，但不与碱作用。高温下，稀土金属能同氢、硼、氮、碳、硫直接作用生成非金属化合物。

稀土元素为原子半径较大的电正性元素，除各稀土元素彼此间及与锆、钍和镁、锌、镉、汞等二价金属形成多种固溶体外，稀土金属与其他金属元素形成的二元 R-M 系金属间化合物(R 为稀土金属，M 为非稀土金属)就在 3000 种以上。其中，RM_2、RM、RM_3 和 R_5M_3 依次各占已知 R-M 系金属间化合物的 20%、17%、12%和 7%，RM_5 和 R_2M_{17} 各占 5%。单稀土与铁、钴、镍形成的金属间化合物就已超过 200 种，$Nd_2Fe_{14}B$ 等三元化合物更是难以计数。此外，稀土具有易与碳形成强键及易于获得和失去电子的能力，特别是铈的储氧能力，使铈成为催化性能非常突出的金属元素。

由于稀土元素的负电性很低，仅略高于碱金属和碱土金属，使得其外层电子容易失去而成为正离子。因此，稀土元素在钢液中具有较强的化学活性，能与 O、S 等有害元素生成高熔点产物，与 Pb、Sn 等低熔点金属交互作用，降低了其对钢材性能的危害[9]。

1.2　稀土金属间化合物

当合金元素以一定比例加入溶剂金属后,在溶剂中占据的最大分数是固溶度。热力学计算表明，极少量第二类原子的加入虽然会使体系的焓值增加，从而导致体系自由能增加，但同时也会使组态熵急剧增加而导致自由能减小。后者所带来的自由能减小量远远超过前者引起的自由能增加量，因此金属在固态会表现出一定的固溶度。

稀土元素在溶剂金属中主要以固溶态和金属间化合物两种形式存在。如果稀土元素在合金中的固溶量超过其当前温度所对应的固溶度，就会形成金属间化合物以第二相形式析出，作为合金的沉淀相，可以起到析出强化作用。

稀土金属间化合物基于某种晶体结构的热力学稳定性形成，其主要与以下因素有关：几何结构、电子结构和化学键。在一些研究中，也发现其与离子键、共价键和金属键类型有关。一般情况下，金属间化合物趋于形成具有最高对称性、空间填充和原子键合的形态，这也与组成原子的尺寸和形成化合物后原子间的距离有关。值得注意的是，这些因素综合作用后主要体现为两个效应，即单个原子周围的近程有序和长程排列，这两个效应决定了特定晶体结构的形成。对于某种金属间化合物的稳定性，可通过其与形成元素之间的自由能差来确定。在有限温度下，$T\Delta S$ 可以忽略，因此自由能的储备主要来自形成能的贡献。

稀土金属间化合物是稀土合金研发中的重要内容之一。由于稀土元素独特的电子结构，其性质显示规律性变化，特别是原子尺寸和电负性的变化。此外，其中一些在具有金属性质的化合物中表现出不同价态，从而产生特殊的结构、电子和磁性能[10]。本节将对稀土二元体系可能形成的金属间化合物进行讨论，并主要通过成分、晶体结构类型，以图形方式列出目前已知体系可能形成的金属间化合物组成与结构类型，如图 1-1～图 1-15 所示。

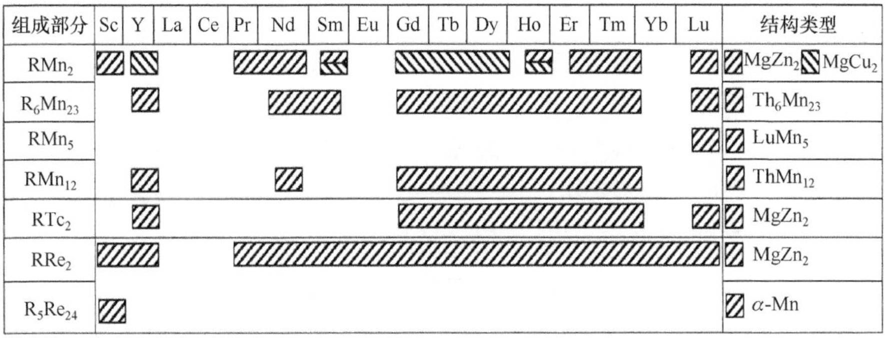

组成部分	Sc	Y	La	Ce	Pr	Nd	Sm	Eu	Gd	Tb	Dy	Ho	Er	Tm	Yb	Lu	结构类型
RMn_2																	$MgZn_2$ / $MgCu_2$
R_6Mn_{23}																	Th_6Mn_{23}
RMn_5																	$LuMn_5$
RMn_{12}																	$ThMn_{12}$
RTc_2																	$MgZn_2$
RRe_2																	$MgZn_2$
R_5Re_{24}																	$\alpha\text{-}Mn$

图 1-1　形成 R-Mn、R-Tc、R-Re 系化合物

一定压力条件下生成具有 $MgZn_2$ 型结构的(Y, Sm, Gd, Tb, Dy, Ho, Er, Yb)Mn_2 化合物；高温结晶成的 $PrRe_2$ 具有 $MgCu_2$ 型结构

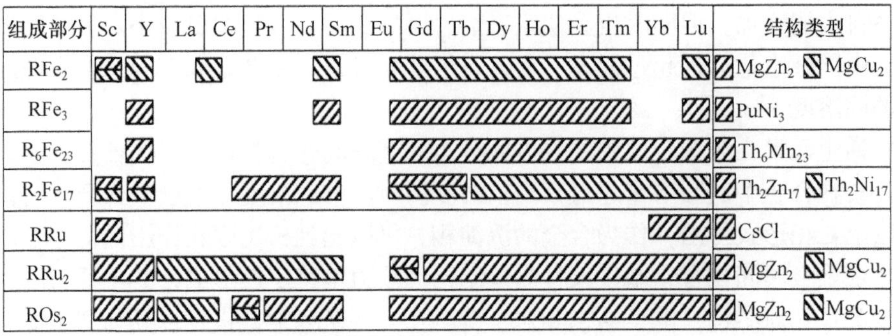

组成部分	Sc	Y	La	Ce	Pr	Nd	Sm	Eu	Gd	Tb	Dy	Ho	Er	Tm	Yb	Lu	结构类型
RFe_2																	$MgZn_2$ $MgCu_2$
RFe_3																	$PuNi_3$
R_6Fe_{23}																	Th_6Mn_{23}
R_2Fe_{17}																	Th_2Zn_{17} Th_2Ni_{17}
RRu																	$CsCl$
RRu_2																	$MgZn_2$ $MgCu_2$
ROs_2																	$MgZn_2$ $MgCu_2$

图1-2 形成R-Fe、R-Ru、R-Os系化合物

① $TbFe_2$也能结晶成由$MgCu_2$型结构衍生出来的菱形变体结构;② 一定压力条件下生成具有$MgCu_2$型结构的$(Pr, Nd, Yb)Fe_2$化合物;③ $(Nd, Sm)Ru_2$和$(La, Ce)Os_2$的晶体结构在一定压力条件下可转变为$MgZn_2$型结构;④ 已被证明存在,但其晶体结构未知的化合物:$(Sc, Y, La, Ce)_3Ru$ 和$(Y, La, Ce)_3Os$

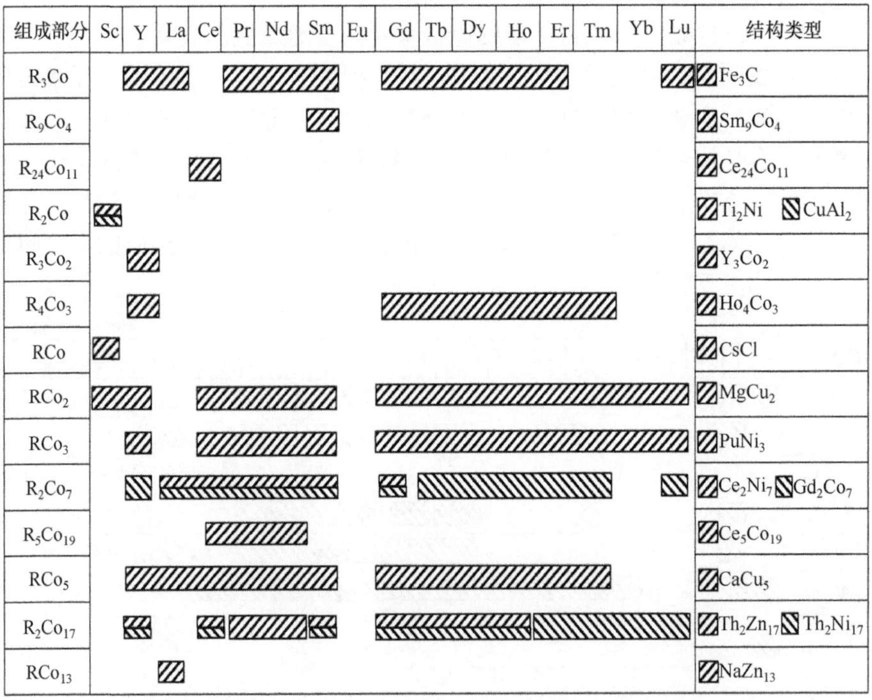

组成部分	Sc	Y	La	Ce	Pr	Nd	Sm	Eu	Gd	Tb	Dy	Ho	Er	Tm	Yb	Lu	结构类型
R_3Co																	Fe_3C
R_9Co_4																	Sm_9Co_4
$R_{24}Co_{11}$																	$Ce_{24}Co_{11}$
R_2Co																	Ti_2Ni $CuAl_2$
R_3Co_2																	Y_3Co_2
R_4Co_3																	Ho_4Co_3
RCo																	$CsCl$
RCo_2																	$MgCu_2$
RCo_3																	$PuNi_3$
R_2Co_7																	Ce_2Ni_7 Gd_2Co_7
R_5Co_{19}																	Ce_5Co_{19}
RCo_5																	$CaCu_5$
R_2Co_{17}																	Th_2Zn_{17} Th_2Ni_{17}
RCo_{13}																	$NaZn_{13}$

图1-3 形成R-Co系化合物

已被证明存在,但其晶体结构未知的化合物:Eu_3Co、$(Pr, Nd)_7Co_3$、$(Gd, Dy, Ho, Er)_5Co_3$、La_4Co_3;$(Pr, Nd)_2Co_{17}$、$(Y, La)_2Co_3$

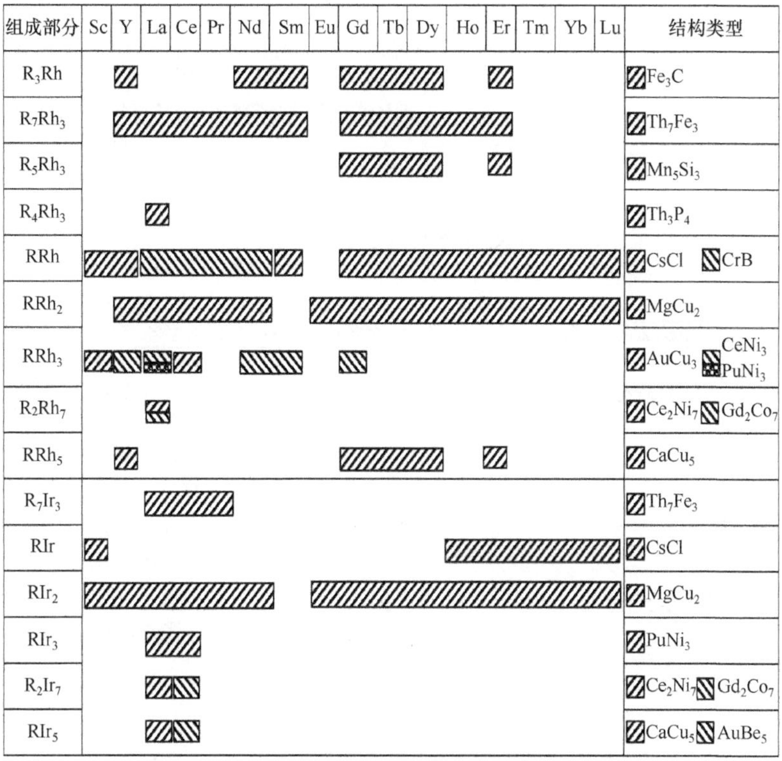

组成部分	Sc	Y	La	Ce	Pr	Nd	Sm	Eu	Gd	Tb	Dy	Ho	Er	Tm	Yb	Lu	结构类型
R_3Rh																	Fe_3C
R_7Rh_3																	Th_7Fe_3
R_5Rh_3																	Mn_5Si_3
R_4Rh_3																	Th_3P_4
RRh																	$CsCl$ CrB
RRh_2																	$MgCu_2$
RRh_3																	$AuCu_3$ $CeNi_3$ $PuNi_3$
R_2Rh_7																	Ce_2Ni_7 Gd_2Co_7
RRh_5																	$CaCu_5$
R_7Ir_3																	Th_7Fe_3
RIr																	$CsCl$
RIr_2																	$MgCu_2$
RIr_3																	$PuNi_3$
R_2Ir_7																	Ce_2Ni_7 Gd_2Co_7
RIr_5																	$CaCu_5$ $AuBe_5$

图 1-4 形成 R-Rh 和 R-Ir 系化合物

① $(La, Ce, Nd, Sm, Gd, Y, Dy, Er)_5Rh_3$ 可形成不同的晶体结构但不会形成 Mn_5Si_3 型结构；② $(La, Nd)_3Rh$ 可形成 La_3Rh 型结构；③ 已被证明存在，但其晶体结构未知的化合物：La_5Rh_4、$LaRh_2$、$(Ce, Nd, Sm, Gd)_4Rh_3$、Ce_4Ir、La_3Ir、Er_5Ir_3、$(La, Ce)Ir$、La_2Ir_{17}

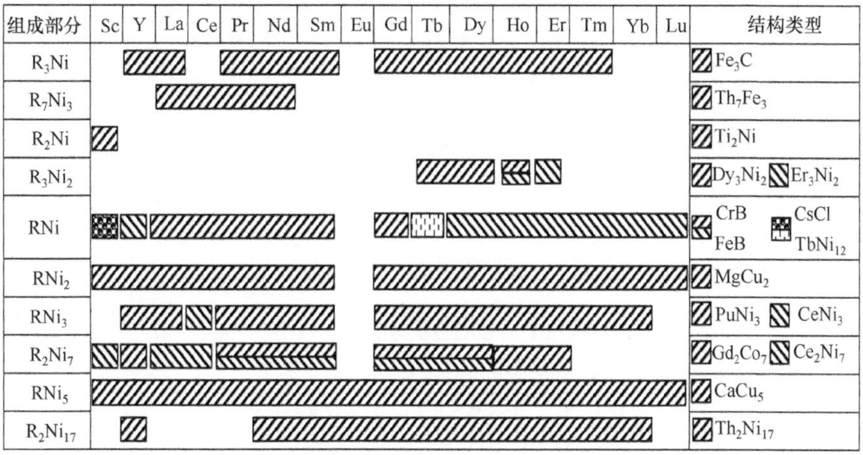

组成部分	Sc	Y	La	Ce	Pr	Nd	Sm	Eu	Gd	Tb	Dy	Ho	Er	Tm	Yb	Lu	结构类型
R_3Ni																	Fe_3C
R_7Ni_3																	Th_7Fe_3
R_2Ni																	Ti_2Ni
R_3Ni_2																	Dy_3Ni_2 Er_3Ni_2
RNi																	CrB $CsCl$ FeB $TbNi_{12}$
RNi_2																	$MgCu_2$
RNi_3																	$PuNi_3$ $CeNi_3$
R_2Ni_7																	Gd_2Co_7 Ce_2Ni_7
RNi_5																	$CaCu_5$
R_2Ni_{17}																	Th_2Ni_{17}

图 1-5 形成 R-Ni 系化合物

① YNi 可形成类 FeB 型的单斜结构；② Er_5Ni_{22} 和 Er_4Ni_{17} 可形成类 $CaCu_5$ 型的晶体结构；③ 已被证明存在，但其晶体结构未知的化合物：Eu_3Ni、$(Y, Gd)_3Ni_2$、$(Y, Gd)Ni_4$

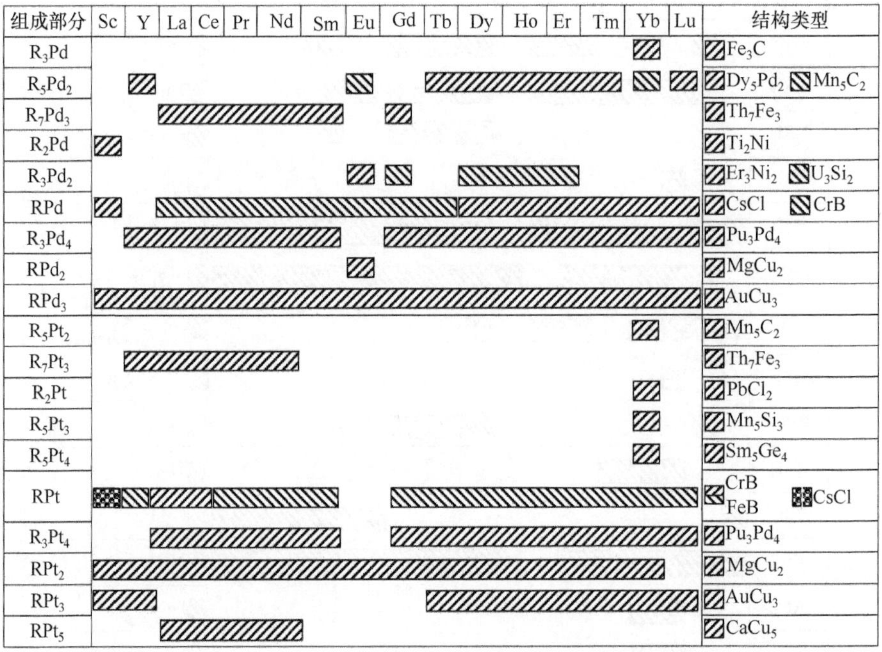

组成部分	Sc	Y	La	Ce	Pr	Nd	Sm	Eu	Gd	Tb	Dy	Ho	Er	Tm	Yb	Lu	结构类型
R₃Pd																	Fe₃C
R₅Pd₂																	Dy₅Pd₂　Mn₅C₂
R₇Pd₃																	Th₇Fe₃
R₂Pd																	Ti₂Ni
R₃Pd₂																	Er₃Ni₂　U₃Si₂
RPd																	CsCl　CrB
R₃Pd₄																	Pu₃Pd₄
RPd₂																	MgCu₂
RPd₃																	AuCu₃
R₅Pt₂																	Mn₅C₂
R₇Pt₃																	Th₇Fe₃
R₂Pt																	PbCl₂
R₅Pt₃																	Mn₅Si₃
R₅Pt₄																	Sm₅Ge₄
RPt																	CrB / FeB　CsCl
R₃Pt₄																	Pu₃Pd₄
RPt₂																	MgCu₂
RPt₃																	AuCu₃
RPt₅																	CaCu₅

图 1-6　形成 R-Pd 和 R-Pt 系化合物

① (Y, Sm, Eu, Gd, Tb, Dy, Ho, Er, Tm)Pt₅ 可形成类 CaCu₅ 型结构的各种正交晶系结构；② 已被证明存在，但其晶体结构未知的化合物: (La, Ce)₃Pd、(Y, Sm)₃Pd₂、YPd、(Y, Gd, Dy, Ho, Er)₂Pd₃、(Y, Sm, Gd, Dy, Ho, Er, Yb)Pd₂、(Sm, Eu)Pd₅、YbPd₁.₆₃、YbPd₂.₁₃、(La, Ce, Er)₃Pt、Er₂Pt、(Y, Nd, Gd, Tb, Dy, Ho)₅Pt₂、Ce₃Pt₅、(Sm, Eu)₂Pt₇

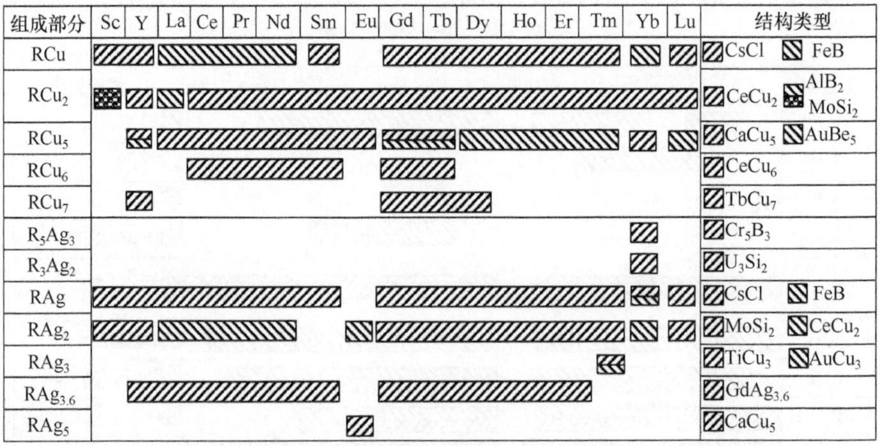

组成部分	Sc	Y	La	Ce	Pr	Nd	Sm	Eu	Gd	Tb	Dy	Ho	Er	Tm	Yb	Lu	结构类型
RCu																	CsCl　FeB
RCu₂																	CeCu₂　AlB₂/MoSi₂
RCu₅																	CaCu₅　AuBe₅
RCu₆																	CeCu₆
RCu₇																	TbCu₇
R₅Ag₃																	Cr₅B₃
R₃Ag₂																	U₃Si₂
RAg																	CsCl　FeB
RAg₂																	MoSi₂　CeCu₂
RAg₃																	TiCu₃　AuCu₃
RAg₃.₆																	GdAg₃.₆
RAg₅																	CaCu₅

图 1-7　形成 R-Cu 和 R-Ag 系化合物

① LaAg₅ 可形成类 MgZn₂ 型结构；② 已被证明存在，但其晶体结构未知的化合物：Yb₂Cu₇、CeCu₄、(Sc, Y, La, Pr, Nd, Gd)Cu₄、Yb₂Cu₉、(Y, La)Cu₆、Eu₅Ag₃、EuAg、EuAg₄、Yb₂Ag₉、LaAg₅ (h.T.)、(Ce, Pr)Ag₅；③ Yb₂Ag₇具有和 Ca₂Ag₇相同的结构

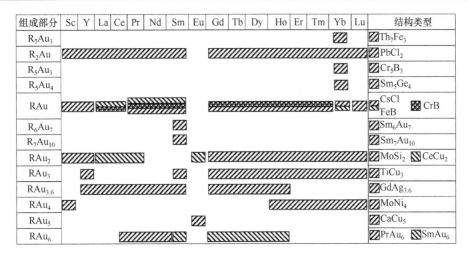

图 1-8　形成 R-Au 系化合物

已被证明存在，但其晶体结构未知的化合物：EuAu₃、(Sc, Y)₂Au、YAu₃.₆、(Pr, Nd, Sm)Au₂、NdAu₄

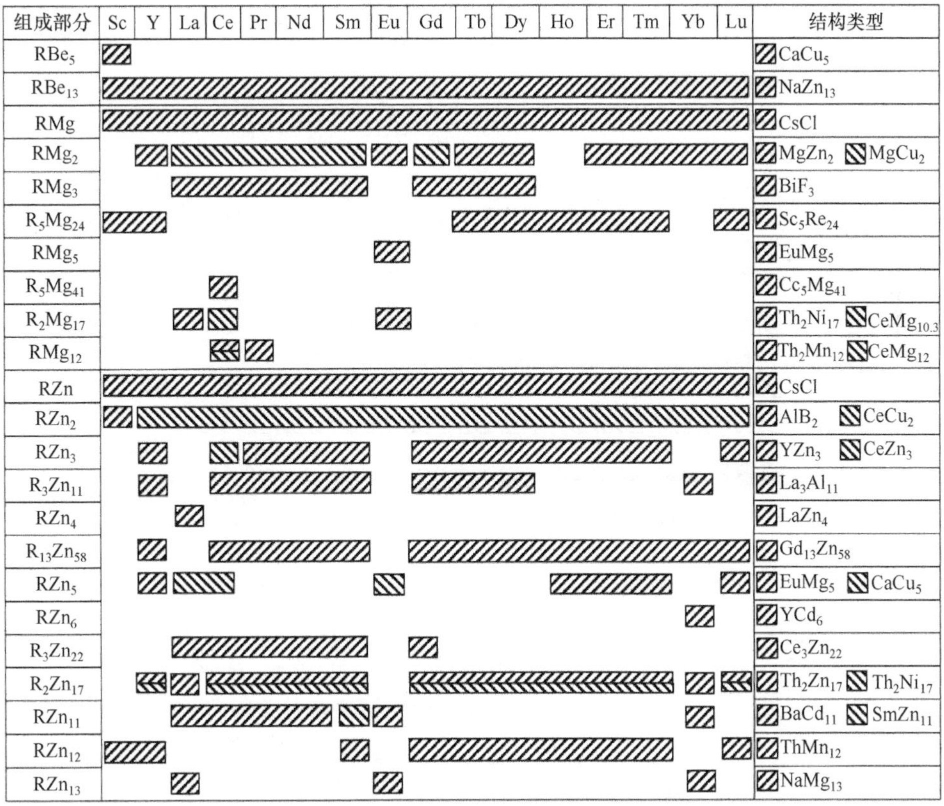

组成部分	Sc	Y	La	Ce	Pr	Nd	Sm	Eu	Gd	Tb	Dy	Ho	Er	Tm	Yb	Lu	结构类型
RBe₅																	CaCu₅
RBe₁₃																	NaZn₁₃
RMg																	CsCl
RMg₂																	MgZn₂ MgCu₂
RMg₃																	BiF₃
R₅Mg₂₄																	Sc₅Re₂₄
RMg₅																	EuMg₅
R₅Mg₄₁																	Ce₅Mg₄₁
R₂Mg₁₇																	Th₂Ni₁₇ CeMg₁₀.₃
RMg₁₂																	Th₂Mn₁₂ CeMg₁₂
RZn																	CsCl
RZn₂																	AlB₂ CeCu₂
RZn₃																	YZn₃ CeZn₃
R₃Zn₁₁																	La₃Al₁₁
RZn₄																	LaZn₄
R₁₃Zn₅₈																	Gd₁₃Zn₅₈
RZn₅																	EuMg₅ CaCu₅
RZn₆																	YCd₆
R₃Zn₂₂																	Ce₃Zn₂₂
R₂Zn₁₇																	Th₂Zn₁₇ Th₂Ni₁₇
RZn₁₁																	BaCd₁₁ SmZn₁₁
RZn₁₂																	ThMn₁₂
RZn₁₃																	NaMg₁₃

图 1-9　形成 R-Be、R-Mg、R-Zn 系化合物

已被证明存在，但其晶体结构未知的化合物：(Pr, Nd)₅Mg₄₁、Gd₂Mg₁₇、ScZn₃、Sc₂Zn₇

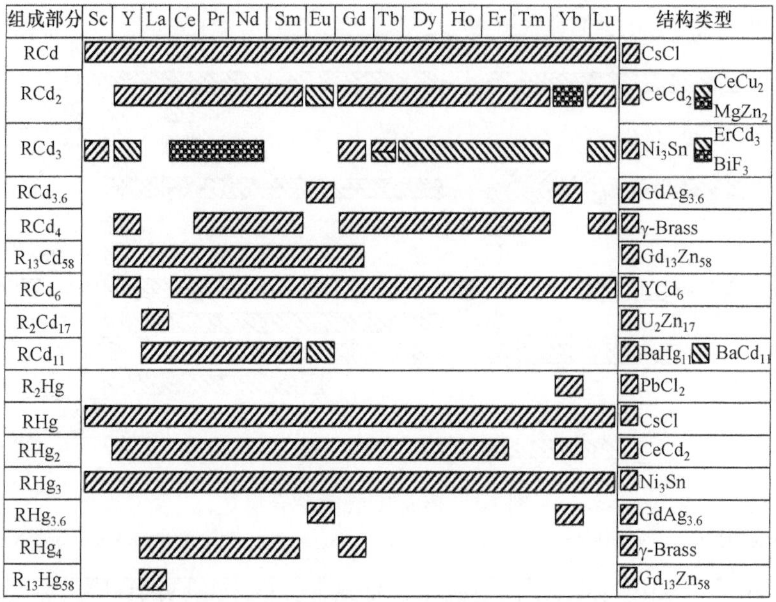

组成部分	Sc	Y	La	Ce	Pr	Nd	Sm	Eu	Gd	Tb	Dy	Ho	Er	Tm	Yb	Lu	结构类型
RCd																	CsCl
RCd_2																	$CeCd_2$ / $CeCu_2$ / $MgZn_2$
RCd_3																	Ni_3Sn / $ErCd_3$ / BiF_3
$RCd_{3.6}$																	$GdAg_{3.6}$
RCd_4																	γ-Brass
$R_{13}Cd_{58}$																	$Gd_{13}Zn_{58}$
RCd_6																	YCd_6
R_2Cd_{17}																	U_2Zn_{17}
RCd_{11}																	$BaHg_{11}$ / $BaCd_{11}$
R_2Hg																	$PbCl_2$
RHg																	CsCl
RHg_2																	$CeCd_2$
RHg_3																	Ni_3Sn
$RHg_{3.6}$																	$GdAg_{3.6}$
RHg_4																	γ-Brass
$R_{13}Hg_{58}$																	$Gd_{13}Zn_{58}$

图 1-10 形成 R-Cd 和 R-Hg 系化合物

已被证明存在,但其晶体结构未知的化合物:(Eu, Yb)$_3$Cd$_5$、Yb$_3$Cd$_{17}$、(Y, Tb, Dy, Ho, Er, Yb)Hg$_4$、(La, Ce, Pr, Nd, Sm)Hg$_{6.5}$

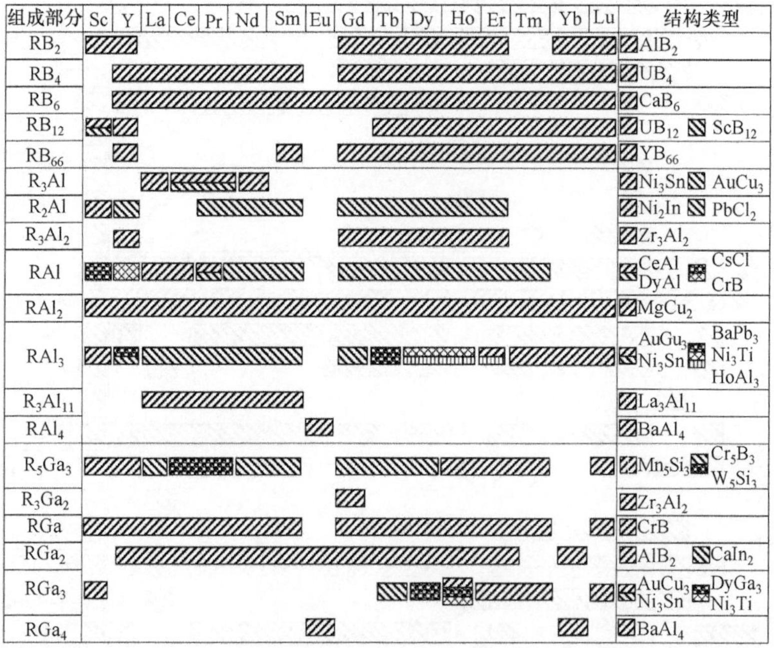

组成部分	Sc	Y	La	Ce	Pr	Nd	Sm	Eu	Gd	Tb	Dy	Ho	Er	Tm	Yb	Lu	结构类型
RB_2																	AlB_2
RB_4																	UB_4
RB_6																	CaB_6
RB_{12}																	UB_{12} / ScB_{12}
RB_{66}																	YB_{66}
R_3Al																	Ni_3Sn / $AuCu_3$
R_2Al																	Ni_2In / $PbCl_2$
R_3Al_2																	Zr_3Al_2
RAl																	CeAl/DyAl / CsCl/CrB
RAl_2																	$MgCu_2$
RAl_3																	AuCu$_3$/Ni$_3$Sn / BaPb$_3$/Ni$_3$Ti/HoAl$_3$
R_3Al_{11}																	La_3Al_{11}
RAl_4																	$BaAl_4$
R_5Ga_3																	Mn$_5$Si$_3$ / Cr$_5$B$_3$/W$_5$Si$_3$
R_3Ga_2																	Zr_3Al_2
RGa																	CrB
RGa_2																	AlB_2 / $CaIn_2$
RGa_3																	AuCu$_3$/Ni$_3$Sn / DyGa$_3$/Ni$_3$Ti
RGa_4																	$BaAl_4$

图 1-11 形成 R-B、R-Al、R-Ga 系化合物

① R_3Al_{11} 高温条件下可转变为 $BaAl_4$ 型结构;② 通过观察发现 RAl_3 系列化合物在极冷条件下可获得不同的晶体结构类型;③ (Gd, Tb)Al$_4$ 高温条件下可形成 UAl_4 型结构;④ 已被证明存在,但其晶体结构未知的化合物:SmB$_2$、ScB$_6$、Y$_3$Al、Tm$_3$Al$_2$、Pr$_3$Ga、Dy$_3$Ga$_2$、Eu$_2$Ga$_3$、EuGa$_3$

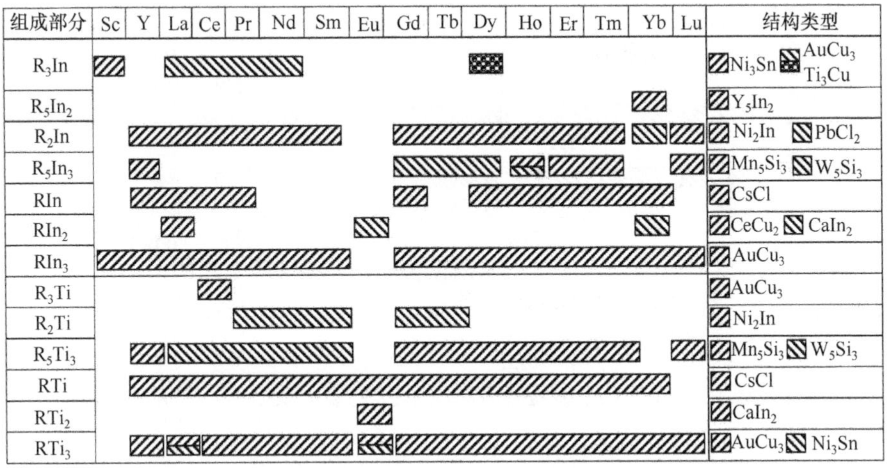

组成部分	Sc	Y	La	Ce	Pr	Nd	Sm	Eu	Gd	Tb	Dy	Ho	Er	Tm	Yb	Lu	结构类型
R_3In																	Ni₃Sn　AuCu₃　Ti₃Cu
R_5In_2																	Y₅In₂
R_2In																	Ni₂In　PbCl₂
R_5In_3																	Mn₅Si₃　W₅Si₃
RIn																	CsCl
RIn_2																	CeCu₂　CaIn₂
RIn_3																	AuCu₃
R_3Ti																	AuCu₃
R_2Ti																	Ni₂In
R_5Ti_3																	Mn₅Si₃　W₅Si₃
RTi																	CsCl
RTi_2																	CaIn₂
RTi_3																	AuCu₃　Ni₃Sn

图 1-12　形成 R-In 和 R-Ti 系化合物

已被证明存在，但其晶体结构未知的化合物：$(La, Ce, Pr)In_{1.5}$、La_3In_5、$CeIn_2$、$EuIn_4$、$(La, Pr)_3Ti$、$(La, Ce)_2Ti$

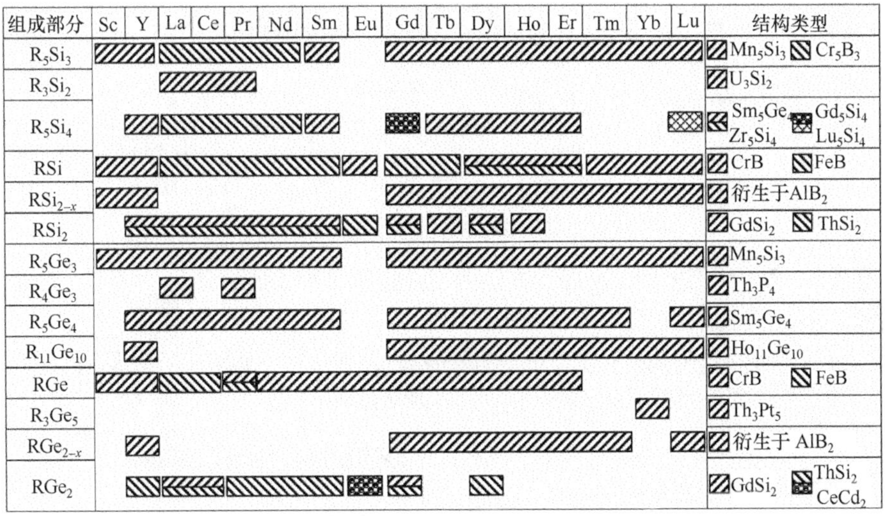

组成部分	Sc	Y	La	Ce	Pr	Nd	Sm	Eu	Gd	Tb	Dy	Ho	Er	Tm	Yb	Lu	结构类型
R_5Si_3																	Mn₅Si₃　Cr₅B₃
R_3Si_2																	U₃Si₂
R_5Si_4																	Sm₅Ge₄　Gd₅Si₄　Zr₅Si₄　Lu₅Si₄
RSi																	CrB　FeB
RSi_{2-x}																	衍生于 AlB₂
RSi_2																	GdSi₂　ThSi₂
R_5Ge_3																	Mn₅Si₃
R_4Ge_3																	Th₃P₄
R_5Ge_4																	Sm₅Ge₄
$R_{11}Ge_{10}$																	Ho₁₁Ge₁₀
RGe																	CrB　FeB
R_3Ge_5																	Th₃Pt₅
RGe_{2-x}																	衍生于 AlB₂
RGe_2																	GdSi₂　ThSi₂　CeCd₂

图 1-13　形成 R-Si 和 R-Ge 系化合物

① RSi_2 和 RGe_2 化合物可能会被具有 Th₃Pt₅ 型结构的 R_3Si_5 和 R_3Ge_5 所替代；② 已被证明存在，但其晶体结构未知的化合物：La_3Ge（四方晶系）、Ce_2Ge_3、$(Y, Gd, Tb, Dy, Ho)Ge_2$（正交晶系）、Y_2Ge_7

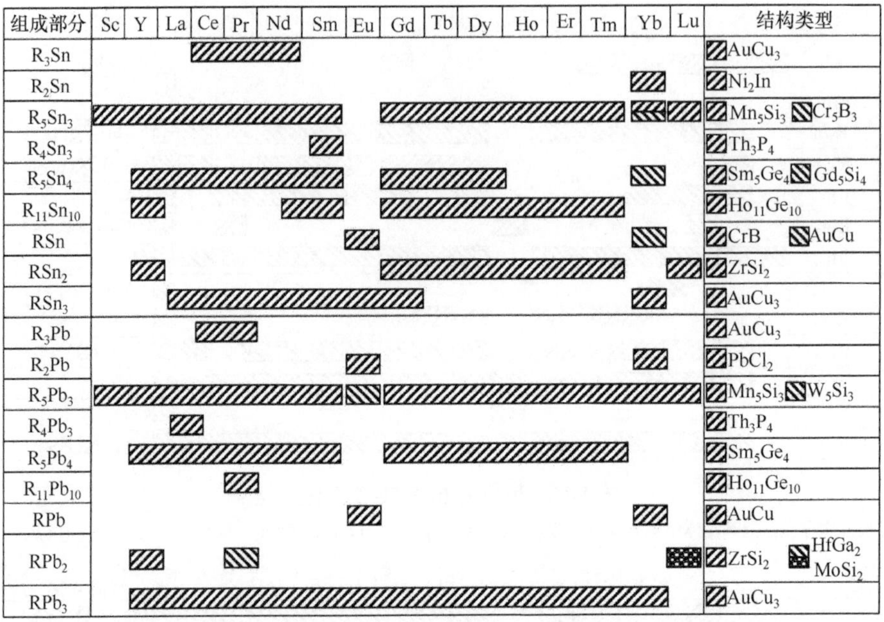

组成部分	Sc	Y	La	Ce	Pr	Nd	Sm	Eu	Gd	Tb	Dy	Ho	Er	Tm	Yb	Lu	结构类型
R_3Sn																	$AuCu_3$
R_2Sn																	Ni_2In
R_5Sn_3																	Mn_5Si_3 Cr_5B_3
R_4Sn_3																	Th_3P_4
R_5Sn_4																	Sm_5Ge_4 Gd_5Si_4
$R_{11}Sn_{10}$																	$Ho_{11}Ge_{10}$
RSn																	CrB $AuCu$
RSn_2																	$ZrSi_2$
RSn_3																	$AuCu_3$
R_3Pb																	$AuCu_3$
R_2Pb																	$PbCl_2$
R_5Pb_3																	Mn_5Si_3 W_5Si_3
R_4Pb_3																	Th_3P_4
R_5Pb_4																	Sm_5Ge_4
$R_{11}Pb_{10}$																	$Ho_{11}Ge_{10}$
RPb																	$AuCu$
RPb_2																	$ZrSi_2$ $HfGa_2$ $MoSi_2$
RPb_3																	$AuCu_3$

图 1-14　形成 R-Sn 和 R-Pb 系化合物

① 一定压力条件下，(Y, Tb, Dy, Ho, Er)Sn₃ 可形成 AuCu₃ 型结构；② 高温条件下形成的(La, Ce, Pr)₅Pb₃ 具有 W₅Si₃ 型结构；③ 一定压力条件下，LuPb₃ 可形成 AuCu₃ 型结构；④ 已被证明存在，但其晶体结构未知的化合物: (Ce, Pr)₁₁Sn₁₀、(La, Ce, Pr)₂Sn₃、Sm₂Sn₃ (四方晶系)、Lu₅Pb₄、Lu₆Pb₅、(La, Gd)₁₁Pb₁₀、DyPb、Gd₆Pb₇、La₃Pb₄、(La, Nd, Sm, Gd, Dy, Ho, Er, Tm)Pb₂

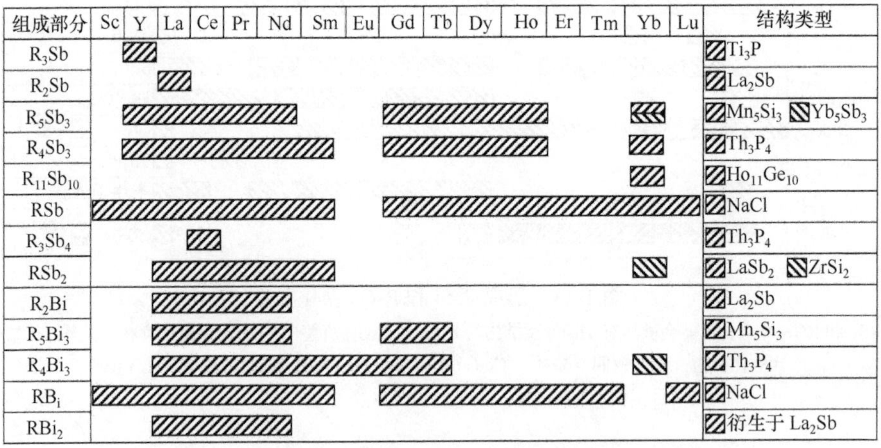

组成部分	Sc	Y	La	Ce	Pr	Nd	Sm	Eu	Gd	Tb	Dy	Ho	Er	Tm	Yb	Lu	结构类型
R_3Sb																	Ti_3P
R_2Sb																	La_2Sb
R_5Sb_3																	Mn_5Si_3 Yb_5Sb_3
R_4Sb_3																	Th_3P_4
$R_{11}Sb_{10}$																	$Ho_{11}Ge_{10}$
RSb																	$NaCl$
R_3Sb_4																	Th_3P_4
RSb_2																	$LaSb_2$ $ZrSi_2$
R_2Bi																	La_2Sb
R_5Bi_3																	Mn_5Si_3
R_4Bi_3																	Th_3P_4
RB_i																	$NaCl$
RBi_2																	衍生于 La_2Sb

图 1-15　形成 R-Sb 和 R-Bi 化合物

① 一定压力条件下，(Y, Dy, Ho, Er, Tm, Lu)Sb₂ 结晶形成 LaSb₂ 型结构；② 已被证明存在，但其晶体结构未知的化合物：Yb₂Sb(两种变体)、Yb₅Sb₂、Y₄Sb₃ (四方晶系)、Yb₅Sb₄、(Ce, Nd)₃Bi、Gd₂Bi、Dy₄Bi₃、Nd₅Bi₄、(Y, Gd, Tb, Dy, Ho, Er, Tm)₅₊ₓBi₃ (正交晶系)

1.3 稀土元素在钢中的应用

自稀土元素发现以来，人们对其在各种材料中的应用进行了不断探索。20 世纪 10 年代，德国科学家将稀土元素成功引入镁铝合金；从 20 年代开始尝试在生铁中应用；50 年代初，美国也开始大规模地将稀土元素应用于工业生产，且在 70 年代达到顶峰[11]。20 世纪 80 年代后期，随着钢冶炼工艺的优化、精炼水平的提高，钢水中杂质含量大大降低，纯净度显著提高，稀土净化工艺逐步被取代。近些年来，美国、日本、欧洲等国家和地区在生产特殊钢时一般都会往钢中添加稀土元素，将稀土研发的重点转移到高新科技领域[12]。

国内关于稀土元素在钢中应用的研究始于 20 世纪 50 年代末，与美国、日本等国家相比，尽管我国在稀土钢方面的研究时间较短，但是进展非常迅速。到 20 世纪 60 年代，国内外学者已做了大量工作，取得了许多重要研究成果，并成功应用于稀土钢的生产[13,14]。总体来看，稀土元素在净化钢液、改善铸态组织和控制夹杂物形态，以及提高钢材横向性能、耐蚀、耐磨性能等方面已实现产业化生产。此外，稀土元素可有效提高钢的热强性、抗疲劳性，改善钢的热加工性、低温性能、抗氧化性等。20 世纪 80 年代，开展了稀土元素对铸钢、10MnNb 钢、16MnRE 钢、低硫管线钢、热作工具钢等钢种性能的影响，以及稀土表面处理的相关研究[13]，并在 80 年代后期获得了稀土元素在铁溶液中的物理化学反应常数等重要的基础数据。20 世纪 90 年代，随着细晶、超细晶钢研究的迅速发展，稀土元素在钢中的基础研究工作又蓬勃发展起来，极大地推动了稀土钢的实际应用。

稀土元素在钢中的应用主要集中在以下方面[15]：

(1) 在耐候钢方面，可应用于集装箱、建筑用钢结构等，满足高强、耐候、耐火、冷弯等综合性能要求。

(2) 在抗氧化、耐热钢、不锈钢中，可替代 0Cr25Ni20、0Cr21Ni32AlTi 和 Inconel601，提高材料的耐热、抗氧化和耐腐蚀性。

(3) 在硅锰铸钢中，利用稀土元素替代部分锰或镍等合金元素，改善塑韧性。

(4) 在管线钢、电工钢、中厚板、薄板及冷轧板等生产过程中加入稀土元素，通过成分设计与工艺优化，开发低成本、高附加值、性能稳定的产品。

(5) 利用稀土元素与钢中微合金元素的交互作用，将稀土元素与钒、钛、硼等元素分别或共同加入钢中，改善钢的综合力学性能。

目前，稀土钢技术已经在许多钢中进行示范应用并取得了许多成果，见表 1-3[16]。可以看出，添加稀土元素后，各钢种相关性能指标得到很大改善。因此，通过控制稀土元素添加剂纯净度，突破工艺核心技术，可以实现稀土钢性能的稳定提升，并实现连铸生产顺行，可成为钢铁行业转型升级的有效途径。

表 1-3　稀土钢在工业生产中的应用效果

涉及钢种	应用效果
重轨钢、优质结构钢、汽车大梁钢	收得率倍增、夹杂物细化
铁路耐候钢、优质结构钢	生产顺行、夹杂物细化
汽车双相钢、优质结构钢、电工钢	低温韧性提升 1 倍
模具钢	电炉钢达到电渣钢水平
桥梁钢、中低合金钢	低温冲击韧性提升 30%
石油耐热管、轴承钢、钎具钢	氧含量降低、夹杂物细化
耐磨钢、军工钢	强韧性提高 40%
普通结构钢、CrMo 钢、轴承钢	性能稳定、质量提升
不锈钢	夹杂物细化、深冲性提升
耐磨钢	球磨机衬板寿命提升

　　镧系的稀土族元素中，在普通钢里应用较广泛的为镧与铈，这正是我国稀土矿中主要的稀土元素。因此，利用好镧与铈，是关系到我国稀土资源利用的关键课题。

　　一直以来，关于稀土元素对钢变质处理的研究主要集中于轻稀土镧、铈元素或其混合稀土。稀土元素的添加能够细化钢的晶粒，改变夹杂物的形貌、大小及分布，小幅提升钢的强度、硬度，明显提升钢的冲击韧性、延伸率及断面收缩率等韧性指标。Garrison 等[17]研究了镧的添加量对高强度钢韧性的影响，结果表明，镧的添加使得生成的夹杂物分布均匀，从而能明显改善钢的断裂韧性。Ahn 等[18]就铈对高碳高速钢组织及性能的影响研究发现，加入铈后碳化物的形态和分布发生了改变，实验钢冲击韧性得到提高。目前，对重稀土元素在钢中应用的研究较少，但是重稀土元素的变质能力更强，尤其是钇。钇能够净化 4Cr5MoSiV 钢液，改变夹杂物的形貌、大小及分布，减少偏析，细化晶粒，从而显著提高钢的强韧性、耐磨性、抗疲劳性及抗氧化腐蚀性能[19]。钇对铬系合金白口铸铁变质处理后，能明显细化铸铁中的 M_3C、M_7C_3 型碳化物及初生奥氏体相，从而提高铸件的硬度和冲击韧性等，更能减少 Mo、Ni、Cu 等合金元素的添加量，降低生产成本[20, 21]。

　　通过研究稀土元素的添加对铸造高速钢的凝固过程、共晶转变及力学性能的影响发现，稀土元素的添加使高速钢的断口形貌由沿晶断裂转变为沿晶断裂和穿晶断裂的混合模式，显著提高了钢的冲击韧性，但是当稀土元素添加过量时，断口会出现二次裂纹，导致冲击韧性下降。阮先明[22]研究表明，在 5Cr5MoSiV 钢中添加 Gd 后，粗大枝晶得到明显细化，晶界处夹杂物明显减少，枝晶晶胞上分布着细小颗粒状夹杂物。贾成厂等[23]研究证明，高速钢中添加铈有助于组织及碳化物的细化。

李凤照等[24]对稀土贝氏体钢的精细结构观察显示，其贝氏体铁素体 α/γ 间两相界面在贝氏体铁素体条端部呈曲折轨迹现象，在 α/γ 界面存在台阶。铁素体条间界面有位错存在，亚片条内存在亚晶界。梁益龙等[25]发现，对于不同稀土元素加入量的钼钒系微合金钢，其显微组织形态未见差异，贝氏体铁素体均为平行板条束形态，板条中亚片条、亚单元、超亚单元被稳定的残余奥氏体分隔。对于不加稀土元素的对比钢，虽也出现上述亚结构，但亚片条与亚单元尺寸较为粗大。刘立彪等[26]研究显示，添加适量稀土元素能够细化共析钢的轧态珠光体组织，稀土元素含量过高反而会使其轧态珠光体组织粗化。进一步分析其力学性能发现，微量稀土元素(0.0145% RE)对高碳钢(碳含量 0.74%～0.76%)的抗拉强度没有显著影响，但可提高其屈服强度，稀土元素含量过高反而会降低其抗拉强度和屈服强度。整体来说，稀土元素对高碳钢强度的影响较小。中碳钢中加入稀土元素后，室温和低温的冲击韧性可提高 10%～30%，在–100℃时增幅更为显著；在–60～–20℃的范围内，冲击试样断口纤维区所占比例增加约 20%，钢的脆性转变温度降低 10～20℃；实验室条件下，低碳 M-P 钢处理成脆性状态时，不含稀土元素的试样冲击功仅 2.9kgf·m/cm²(1kgf = 9.8N)，加稀土元素提高到 8.3kgf·m/cm²；当稀土元素加入量为 0.01%时，重轨钢的奥氏体晶粒得到细化，热轧态奥氏体晶粒尺寸由 34.40μm 减小到 30.30μm，在–40℃温度条件下重轨钢的横向冲击功和纵向冲击功分别增加 45.1%和 17.5%，冲击韧性得到明显改善。

岳丽杰等[27]研究了周期性浸蚀条件下耐候钢中添加 Ce 的作用。结果表明，微米级弥散分布的球状稀土氧硫化物取代了易腐蚀的长条硫化锰夹杂物，其耐点蚀性优于后者，进而减弱了钢中微区域电化学腐蚀。杨吉春等[28]研究了海洋腐蚀对 X80 管线钢的影响。结果表明，添加钇能够有效降低 X80 实验钢的腐蚀电流密度，且使得大尺寸的 Al_2O_3 夹杂物变质为小尺寸的稀土化合物，有利于形成连续致密的内锈层，减少钢材的点蚀源。米丰毅等[29]研究了稀土元素对低碳钢耐工业大气腐蚀性的影响，通过对比研究发现，稀土元素可以抑制锈层的结晶，提高致密性，从而增强锈层的机械保护性，有利于阻止腐蚀介质对基体的破坏[30]。对钇基低锰碳钢的研究发现，将钇离子注入低锰碳钢中，对材料高温防腐性及限制材料内氧扩散具有重要作用[31-33]。

奥氏体不锈钢可广泛应用于蒸汽机、高压罐和高压输送管道等。然而，传统奥氏体不锈钢的 Cr_2O_3 保护层在 923K 条件下不稳定。添加稀土元素后，晶间 MC 型碳化物由网状分布变为均匀分布，提高了钢材的热塑性和蠕变持久强度。Zhao 等[34]研究发现，钇加入氧化铝保护奥氏体不锈钢后，可有效改善晶内和晶界的碳化物形貌，促使高密度的碳化物形成，对于晶界迁移和后续的晶粒长大具有很强的拖曳和钉扎效应，从而达到细化晶粒、改善抗高温腐蚀性能和高温蠕变性能的作用。

耐热钢具有高的热强性，良好的持久塑性、抗氧化性和抗腐蚀性等，但属于难变形钢种，其化学成分复杂、合金元素含量高，导致热变形过程变形抗力大、塑性低，服役过程中该钢种也会发生复杂的蠕变行为。稀土元素可在耐热钢晶界形成偏析，强化晶界，提高再结晶激活能，抑制蠕变过程中晶界孔洞和微观裂纹的生成，从而显著提升耐热钢的抗蠕变性能[35]。Xu 等[36]研究发现，在 600℃，加载应力 100MPa 条件下，掺杂铈的 9Cr-1Mo 钢的蠕变周期是未掺杂铈的 2.3 倍；服役 105h 的条件下，前者蠕变断裂强度比后者高 7%。添加铈可将 P91 钢的表面活化能从 541kJ/mol 提高到 662kJ/mol，将应力指数从 11.6 提高到 13.8，显著改善钢的蠕变性能。

高锰钢具有良好的耐磨性，服役于包括航空发动机在内的特殊工业领域，高温、高流速条件下高锰钢的耐磨性是部件寿命的决定性因素。针对高锰钢的耐磨性问题，Sun 等[37]研究发现，稀土元素加入后有效改善了 M50NiL 钢渗碳氮化层的组织形貌，提高了硬度值增量和层厚，进而有效提高其耐磨性。Yan 等[38]研究发现，进行碳氮共渗处理的淬火态 M50NiL 钢，添加镧可促进表层强化相析出，从而提升耐磨性。

电工硅钢是电力、电子和军事工业不可缺少的重要软磁合金，亦是产量最大的金属功能材料，主要用作各种电机、发电机和变压器的铁心。随着硅含量的升高，硅钢的电阻率和磁导率增大，铁损和磁致伸缩系数降低。当硅含量为 6.5%时，其磁致伸缩系数接近 0，铁损低，磁导率高，综合性能优异，是制造变压器、继电器的重要材料，但其脆性严重，室温下几乎没有塑性，难以采用常规铸-轧工艺生产板带材。研究表明[39-43]，稀土元素添加可以改善电工钢的塑性和可加工性，从而应用于无取向电工钢的生产。添加稀土元素可以在凝固过程中细化晶粒，有助于改善高硅钢薄板的塑韧性，有助于改进高硅电工钢的薄板轧制工艺。稀土元素添加可提高钢的纯净度、改善夹杂物状态，促进电工钢中有利织构形成，降低铁损，提高磁感应强度，从而提高电工钢的性能。

随着冶炼工业技术的进步，钢的洁净度不断提高，稀土元素在钢中必将得到更为广泛的应用。

1.4　稀土元素在钢中的作用

稀土元素在钢中主要以三种形态存在：稀土夹杂物、固溶稀土、稀土-铁金属间化合物。稀土元素具有强化学活性、4f 壳层能价态可变和大原子尺寸等特点，是冶金工业中重要的添加剂，可用作钢的深度净化剂、夹杂物的变质剂和高附加值钢铁材料的重要微合金元素。

有关稀土元素在钢中的作用，自 20 世纪中期开始，国内外冶金学者就做了大量的研究工作，取得了优异的成果，并已成功应用在钢铁材料的生产中。随着研究的不断深入，国内外对稀土元素在钢中的作用机制已逐渐明朗。目前，已经形成共识的理论如下。

1) 净化作用

钢中加入稀土元素，可以置换钢中的氧与硫，形成稀土化合物。这些化合物从钢液中上浮进入渣中，使钢中杂物减少，净化钢液。稀土元素在钢中的净化作用主要表现为，降低钢中 O 和 S 的含量，削弱 P、H、As、Sb、Sn 等低熔点元素的有害作用。稀土元素的化学性质活泼，加入钢液中后，同以上有害元素发生作用，生成低密度、高熔点的化合物，生成的稀土硫氧化物熔点高，并且非常稳定，大多数呈球形，钢液经过适时的镇静后，将这些化合物从钢中排除，净化了钢液。

在钢液中加入稀土元素后，稀土可以夺取钢中可能生成 MnS、Al_2O_3、硅铝酸盐夹杂物的 O、S，形成稀土或稀土复合夹杂物。在控制好反应及夹杂物上浮的冶金条件下，这些夹杂物可以从钢液中上浮进入渣中，从而减少钢液中的夹杂物，使钢液得到净化。Wang 等[44]的研究表明，当钢中全氧(质量分数)为 10×10^{-6} 时，加入微量稀土元素，2min 后硫含量从 0.008% 迅速降到 0.002%。依据由负到正的标准生成自由能顺序，最先生成氧化物，其次是与 S 反应，最后才与低熔点元素反应生成化合物。所以，钢液中稀土元素首先起到的是脱氧作用，其次是脱硫作用，只有钢液中 O、S 的含量降低到足够程度，稀土元素才能起到去除其他杂质的作用。

随着冶金工业的不断进步，钢的洁净度不断提升，稀土元素在钢中的作用必将得到更好的发挥。

2) 变质作用

稀土元素加入钢中，可以改变夹杂物的性质、形态以及分布情况，从而提高钢的各项性能指标。通过对夹杂物形态的控制，用很少量的 Al 脱氧并加入稀土元素，会形成熔点较高的在晶内随意分布的球形夹杂物，来取代沿晶界分布的硫化物。一方面可以提高钢的强韧性，降低钢的脆性转变温度，提高钢材的持久强度；另一方面，当稀土元素加入量适宜时，MnS 可完全被稀土硫化物取代。在热加工变形时，稀土化合物仍旧保持细小球形或纺锤形，在钢材中分布比较均匀，消除了本来就存在的沿着钢材轧向分布呈长条状的 MnS 等夹杂物，显著地改善了横向韧性、高温塑性等。夹杂物的变质作用，能加强夹杂物与晶界抵抗裂纹形成和扩展的能力，提高材料的韧性。

当采用 Al 脱氧时，MnS 夹杂对钢的横向塑性和韧性的危害很大。未加稀土元素时,钢中夹杂物主要是沿晶界分布的第Ⅱ类硫化物长条状的 MnS 和少量成串的 Al_2O_3 铝酸盐;钢中加入稀土元素后,则会形成高熔点的球形夹杂 RE_2O_2S 和 RE_2S_3,取代沿晶界分布的第Ⅱ类硫化物,而钢的横向冲击韧性得到提高。Luyckx[45]和 Binnemans 等[46]研究表明,经过稀土元素处理的钢中大部分夹杂物为近似球形的稀土硫化物或硫氧化物,几乎不存在其他氧化物夹杂。控制硫化物为主的夹杂形态所带来的好处,明显地表现为改善钢的横向韧性、高温塑性、焊接性能、疲劳性能、耐大气腐蚀性能等。若要获得良好的夹杂物改性效果,必须注意稀土的加入量,严格控制钢中的 S、O 含量,一般当 RE/S 质量比为 2.7～3.0时,达到最佳的硫化物形态控制效果。硬质氧化物夹杂在 23CrNi3Mo 钎具钢的高频率循环应力使用条件下极易作为裂纹源,造成其疲劳失效。黄宇等[47]研究发现,在 23CrNi3Mo 钎具钢中加入稀土 Ce 后,可将钢中硬质 $MgO \cdot Al_2O_3$ 和 Al_2O_3 夹杂物转变为硬度较低的 Ce-O 或 Ce-S 类夹杂物,进而提高其抗疲劳性能。

稀土元素通过在钢液中的物理化学反应,形成微细质点,在凝固过程中作为非自发形核核心,可加速凝固过程,细化铸态组织。异质晶核是稀土化合物微小的固态质点提供的,或者在结晶界面上偏聚,阻碍晶胞长大,为钢材的晶粒细化提供了良好的热力学条件,因而稀土加入钢中能够细化钢的凝固组织,以此改善钢的性能。例如,超低碳铸钢经稀土元素处理后,其中形成的大量熔点高的稀土化合物作为非均匀形核核心,增加了相变的形核位置,使铸态晶粒尺寸显著减少,从而使钢料的屈服强度明显提高。另外,稀土元素在晶界的偏聚改变了晶界的原始状态,降低了界面张力和界面能,减小了晶粒长大的驱动力,提高了晶粒长大的温度范围,奥氏体晶粒长大被抑制,并把奥氏体晶粒的长大推移到更高的温度范围。

3) 微合金化作用

钢中加入稀土元素后,在稀土元素完成净化钢液和变质夹杂后,可能显现出微合金化作用。微合金化的强弱程度,通常取决于微量稀土元素的固溶强化作用、稀土元素与其他溶质元素的交互作用、稀土元素的存在状态(原子、夹杂物或化合物)、大小、形状和分布等,特别是在晶界的偏聚,以及对钢表面和基体组织结构的影响作用等。

由 RE-Fe 相图可知,稀土元素的原子半径与其他常见金属的原子半径差异较大,其在钢液中的固溶度较小,难以形成固溶体,因而合金化作用极差。稀土元素在铁液中与铁原子是互溶的,但其在铁基固溶体中的分配系数极小,在铁液凝固过程中,被固液界面推移最后富集于枝晶间或晶界。用内耗法、射线测定晶格畸变法、非水电解分离夹杂物法和光谱测稀土合金化量等方法测定的稀土固溶量基本在几到几十毫克每千克,还有达到上百毫克每千克。利用球差矫正透射电子显微镜在高角环形暗场像模式,对固溶稀土原子分布位置和分布特点的观察发现,稀土在钢铁基体中形成非均匀分布的纳米级固溶团簇。

固溶在钢中的稀土元素往往通过扩散机制富集于晶界，减少了杂质元素在晶界的偏聚。林勤等[48]研究发现，未加稀土元素的钢，即使 S 含量很低，S、P 仍明显偏聚在晶界，其离子相对强度比是晶内的一倍，P 比 S 在晶界偏聚更为严重。加稀土元素后，由于稀土元素在晶界的偏聚，明显改善了硫和磷在晶界的偏聚，并随着稀土元素固溶量的增加，晶界上 S、P 的偏聚逐渐减小。晶界上 S 的偏聚要比 P 偏聚更易消除。当钢中稀土元素固溶量达到 76mg/kg 时，S 和 P 晶界偏聚基本消除。

在稀土微合金钢中，稀土元素主要偏聚在晶界，使晶界的结构、化学成分和性能发生变化，并且会影响其他元素的扩散、新相形核及长大，从而导致钢的组织和性能发生改变，即稀土元素的微合金化作用。一方面，稀土元素降低 C、N 的活度，增加 C、N 的固溶度，降低脱溶量，阻止其进入内应力区或晶体缺陷区，减少位错钉扎的间隙原子数目，提高了钢的塑韧性。另一方面，稀土元素影响碳化物的形态、分布、数量、大小和结构等，同时可促进微合金元素的析出。杜挺等[49]研究了 Ce 分别与 Nb、V、Cu、Ti、P 在铁基溶液中相互作用的规律。结果表明，Ce 与 P 的活度相互作用系数为正值，彼此增加活度或降低固溶度；Ce 与 Nb、V、Cu、Ti 的活度相互作用系数均为负值，彼此降低活度和增加固溶度，有利于提高这些合金元素的利用率。另外，实验观察显示，在中碳钢中加入稀土元素，会使钢的相变温度 A_{c1}、A_{c3} 升高，M_s、M_f 降低。对含稀土元素的低碳、中碳、高碳 Mn-Nb(V) 钢的过冷奥氏体连续冷却转变进行研究表明，稀土元素可以提高过冷奥氏体的稳定性，使连续冷却转变曲线向右下方向移动，不同转变产物数量变化，最终实现组织细化。因此，将稀土元素与微合金元素的相互作用与控制轧制和控制冷却工艺相结合，可用于研发新型低合金高强度钢。

1.5　稀土元素在微合金钢中的作用机理研究

目前，稀土元素在微合金钢中作用机理的研究主要集中在以下两方面。

1. 钢中微量稀土元素的存在形式与表征

合金化的物理本质是通过元素的固溶及其固态反应，影响微结构乃至结构、组分和组织，从而使钢获得所需性能。

稀土元素在钢中以稀土夹杂物、固溶稀土、稀土-铁金属间化合物等形态存在。当钢中氧、硫含量较高时，稀土元素主要起脱硫、脱氧和变质作用；当钢中氧、硫含量很低时，稀土元素将固溶在钢中，固溶稀土元素将起到微合金化作用。戴景文[50]从原子尺度证明了稀土元素在铁及铁合金中可以固溶状态存在,具有强烈控制铁中 P、N、C 的强(微)合金化作用,并可以在固态扩散反应中强制固溶,为稀土元素在钢中的微合金化作用提供令人信服的理论依据。

研究稀土元素在钢中微合金化行为的前提是对钢中微量稀土元素存在形式进行定量定性表征。我国科学家对钢中稀土元素固溶量的测定方法做了大量研究,主要分为两大类。①物理法:如内耗法、正电子湮灭法、晶格常数法;②电化学分离、计量法:通过电解分离稀土夹杂物,采用物相分析方法得出固溶量。然而,由于钢中稀土元素固溶量极小,稀土元素在钢中的固溶量测定和存在状态的精确表征较为困难,常规的微区分析方法尚无法对固溶稀土元素进行定量定性表征,目前的研究结果对固溶稀土元素在钢中作用机理的研究仍很难得到令人信服的解释,这导致相关的理论研究存在较多争议。

鉴于稀土元素理化特性的特殊性、材料制备技术及设备、材料结构表征手段及方法等因素,稀土元素对金属材料的微观组织影响规律及机理问题研究还不够深入。因此,需要采用特殊实验手段以及理论计算方法,进一步探究稀土元素在微区的存在位置,进而对钢中稀土元素的存在形式进行全面系统表征,进一步揭示稀土元素的作用机理。

2. 稀土元素与钢中微合金元素的交互作用

钢中微合金化理论的研究是 20 世纪后期物理冶金领域取得的重大进展[51-53]。通过微合金化与控轧控冷技术的有机结合,在钢的热加工或热处理过程中,碳化物、氮化物或碳氮化物在基体中析出,可起到沉淀强化作用。此外,微合金碳氮化物会强烈阻止形变奥氏体再结晶和晶粒长大,从而有效改善钢的组织与性能,获得良好的强韧性配合。因此,微合金碳氮化物沉淀强化是一种在提高钢强度的同时,对塑韧性不会造成过多损害的方法,采用 Nb、V、Ti 微合金化具有发展高性能钢材的潜力,具有广阔的应用前景[54-59]。

在低合金高强度(high strength low alloy, HSLA)钢中,NbC 的沉淀析出对微合金钢的组织与性能控制起着关键作用。然而,Nb 碳氮化物在奥氏体中的固溶度积偏小,Nb 在体心立方(body-centered cubic, bcc)Fe 中的最大固溶度约为 0.31%(质量分数),在面心立方(face-centered cubic, fcc)Fe 中的最大固溶度为 1.65%。Nb 的碳氮化物在奥氏体中固溶度的限制,导致 Nb 的沉淀析出强化潜力还未得到很好的发挥[60]。若能适当增大其固溶度,将对发挥 Nb 的微合金化作用具有重要意义。由于稀土元素与 Nb、V、Ti 的活度相互作用系数为负值,微合金钢中加入稀土元素,会改变钢中 Nb 的溶解度积,彼此降低活度和增加溶解度,提高 Nb 的析出强化作用。钢中存在适量的稀土元素有利于增大 Nb 碳氮化物在铁基体中的固溶度积,可使 Nb 的微合金化作用得到充分发挥。

　　稀土元素在钢中的微合金化程度取决于微量稀土元素的固溶作用，稀土元素与其他溶质元素或化合物的交互作用，稀土元素的存在状态、尺寸、数量、分布等。因此，定量掌握稀土元素作用下 Nb 元素在钢中的固溶量和形成 Nb 碳氮化物析出相的形态、大小、尺寸和体积分数等信息，对于钢的成分设计、热加工工艺制定、钢中初始 Nb 含量确定，实现组织调控具有重要理论与实际意义。国内外学者对稀土元素在微合金钢中的作用机理进行研究[61-65]发现，稀土元素在含 Nb 微合金钢中可提高奥氏体再结晶温度，从而使后续热变形过程有较大的精轧工艺窗口，这对热轧成品的组织与性能控制具有重要的实际意义。稀土元素可以细化 Nb、V、Ti 在钢中的沉淀相，增强微合金元素的作用，而微合金元素 Nb、V、Ti 等可以增大稀土元素在钢中的固溶量。通过对比发现，稀土元素抑制了碳氮化物在奥氏体区的析出，但促进了碳氮化钒在铁素体区的析出。管线钢中加入稀土元素后，在奥氏体温度区抑制 Nb 碳氮化物沉淀相的析出动力学过程。X80 管线钢中加入稀土元素，可显著细化奥氏体晶粒，提高奥氏体再结晶激活能，同时抑制先共析铁素体的形成，有利于获得韧性良好的贝氏体组织。在奥氏体化温度下，稀土元素有抑制 Nb 析出的作用，而在铁素体区则可以有效促进 Nb 的析出。You 和 Yan[66]研究了 La 原子与 bcc Fe 中常用合金元素 Nb、Mn、Mo、V、Ti、Cu 的交互作用，认为 La 原子对 Cu 原子具有吸引作用，而对 Nb 等合金原子则相互排斥，从电子层次初步证明了稀土元素对铁素体区碳化铌析出的促进作用。

　　综上所述，学者对稀土元素在钢中的冶金和物理化学行为、稀土元素在钢中的作用机理等方面开展了较多的研究。然而，由于稀土元素理化性质的特殊性，目前尚没有足够的证据能够精确表征稀土元素的存在形式。在实际研究中，稀土元素与其他微合金元素的交互作用、稀土元素对微合金元素固溶度的影响、稀土元素对微合金钢中微合金碳氮化物第二相的析出行为与再结晶的作用规律，以及相关析出热力学和动力学模型、稀土元素对钢物化与力学性能的影响机理还有待系统深入研究，需要在实验研究基础上，寻找新的理论方法和检测手段进行计算与表征。

　　新一代钢铁材料研究的关键是在提高强度的同时增强其韧性，因此强韧化问题一直是钢铁结构材料研究关注的主题。金属科学家今田黑男提出：用稀土能不能突破目前使用的结构材料强度可能达到的使用限度？这个问题很值得注意，进一步发展稀土高强微合金钢必将是一个重要方向。通过添加稀土元素，可以提升钢材的强度、韧性、耐腐蚀等性能。充分利用我国丰富的稀土资源，大力发展高品质稀土钢，将成为我国钢铁材料升级换代的重要途径之一。

　　基于上述稀土微合金钢研究中存在的主要问题，本书的相关章节基于包头白云鄂博矿产资源的特殊性，通过设计合理的稀土微合金化方案，在实验研究基础上，结合新的理论方法与检测手段进行表征，在稀土元素作用机理的定量定性表征，以及稀土元素对微合金钢中固溶与析出行为的微观理论研究方面实现突破，丰富稀土元素在钢中存在状态与作用机理的理论体系，阐明稀土元素对微合金钢中 Nb 碳化物溶解与析出行为的影响机理以及对显微组织的调控规律，旨在为开发新型高性能高附加值稀土微合金钢提供理论与实验基础。

参 考 文 献

[1] 徐光宪. 稀土[M]. 2 版. 北京: 冶金工业出版社, 1995.

[2] 杨胜奇. 稀土在金属表面处理工艺中的应用技术(1)——稀土的概念和基本情况[J]. 材料保护, 2008, 41(4): 76-77.

[3] 任旭东. 我国稀土矿产资源开采利用现状及发展策略浅析[J]. 轻金属, 2012, (9): 8-11.

[4] Rodewald U C, Chevalier B, Pöttgen R. Rare earth-transition metal-magnesium compounds—An overview[J]. Journal of Solid State Chemistry, 2007, 180(5): 1720-1736.

[5] 郑明贵, 陈艳红. 世界稀土资源供需现状与中国产业政策研究[J]. 有色金属科学与工程, 2012, 3(4): 70-74.

[6] 谢锋斌, 李颖, 陆挺, 等. 未来全球稀土供需格局分析[J]. 中国矿业, 2014, (10): 5-8.

[7] Wang L M, Lin Q, Yue L J, et al. Study of application of rare earth elements in advanced low alloy steels[J]. Journal of Alloys and Compounds, 2008, 451(1-2): 534-537.

[8] 陈昕, 金纪勇, 王勇. 稀土在高强度钢轨中应用的研究开发[J]. 稀土, 2001, 22(4): 53-55.

[9] 刘晓. 稀土 Ce 对 2Cr13 不锈钢组织和性能的影响[D]. 包头: 内蒙古科技大学, 2007.

[10] Gschneider K A Jr, Eyring L. Handbook on the Physics and Chemistry of Rare Earths, volume 2[M]. North-Holland: Elsevier, 1979.

[11] 朱健, 黄海友, 谢建新. 近年稀土钢研究进展与加速研发新思路[J]. 钢铁研究学报, 2017, 29(7): 513-529.

[12] 张继, 张立峰. 稀土元素在不锈钢中的应用及研究进展[J]. 燕山大学学报, 2020, (3): 267-273.

[13] 陈希颖. 中国稀土在钢中的应用[J]. 中国稀土学报, 1991, 9(4): 354-359.

[14] 余宗森. 稀土在钢铁中应用研究的新进展[J]. 中国稀土学报, 1990, 8(3): 269-276.

[15] 李春龙. 稀土在钢中应用与研究新进展[J]. 稀土, 2013, 34(3): 78-85.

[16] 李殿中. 稀土钢技术开发与产业化[C]//稀土新材料产业与科技创新——第九届中国包头·稀土产业论坛(中科院分会场), 包头, 2017: 51-59.

[17] Garrison W M Jr, Maloney J L. Lanthanum additions and the toughness of ultra-high strength steels and the determination of appropriate lanthanum additions[J]. Materials Science and Engineering: A, 2005, 403(1-2): 299-310.

[18] Ahn J H, Jung H D, Im J H, et al. Influence of the addition of gadolinium on the microstructure and mechanical properties of duplex stainless steel[J]. Materials Science and Engineering: A, 2016, 658(3): 255-262.

[19] 罗军明, 傅青峰, 万润根, 等. 钇基重稀土对 4Cr5MoSiV1 钢性能的影响[J]. 热加工工艺, 2004, (6): 1-2.

[20] 朱福生, 杨宇鹏, 许瑞高, 等. 重稀土钇对铬系合金白口铁组织及性能的影响[J]. 现代铸

铁, 2006, 26(5): 33-36.

[21] 杨清, 朱福生, 许瑞高, 等. 钇基重稀土复合变质剂在高铬耐磨白口铁中的应用研究[J]. 铸造技术, 2006, 27(8): 829-833.

[22] 阮先明. 稀土 Gd 对 5Cr5MoSiV1 钢组织及性能的影响[D]. 南昌: 南昌大学, 2015.

[23] 贾成厂, 张万里, 胡彬涛, 等. 稀土元素对高速钢组织和性能的影响[J]. 粉末冶金技术, 2017, 35(6): 416-421.

[24] 李凤照, 秦超, 孟凡妍, 等. 稀土贝氏体钢贝氏体铁素体-奥氏体原子像[J]. 电子显微学报, 2002, 21(5): 671-672.

[25] 梁益龙, 雷旻, 陈伦军, 等. 稀土对 GDL-1 型贝氏体钢的显微组织及力学性能的影响[J]. 材料热处理学报, 2006, 27(6): 95-98.

[26] 刘立彪, 龙渊, 杨文志, 等. 稀土对高碳钢组织与性能的影响[J]. 中国资源综合利用, 2017, 35(12): 36-37, 40.

[27] 岳丽杰, 韩金生, 王龙妹. 稀土耐候钢中的夹杂物及耐点蚀性能研究[J]. 稀土, 2013, 34(3): 13-19.

[28] 杨吉春, 杨全海, 丁海峰, 等. 稀土钇对管线钢耐蚀性和物理化学行为的影响[J]. 特殊钢, 2016, 37(2): 62-65.

[29] 米丰毅, 王向东, 汪兵, 等. 稀土对低碳钢耐工业大气腐蚀性的影响[J]. 钢铁研究学报, 2010, 22(8): 36-40.

[30] 杨晓梅. 大气腐蚀研究中钢锈层的光谱分析[J]. 光谱学与光谱分析, 2000, 20(3): 347-349.

[31] Caudron E, Buseail H, Haanapel V A C. Yttrium implantation effect on low manganese-carbon steel[J]. Materials Science and Engineering: A, 2000, 279(1): 300-304.

[32] Caudron E, Buseail H, Cueff R. Elaboration and characterization of yttrium implanted low manganese steel[J]. Thin Solid Films, 1999, 350(1-2): 168-172.

[33] Caudron E, Buscail H, Cueff R. In-situ X-ray diffraction study of the behaviour of yttrium implanted low manganese-carbon steel at high temperature[J]. Surface and Coatings Technology, 2000, 126(2-3): 266-271.

[34] Zhao W X, Wu Y, Jiang S H, et al. Micro-alloying effects of yttrium on recrystallization behavior of an alumina-forming austenitic stainless steel[J]. Journal of Iron and Steel Research, International, 2016, 23(6): 553-558.

[35] 陈雷, 刘晓, 杜晓建, 等. 微量稀土对奥氏体耐热钢高温力学性能的影响[J]. 中国稀土学报, 2009, (6): 829-833.

[36] Xu Y W, Song S H, Wang J W. Effect of rare earth cerium on the creep properties of modified 9Cr-1Mo heat-resistant steel[J]. Materials Letters, 2015, 161(15): 616-627.

[37] Sun Z, Zhang C S, Yan M F. Microstructure and mechanical properties of M50NiL steel plasma nitrocarburized with and without rare earths addition[J]. Materials & Design, 2014, 55(3): 128-136.

[38] Yan M F, Zhang C S, Sun Z. Study on depth-related microstructure and wear property of rare earth nitrocarburized layer of M50NiL steel[J]. Applied Surface Science, 2014, 289(1): 370-377.

[39] 刘海涛, 王项龙, 李昊泽. 一种超细晶粒高硅电工钢薄板及其制造方法: 中国, CN104805351A[P]. 2015-07-29.

[40] 李培忠, 马良, 马国明, 等. 铈对 3.0%Si 无取向电工钢磁性能的影响[J]. 稀土, 2016, 37(2): 81-86.

[41] 刘丽珍, 金自力, 任慧平, 等. 稀土对取向硅钢初次再结晶组织及织构的影响[J]. 稀土, 2015, 36(6): 1-6.

[42] 岳尔斌, 李娜. 稀土铈对 2.9%Si 无取向硅钢磁性能的影响[J]. 钢铁, 2014, 49(12): 65-70.

[43] 董梦瑶, 金自力, 任慧平, 等. 稀土对冷轧无取向低碳低硅电工钢组织及织构的影响[J]. 金属热处理, 2015, 40(5): 6-9.

[44] Wang L M, Lin Q, Ji J W, et al. New study concerning development of application of rare earth metals in steels[J]. Journal of Alloys and Compounds, 2006, 408-412: 384-386.

[45] Luyckx A. Lanthanide additions for S, P, Pb, Sn, Sb···control through slab casting[C]// Steelmaking Conference Proceedings, Chicago, 1994: 649-657.

[46] Binnemans K, Jones P T, Blanpain B, et al. Recycling of rare earths: A critical review[J]. Journal of Cleaner Production, 2013, 51: 1-22.

[47] 黄宇, 成国光, 谢有. 稀土 Ce 对钎具钢中夹杂物的改质机理研究[J]. 金属学报, 2018, 54(9): 1253-1261.

[48] 林勤, 陈邦文, 唐历, 等. 微合金钢中稀土对沉淀相和性能的影响[J]. 中国稀土学报, 2002, 20(3): 256-260.

[49] 杜挺, 韩其勇, 王常珍. 稀土碱土等元素的物理化学及在材料中的应用[M]. 北京: 科学出版社, 1995.

[50] 戢景文. 用稀土——发展 21 世纪钢的重要途径[J]. 稀土, 2001, 22(4): 7-24.

[51] 雍歧龙, 马鸣图, 吴宝榕. 微合金钢——物理和力学冶金[M]. 北京: 机械工业出版社, 1989.

[52] Fernández J, Illescas S, Guilemany J M. Effect of microalloying elements on the austenitic grain growth in a low carbon HSLA steel[J]. Materials Letters, 2007, 61(11-12): 2389-2392.

[53] Gladman T. The Physical Metallurgy of Microalloyed Steels[M]. London: Maney Publishing, 1997.

[54] Mandal G, Roy C, Ghosh S K, et al. Structure-property relationship in a 2GPa grade micro-alloyed ultrahigh strength steel[J]. Journal of Alloys and Compounds, 2017, 705: 817-827.

[55] Zrnik J, Kvackaj T, Pongpaybul A, et al. Effect of thermomechanical processing on the microstructure and mechanical properties of Nb-Ti microalloyed steel[J]. Materials Science and Engineering A, 2001, 319-321: 321-325.

[56] 周乐育. 高强度含铌热轧双相钢组织性能柔性控制研究[D]. 北京: 北京科技大学, 2008.

[57] Yu Q B, Wang Z D, Liu X H, et al. Effect of microcontent Nb in solution on the strength of low carbon steels[J]. Materials Science and Engineering: A, 2004, 379(1/2): 384-390.

[58] Tirumalasetty G K, van Huis M A, Fang C M, et al. Characterization of NbC and (Nb, Ti) N nanoprecipitates in TRIP assisted multiphase steels[J]. Acta Materialia, 2011, 59(19): 7406-7415.

[59] Rainforth W M, Black M P, Higginson R L, et al. Precipitation of NbC in a model austenitic steel[J]. Acta Materialia, 2002, 50(4): 735-747.

[60] Auerbach A, Chetty R, Feldstein M. Handbook on the Physics and Chemistry of Rare Earths[M]. Amsterdam: North-Holland Publisher, 2013.

[61] 姜茂发, 王荣, 李春龙. 钢中稀土与铌、钒、钛等微合金元素的相互作用[J]. 稀土, 2003, 24(5): 1-3.

[62] 刘宏亮, 刘承军, 王云盛, 等. 稀土对 X80 管线钢中铌元素赋存状态的影响[J]. 稀土, 2011, 32(5): 6-11.

[63] Katsumata A, Todoroki H. Effect of rare earth metal on inclusion composition in molten stainless steel[J]. Iron and Steelmaker(USA), 2002, 29(7): 51-57.

[64] Chen L, Ma X C, Wang L M, et al. Effect of rare earth element yttrium addition on microstructures and properties of a 21Cr-11Ni austenitic heat-resistant stainless steel[J]. Materials & Design, 2011, 32(4): 2206-2212.

[65] Mao Z G, Seidman D N, Wolverton C. First-principles phase stability, magnetic properties and solubility in aluminum-rare-earth (Al-RE) alloys and compounds[J]. Acta Materialia, 2011, 59(9): 3659-3666.

[66] You Y, Yan M F. Behaviors and interactions of La atom with other foreign substitutional atoms (Al, Si, Ti, V, Cr, Mn, Co, Ni, Cu, Nb or Mo) in iron based solid solution from first principles[J]. Computational Materials Science, 2013, 73: 120-127.

第2章 稀土元素在钢中的固溶行为

2.1 引　　言

一般认为，稀土元素在钢中以固溶稀土、夹杂物、稀土-铁金属间化合物等形态存在[1]。当钢中 S、O 含量较高或稀土元素加入量相对较低时，稀土元素主要起脱硫、脱氧和变质夹杂的作用；当钢中 S、O 含量较低或稀土元素加入量相对较高时，富余的稀土元素将固溶在钢中，固溶的小部分稀土元素将起到微合金化作用。稀土原子尺寸较大而负电性较小，在钢中固溶量极低，与其他元素形成固溶体时，只能生成固溶度甚小的端际固溶体[2]。戢景文[3]从原子尺度证明了稀土元素在铁及铁合金中可以以固溶状态存在，具有强烈控制铁中 P、N、C 的强(微)合金化作用，并可以在固态扩散反应中强制固溶，为稀土元素在钢中的合金化作用提供了令人信服的理论依据。

合金化的物理本质是通过元素的固溶及其固态反应，影响微结构乃至结构、组分和组织，从而使钢获得所需性能。微合金化程度取决于微量稀土元素的固溶作用，稀土元素与其他溶质元素或化合物的交互作用，稀土元素的存在状态、尺寸、数量、分布等[1]。

由于微合金钢体系的复杂与稀土元素分析表征的局限性，尚没有足够的证据能够精确表征稀土元素的存在形式。此外，关于稀土元素对钢中微合金元素固溶度的影响，在热力学计算和定量的实验测定方面仍鲜有系统的数据报道，还有待深入开展系列基础实验与理论研究。

2.2　合金固溶的理论基础

工业中使用的金属材料绝大部分是以固溶体为基体的。例如，广泛使用的碳钢和合金钢，均以固溶体为基体相。根据溶质原子在晶格中的位置不同，可分为置换固溶体和间隙固溶体。在置换固溶体中，溶质原子取代溶剂原子在晶格中的位置。若两种组元可在整个二元系的各种成分比例下置换，则可形成连续固溶体。在间隙固溶体中，溶质原子存在于溶剂晶格间隙中。

在很多合金体系中，在特定温度下，溶剂中可溶入的溶剂原子浓度有一定的最大值，称为固溶度极限。如果加入的溶质数量超过固溶度极限，则会形成成分完全不同的新的固溶体或化合物。

　　第二相在铁基体中的溶解和沉淀析出是一个可逆的化学反应过程。在某一温度长时间保温后，第二相所涉及的元素在铁基体的固溶量和存在于第二相中的量将趋于平衡。钢材的化学成分或温度改变，平衡的固溶量和第二相的量亦将随之改变，从而导致第二相溶解或沉淀析出。显然，准确掌握第二相在钢铁基体中的平衡固溶度，可定量计算和设计钢中第二相的体积分数。此外，根据不同温度下平衡固溶度的差别，又可计算第二相溶解或沉淀析出过程的化学自由能变化，即相变的驱动力。

　　对单元或二元第二相而言，可由实验测定平衡固溶度随温度的变化规律；但对于三元、多元第二相或平衡固溶度很小的二元第二相而言，实验测定工作量巨大，或者受各方面因素影响，如体系是否处于真正的平衡态、样品的纯度等问题，测定的精确度受到很大限制。由于实验受多种因素影响，尤其是人为因素影响较大，不同的实验者对同一化合物研究所得的实验数据往往不一致。

　　考虑到实验方法本身存在缺陷，人们逐渐转向从理论上来计算体系的热力学数据。20 世纪 70 年代以来，随着热力学统计力学和溶液理论以及计算方法的发展，由 Kaufman 和 Hillert 等学者奠基，相图研究从以相平衡实验测定为主进入了热化学与相图计算机耦合研究的新阶段，并发展为介于热化学、相平衡和溶液理论预计算技术之间的交叉学科分支——CALPHAD。由该方法得到的计算相图，使得热力学与相图间具有高度的自洽性，推动了溶液模型研究，发展了多元多相平衡计算方法，且在材料物理性质预测中得到应用，使相平衡计算研究真正成为材料设计的一部分[4,5]。

　　一般，溶质元素在金属基体中的固溶度可作为一种相结构稳定性问题，通过合金总能量的计算加以解决，在计算过程中，具有任意原子排列的固体在热力学零度下的能量，可通过该体系的多电子薛定谔方程得到。因此，固体理论物理学家往往采用量子力学，试图从理论角度解决实际问题。电子结构理论的出现，为金属合金的理论计算研究奠定了微观的理论基础，也为固溶度的计算研究提供了重要的研究思路[6]。

　　合金固溶度理论是固体物理学家和冶金学家都关注的重要课题。一种金属基体在一定条件下究竟能溶解多少溶质元素，对金属材料的实际使用具有重要意义。

　　严格来说，一个完善的固溶度理论，一方面要能够解释已有的固溶度实验数据，即理论测算要与实验测定数据很好地符合；另一方面则要能够准确预测尚未实验测定的溶质元素在金属基体中的固溶度。因此，固溶度计算是材料成分设计的重要组成部分，与工业生产应用联系极为密切，对于掌握某一温度下微合金元素的固溶度，了解材料结晶过程的组织转变规律具有重要意义。

2.2.1　析出相基态

　　工程上大量应用的金属及合金常通过固溶、脱溶和时效处理等工艺来提高材料的强度。将钢或合金加热到一定温度固溶处理,使合金元素充分溶入基体,然后通过冷却,使合金元素的固溶度降低,得到过饱和固溶体,由过饱和固溶体中析出第二相或形成溶质原子的聚集区以及亚稳过渡相的过程称为脱溶或时效。

　　通过固溶度计算,可了解析出相的基态,从而认识析出相的类型与析出贯序,图 2-1 为固溶和析出的二元相图示意图。

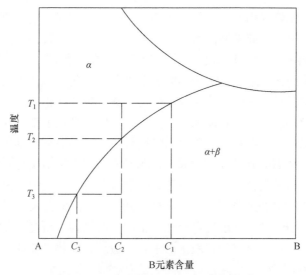

图 2-1　固溶和析出的二元相图示意图

　　如图所示,当 A-B 二元合金的温度升高到 T_1 时,B 组元在 A 中的固溶度为 C_1,在 T_3 温度时的固溶度则为 C_3。将成分为 C_2 的 A-B 二元合金升温至 T_1 时,B 组元可以完全溶入基体 A 中。随温度下降,B 组元的固溶度不断减小,当温度降至 T_3 时,该体系的平衡固溶度为 C_3,小于合金含量 C_2,此时合金固溶体即处于过饱和状态。若在低于 T_2 的某一温度进行时效处理,则会有部分 β 析出。如图 2-2 所示,在高温区 B 组元溶入 A 组元后,两种原子随机占据 A 组元的点阵位置形成无序固溶体。当温度降低时,B 在 A 中的固溶度降低,则多余的 B 将从基体中脱溶,与部分 A 形成 A-B 化合物。

　　当然,有的合金脱溶后趋向于形成纯 B 组元的第二相,如含铜高纯净钢[7]。成分为 Fe-0.59%Cu 的高纯净钢,经过锻造和热轧将其加工为厚度为 6mm 的钢板,并切割成 20mm×15mm×6mm 的退火试样;将试样在 840℃保温 1000s 进行固溶处理,随后在 650℃进行 100s～300h 的时效退火。图 2-3(a)和(b)分别为实验钢在650℃时效 100s 和 30h 后的透射电子显微镜(transmission electron microscope,

TEM)组织形貌。可见，铜在钢中最初的析出物呈等轴状，尺寸极为细小(<10nm)，在 α-Fe 基体上弥散分布。随着时效时间延长，铜在钢中的析出物长大，同时在结构上也发生变化。

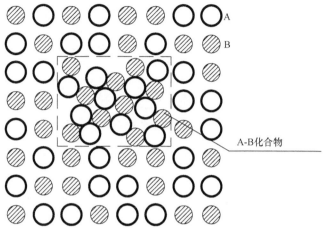

图 2-2　A-B 化合物在固溶体中析出示意图

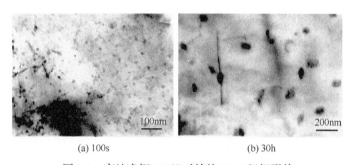

(a) 100s　　　　　　　　　(b) 30h

图 2-3　高纯净钢 650℃时效的 TEM 组织形貌

将上述高纯净钢在 650℃经更长时间时效，析出相除发生继续长大外，在形貌和结构上也发生相应变化。图 2-4 给出了实验钢在 650℃经 300h 时效后的萃取复型像。由图可见，析出相成为棒状，其长度超过 100nm，直径大于 20nm。对析出物进行能谱分析表明，析出物中铜占有绝对大比例，铁的含量很低。说明析出相基本为纯铜。

计算组元 B 在 A 基体中的固溶度时，需要按照 B 含量由少到多的顺序，确定 A-B 二元合金体系中可能出现的稳定相，即计算金属间化合物 A_mB_n 的基态特征。利用 vienna ab-initio simulation package(VASP)软件，对可能出现的不溶成分 A_mB_n 进行完全结构优化后，利用下式计算其形成能：

$$\Delta H_{\mathrm{f}}^{\mathrm{A\text{-}B}} = H_{\mathrm{atom}}^{\mathrm{A\text{-}B}} \frac{m}{m+n} H_{\mathrm{A}}^{\mathrm{atom}} \frac{n}{m+n} H_{\mathrm{B}}^{\mathrm{atom}} \tag{2-1}$$

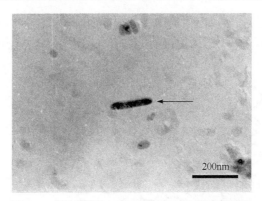

图 2-4　高纯净钢 650℃时效 300h 的萃取复型像

式中，$H_{atom}^{A\text{-}B}$、H_A^{atom} 和 H_B^{atom} 分别为化合物 A_mB_n、纯 A 和纯 B 平均每个原子的总能量。

计算了不同成分的 A-B 金属间化合物的形成能，如图 2-5 所示。为确定析出过程中出现的稳定相，将各平衡相对应的数据点以折线连接，构成凹包，亚稳相位于凹包上方。

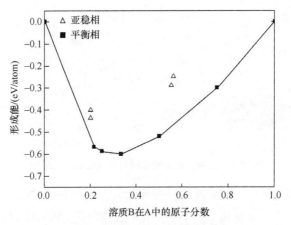

图 2-5　某二元合金中金属间化合物形成能随 B 含量的变化

从图 2-5 可以看出，在过饱和固溶体时效过程中，优先析出相 β 的成分为 $A_{0.8}B_{0.2}$ 结构的金属间化合物，其形成能为 –0.58eV/atom。

2.2.2　固溶度计算

当 B 组元在 A 中的固溶度非常小时，可用式(2-2)计算 B 在 A 中的固溶度[8]：

$$c_s(T) = \exp\left[\frac{\Delta G(A_{0.8}B_{0.2}) - \Delta G(A_nB)}{k_BT}\right] \tag{2-2}$$

式中，$\Delta G(A_{0.8}B_{0.2})$ 为 $A_{0.8}B_{0.2}$ 化合物中每个溶质原子 B 的吉布斯形成自由能，$\Delta G(A_nB)$ 为纯 A 基体溶入一个 B 原子后形成的稀溶液模型中溶质原子的吉布斯自由能。

对三元、多元第二相或平衡固溶度很小的二元第二相而言，采用实验方法计算固溶度易受各方面因素的影响，测定的精确度受到很大限制。例如，稀土元素在合金中的固溶度非常小，实验中很难精确测定，不同的实验过程往往得出相差较大的结果。

基于密度泛函理论的第一性原理，能够在不依赖实验数据的条件下，准确得到合金的电子结构与热力学信息，已经广泛应用于合金材料的研究中。实践证明，可以较为准确地得到合金的固溶度曲线。

在合金体系的研究中，有学者已利用第一性原理计算 Al-Sc、Al-Cu、Mg-Nd和 Mg-La 等二元合金的固溶度曲线[9-11]，得到的结果与实验较为吻合。Mao 等[12]利用第一性原理计算了 Al-Ce 二元合金的固溶度曲线，如图 2-6 所示。在该固溶边界的计算中，按照 Al_3Ce、Al_2Ce、AlCe、$AlCe_2$ 和 $AlCe_3$ 等不同成分的金属间化合物，依据不同的结构原型为每种成分构建了多种晶体结构。在对这些结构进行完全结构优化后，计算其形成能，在此基础上确定每种成分的稳定结构，并确定 DO_{19} 结构的 Al_3Ce 为优先析出相。最后，依据式(2-2)计算所需数据，完成纯铝和 Al_3Ce 有序相之间固溶边界的计算。

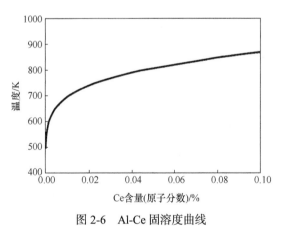

图 2-6　Al-Ce 固溶度曲线

2.3　稀土元素在铁基合金中的固溶行为

2.3.1　稀土元素在铁基合金中溶解的一般理论

判断元素的合金化作用，首先应考虑其存在状态与固溶量，因而掌握某一温度下稀土元素在 Fe 基合金中的固溶度对于稀土微合金钢成分设计至关重要。

　　稀土原子半径比 Fe 原子大约 50%，通常认为它们不易形成固溶体，这就限制了稀土元素的固溶度。然而，稀土元素与典型非金属元素间的极化作用会导致其原子半径变化。例如，镧原子的共价半径为 0.1877nm，当离子化程度为 60% 时，半径减小至 0.1277nm，此值与 Fe 原子共价半径 0.1210nm 比较接近，因此稀土原子可通过空位机制进行扩散，占据 Fe 的点阵节点，在晶内形成置换固溶体。

　　Darken-Guny 图(周期表元素负电性-原子半径图)观察显示，稀土原子在 Fe 中的固溶处于固溶度椭圆外，说明其固溶度很小。Darken-Guny 图的依据是元素负电性及原子半径，其表示的固溶度是在固态下按统计规律分布于基体元素晶格点阵上的溶质含量，并不包括偏聚在晶界、位错、亚晶界等处的稀土原子，也不包含以金属间化合物存在的稀土。由于稀土元素在 Fe 基体的固溶度非常小，只能生成固溶度甚小的端际固溶体，实验上很难测到准确的数值，不同的实验往往得出相差较大的结果。因此，实际研究中，稀土元素在合金中的固溶度测定较为困难。实验测得 1400℃ 时 La 在 Fe 中的固溶度为 0.03%(原子分数)，900℃ 时小于 0.2%(原子分数)，780℃ 时小于 0.1%(原子分数)；在 950℃ 时，Ce 在 Fe 中的固溶度测量值为 0.596%(质量分数)，在 860℃ 时则为 0.439%(质量分数)[13]。

　　图 2-7 给出了 Fe-RE(La,Ce,Y)二元相图的热力学计算结果[14]。其中，Fe-Ce 二元相图横坐标左端为 100%Ce，右端为 100%Fe，另外两个二元相图则相反。从图中可以看出，除 La 之外，Ce 和 Y 均可与 Fe 形成稳定的化合物。同时可以看出，三种稀土元素在 Fe 中的固溶度均极低。

　　结合文献中测定的固溶度结果可以看出，文献测定与热力学计算结果存在一定的偏差。实际研究中，通过实验测量的合金元素固溶度往往受很多因素的影响，

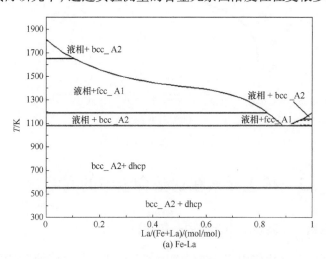

(a) Fe-La

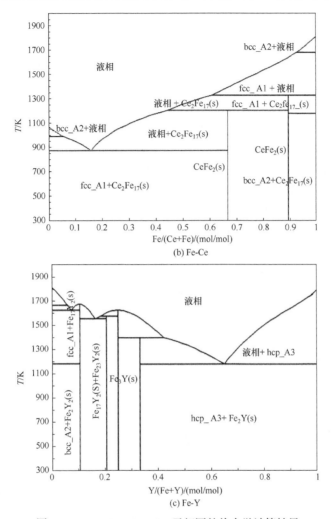

图 2-7　Fe-RE(La, Ce, Y)二元相图的热力学计算结果

如晶粒度、缺陷、杂质和测量手段，所测结果并不精确。实际上，即使不同温度
与成分下的系列实验也难以保证固溶度的准确测量，在完全保证实验手段与仪器
精度可靠性的前提下，对于某种元素在 Fe 基合金中多个温度下固溶度的确定仍需
大量实验工作来完成。因此，稀土在 Fe 基合金中的固溶度变化规律仍有待进行系
列理论与实验探索。

2.3.2　稀土元素在铁基合金中稳定相的基态计算

相比实验研究，基于密度泛函理论的第一性原理能够在不依赖实验数据的条
件下准确预测合金的电子结构与热力学信息，更能真实客观地反映材料的本征物

性，因而广泛应用于合金材料的研究中。研究表明[15]，通过第一性原理计算可以得到较为准确的合金固溶度曲线。因此，为了能对稀土的存在形式与微合金化机理有更加准确的认识，本节将采用第一性原理，基于稀溶液固溶体，计算钢中常用稀土元素(La、Ce 和 Y)在 Fe 基合金中的固溶度，为稀土微合金钢的合理设计提供理论依据。

目前，稀土元素在γ-Fe 中的热力学数据已有较为系统的报道，因而仅对稀土元素在α-Fe 中的固溶度进行计算。

本节将采用基于密度泛函理论(density functional theory，DFT)框架的 VASP 完成计算。计算中选择投影缀加波(projector augmented wave，PAW)方法，交换关联泛函采用广义梯度近似(generalized gradient approximation，GGA)，截断能量为 350eV。布里渊区积分采用 Monhkorst-Pack 特殊 k 网格点方法。计算中能量收敛标准为能量小于 10^{-4}eV，每个原子的剩余力小于 0.01eV/Å。在进行固溶体相关计算时，建立含有 128 个原子的 4×4×4 bcc Fe 超晶胞模型。纯 Fe 超晶胞结构优化后的晶格常数 a=2.585Å，与已报道的 2.866Å 较为接近[16]。

稀土元素在 Fe 中固溶度的计算，需要首先计算相关 Fe-RE 二元体系可能存在的化合物的基态，确定稳定相。由于 Fe-La 二元系不形成化合物[17]，本部分将不再对该体系的稳定相进行计算。对 Fe-Ce 和 Fe-Y 二元合金中出现的金属间化合物进行完全结构优化，并利用式(2-3)计算 Fe_mRE_n 的形成能：

$$\Delta H_f^{Fe\text{-}RE} = H_{atom}^{Fe\text{-}RE} - \frac{m}{m+n}H_{Fe}^{atom} - \frac{n}{m+n}H_{RE}^{atom} \tag{2-3}$$

式中，$H_{atom}^{Fe\text{-}RE}$、H_{Fe}^{atom} 和 H_{RE}^{atom} 分别为化合物 Fe_mRE_n、纯 Fe 和纯 RE(Ce 和 Y)平均每个原子的总能量。

不同成分 Fe-RE 金属间化合物形成能的计算结果如图 2-8 所示。将能量较低

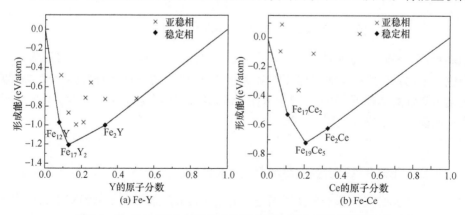

图 2-8　Fe-RE 二元金属间化合物形成能与稀土元素含量的关系

各平衡相对应的数据点以折线连接，构成凹包，亚稳相位于凹包上方，位于折线上的相为稳定相。

表 2-1 给出两种二元合金稳定相基态的计算结果。可以看出，计算所得的晶格常数和形成能与文献报道的实验结果符合较好。

表 2-1　Fe-Y 和 Fe-Ce 二元合金稳定相基态计算结果

二元合金	稳定相	空间群	Pearson 符号	晶格常数/Å	形成能/(eV/atom)
Fe-Y	$Fe_{12}Y$	I4/mmm	tI26	a=8.611, c=4.693 a=8.338, c=4.707[18]	−0.968 −0.973[18]
	$Fe_{17}Y_2$	P63/mmm	hP38	a=8.370, c=8.140 a=8.471, c=8.309[19]	−1.209
	Fe_2Y	Fd-3m	cF24	a=7.523 a=7.386[20]	−0.997
Fe-Ce	$Fe_{17}Ce_2$	P63/mmm	hP38	a=8.377, c=8.138 a=8.490, c=8.281[21]	−0.533
	$Fe_{19}Ce_5$	R-3mH	hR24	a=5.083	−0.729
	Fe_2Ce	Fd-3m	cF24	a=7.544 a=7.302[21]	−0.629

对于 Fe-Y 体系，存在的稳定化合物相有 $Fe_{12}Y$.tI26、$Fe_{17}Y_2$.hP38 和 Fe_2Y.cF24，亚稳相有 $Fe_{29}Y_3$.mS64、Fe_5Y.hP6、$Fe_{23}Y_6$.cF116、Fe_7Y_2.hR18 和 Fe_3Y.hR12。对于 Fe-Ce 体系，稳定相有 $Fe_{17}Ce_2$.hP38、$Fe_{19}Ce_5$.hR24 和 Fe_2Ce.cF24，亚稳相为 $Fe_{13}Ce$.cF112、Fe_5Ce.hP6 和 Fe_3Ce.hR12。

计算结果表明，具有 $Ni_{17}Th_2$ 型结构的 $Fe_{17}RE_2$ 比 $Zn_{17}Th_2$ 型结构的形成能更低，结构更为稳定，这与文献报道的结果一致[22]。$Fe_{12}Y$.tI26 的形成能为 −0.968eV/atom，与报道的数值相当[18]。$Fe_{12}Ce$.tI26 的形成能 0.083eV/atom 也与文献报道值 0.11eV/atom 较为接近[23]，形成能为正值，表明该化合物在一般条件下不会形成。从计算结果可以看出，在 Fe-Ce 二元系中，$Fe_{19}Ce_5$.hR24 具有最低的形成能，表明这一结构最为稳定。

2.3.3　稀土元素在铁基合金中的固溶度

对于一定溶质原子(B)与空位(V)溶入 A 原子基体形成的无序固溶体，若忽略溶质原子之间、溶质与空位之间，以及空位之间的交互作用，其焓值为

$$H = H_A^{atom}N + \Delta H_{B,A}N_B + \Delta H_{V,A}N_V \tag{2-4}$$

式中，H_A^{atom} 为纯溶剂 A 每个原子的焓；$\Delta H_{B,A}$ 和 $\Delta H_{V,A}$ 分别为引入溶质 B 和空位置换溶剂原子后引起的体系焓变；N 为超晶胞中的阵点数量；N_B 和 N_V 分别是溶剂原子和空位的数量。

由式(2-4)可知，固溶体中每个原子的焓值为

$$H_{\text{atom}} = H / (N_B + N_A) = H_A^{\text{atom}} + \Delta H_{B,A} x_A + (\Delta H_{V,A} + H_A^{\text{atom}}) x_V \tag{2-5}$$

式中，$x_\alpha(\alpha=\text{A, B, V})$为溶剂、溶质或空位在固溶体中的原子浓度：

$$x_\alpha = \frac{N_\alpha}{N_A + N_B} \tag{2-6}$$

固溶体形成焓可以由式(2-7)得到

$$\Delta H_{\text{atom}} = H_{\text{atom}} - x_A H_A^{\text{atom}} - (1 - x_A) H_B^{\text{atom}} \tag{2-7}$$

将式(2-5)代入式(2-7)可得到

$$\Delta H_{\text{atom}} = H_f^B x_B + H_f^V x_V \tag{2-8}$$

式中，H_f^B 和 H_f^V 分别为溶质和空位缺陷的形成焓：

$$H_f^B = \Delta H_{B,A} - H_B^{\text{atom}} + H_A^{\text{atom}} \tag{2-9}$$

$$H_f^V = \Delta H_{V,A} + H_A^{\text{atom}} \tag{2-10}$$

对于规则溶体模型，固溶体的形成自由能具有如下形式：

$$\Delta G_{\text{atom}} = \Delta H_{\text{atom}} - T \Delta S_{\text{atom}} \tag{2-11}$$

式中，形成焓 ΔH_{atom} 可由式(2-8)得到，T 为温度，形成熵 ΔS_{atom} 可根据平均场近似计算：

$$\Delta S_{\text{atom}} = -\frac{k_B N}{N_A + N_B} \sum_{\alpha=\text{A,B,V}} c_\alpha \ln c_\alpha \tag{2-12}$$

式中，k_B 为玻尔兹曼常数；c_α 为固溶体中原子(A,B)或空位的点阵浓度：

$$c_\alpha = \frac{N_\alpha}{N} \tag{2-13}$$

结合式(2-6)、式(2-12)和式(2-13)，可将式(2-11)变换为

$$\Delta G_{\text{atom}} = \Delta G_{\text{atom}}^B + \Delta G_{\text{atom}}^V \tag{2-14}$$

式中，

$$\Delta G_{\text{atom}}^B = H_f^B x_B + k_B T \left[x_B \ln x_B + (1 - x_B) \ln(1 - x_B) \right] \tag{2-15}$$

$$\Delta G_{\text{atom}}^V = H_f^V x_V + k_B T \left[x_V \ln x_V + (1 - x_V) \ln(1 - x_V) \right] \tag{2-16}$$

在一定溶质浓度的固溶体中，空位的平衡浓度 x_V^{eq} 可通过最小化形成自由能得到：

$$\frac{\partial \Delta G_{\text{atom}}^V}{\partial \Delta x_V} = 0 \tag{2-17}$$

结合式(2-16)与式(2-17)，得到平衡空位浓度及其形成自由能公式：

$$x_V^{eq} = \left[\exp\left(\frac{H_f^V}{k_B T} \right) - 1 \right]^{-1} \tag{2-18}$$

$$\Delta G_{atom}^V \left(x_V^{eq} \right) = k_B T \ln\left[1 - \exp\left(-\frac{H_f^V}{k_B T} \right) \right] \tag{2-19}$$

由式(2-19)可以看出，固溶体中空位的平衡浓度由空位形成焓决定。

在一定温度下，溶质 B 在基体 A 中的固溶度 $x_{B,A}$ 为在不发生第二相析出的情况下，溶质在溶剂中可达到的最大浓度。当固溶体与金属间化合物处于相平衡状态时，体系的混合自由能为

$$\Delta G_{atom}^{mix}(x) = \frac{x_{B,gs} - x}{x_{B,gs} - x_{B,A}} \Delta G_{atom}(x_{B,A}) + \frac{x - x_{B,A}}{x_{B,gs} - x_{B,A}} \Delta G_{atom}^{gs}(x_{B,gs}) \tag{2-20}$$

式中，$x_{B,gs}$ 和 $\Delta G_{atom}^{gs}(x_{B,gs})$ 分别表示溶质和溶剂形成基态二元金属间化合物时的原子浓度和形成自由能。结合式(2-15)和式(2-20)可得到固溶度计算式为

$$x_{B,A} = \left[\exp(H_{sol} / k_B T) + 1 \right]^{-1} \tag{2-21}$$

在固溶度很小的情况下，有

$$H_{sol} = H_f^B - \Delta H_{atom}^{gs} / x_{B,gs}^0 + \Delta G_{atom}^V \left(x_V^{eq} \right) / x_{B,gs}^0 \tag{2-22}$$

通过以上推导可以看出，计算溶质在稀溶液固溶体中的固溶度时，需要先得到距离二元系 Fe 端最近的稳定相的化学组成和形成焓。同时，需要计算溶质溶入体系后的形成焓和空位的形成焓 H_f^B 及 H_f^V。对于不形成化合物的 Fe-La 系二元合金，稳定相为纯 La，在式(2-22)中的第二项按 0 处理，因此 La 的溶解能由溶质形成焓和空位形成焓决定。

VASP 计算表明，空位形成焓为 2.45eV，这与已报道的计算值 2.23eV 较为接近[24]，Y、La 和 Ce 的溶解能分别为 0.85eV、0.69eV 和 0.79eV。根据式(2-21)计算出三种稀土元素在 bcc Fe 中的固溶度随温度变化的计算结果，如图 2-9 所示。

从图中可以看出，La、Ce、Y 元素在 bcc Fe 中的固溶度趋势为 $S_{La} > S_{Ce} > S_Y$，与溶解能的趋势 $H_{sol}(La) < H_{sol}(Ce) < H_{sol}(Y)$ 一致，且三种稀土固溶度之间的差别在温度超过 700K 后逐渐增大。Y 和 Ce 在 973K 的固溶度分别为 0.0038% 和 0.0074%，低于实验得出的数值 0.025%(Y) 和 0.033%(Ce)(原子分数)[25]。这是由于计算中采用了一定的近似处理，且计算仅考虑了纯超晶胞内的混合，而实验制备的二元合金为多晶体，存在大量的晶界和位错等缺陷，同时很难达到平衡冷却，这对于溶质的占位情况有较大影响。同时，应考虑不同实验测试设备和手段的误差。

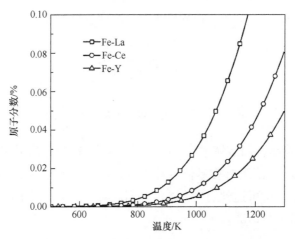

图 2-9　La、Ce、Y 在 bcc Fe 中的固溶度计算结果

合金元素在基体中的固溶度是合金设计中首先要考虑的问题之一，本节利用第一性原理，从微观结构能量角度预测了 La、Ce、Y 元素在 bcc Fe 中的固溶度，从计算结果可以看出，稀土的固溶度在高温与低温区间差别很大。在稀土微合金钢板实际的控轧控冷工艺过程中，随着温度变化，稀土的固溶度也会发生变化，这将导致已溶解的稀土元素在降温过程中会有偏聚或析出的趋势，下面将进一步讨论稀土在 Fe 基合金奥氏体区的偏聚行为。

2.4　La 在 bcc Fe 中与 Nb 和 C 的相互作用

微合金钢中 NbC 的析出行为可以通过应变累积和合金元素的作用来调控。Zurob 等[26]在高 Nb 钢的研究中发现，对于不同的轧制温度，可通过调整 Mn 的含量，并结合相应的变形工艺来调控 NbC 的析出行为。NbC 析出动力学的主导因素是合金中 Nb 和 C 元素的固溶度和扩散。

基体中两个溶质原子之间的相互作用可以通过结合能来表征，利用第一性原理可计算得到结合能，从而探究合金原子之间相互作用机理，并为实验现象提供理论支持。热力学研究表明[27]，合金元素之间的相互作用会影响各自在基体中的固溶度。Simonovic 等[28]也发现，Si 和 C 在 α-Fe 中的相互作用改变了 C 在基体中的固溶度和扩散行为。Domain 等[29]利用第一性原理计算电子结构和磁性能，研究了间隙原子 C、N 和空位在 α-Fe 中的相互作用。研究者对 Cu-Fe 合金中各原子之间的相互作用进行研究发现，添加 Ag 后会影响合金中 Fe 原子的扩散行为，从而改变富 Fe 第二相的析出动力学。

为了阐明稀土元素 La 对 NbC 析出行为的影响机理，以 La 分别与 Nb、C 之间的相互作用为切入点, 利用第一性原理计算 La-C、La-Nb 在不同近邻的结合能, 通过分析 La 与 Nb、C 溶质原子在 bcc Fe 和 fcc Fe 中相互作用的变化趋势, 研究稀土元素 La 添加对 Nb 和 C 原子固溶度和化学势的影响。

本节将采用基于密度泛函理论框架下的 VASP 进行第一性原理计算。计算中, 价电子与离子实之间的相互作用选择投影缀加波方法, 交换关联泛函采用广义梯度近似, 截断能量为 350eV。布里渊区积分采用 Monhkorst-Pack 特殊 k 网格点方法, 计算选取了 $6 \times 6 \times 6$ 的 k 网格。计算中的能量收敛标准为能量小于 10^{-5}eV, 每个原子的剩余力小于 0.01eV/Å。计算中考虑自旋极化。在计算中, 对于体心立方和面心立方结构, 分别选取包含 128 个原子的 4×4×4 bcc Fe 超晶胞和含有 108 个原子的 3×3×3 fcc Fe 超晶胞。

2.4.1 La 与 Nb 的相互作用

在体心立方结构中, 每个单胞含有 2 个原子, 其坐标为[0 0 0]和[1/2 1/2 1/2]。体心立方结构阵点的每个原子有 8 个最近邻(first nearest neighbor, 1nn)原子和 6 个次近邻(second nearest neighbor, 2nn)原子, 配位数为 8。次近邻原子的距离比最近邻原子距离远大约 15%, 因此在体心立方结构中, 2nn 原子的作用虽然比 1nn 原子小, 但仍会具有与前者相同的趋势。此外, 3nn~8nn 的原子数量分别为 12、24、8、24 和 16。

在体心立方晶体中, 外来原子可能占据点阵中的三个位置: 置换位置、八面体间隙和四面体间隙。稀土元素 La 的原子半径为 183pm, Nb 的原子半径为 146pm, 而 Fe 的原子半径为 126pm[30], La 和 Nb 的原子半径均大于 Fe 原子的半径, 因此 La 和 Nb 原子溶入 Fe 晶格后, 会以置换形式替代晶格中的 Fe 原子。

图 2-10 为 bcc Fe 中 La 原子与其不同近邻 Nb 原子的结构示意图。图中 La 原

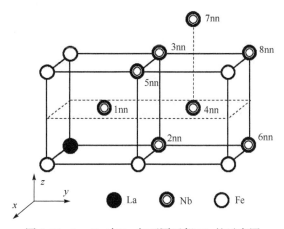

图 2-10 bcc Fe 中 La 与不同近邻 Nb 的示意图

子位于[0 0 0]位置。按照与 La 原子之间的间距从 1nn 到 8nn,Nb 的位置从[1/2 1/2 1/2]到[0 2 1]变化。

对含有 La-Nb 1nn 构型的 bcc Fe 超晶胞进行完全结构优化,优化前后构型中 La 和 Nb 原子所在的(110)面的结构如图 2-11 所示。图中灰色圆球表示 Fe 原子,黑色圆球表示 La 原子,白色圆球表示 Nb 原子。从图中可以看出,在结构优化后,La 原子和 Nb 原子沿着⟨111⟩方向分别向左下方和右上方偏移,两个原子之间的距离从 2.452Å 延长到 2.779Å。

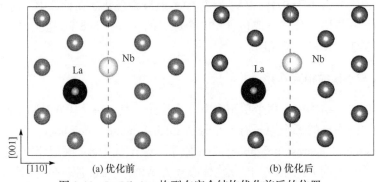

图 2-11　La-Nb 1nn 构型在完全结构优化前后的位置

表 2-2 进一步列出了 La-Nb 1nn~8nn 构型在结构优化前后原子间距的变化。表中,Nb 原子的坐标是相对于 La[0 0 0]位置给出的。从表中可以看出,La-Nb 的 1nn 和 2nn 构型在结构优化后,原子间距变长较为明显,这与下面计算所得的这两个构型具有较强的排斥作用对应。La-Nb 的 3nn、4nn 和 5nn 构型在结构优化后,原子距离延长了 1.1%~1.3%,在原子间距达到 6nn~8nn 范围后,原子间距的延长已经较为微弱。

表 2-2　结构优化前后 La 与 Nb 原子间距的变化

构型	Nb 原子坐标	优化前距离 d_0/Å	优化后距离 d/Å	间距变化 $\Delta d/d_0$/%
1nn	[1/2 1/2 1/2]	2.452	2.779	13.3
2nn	[0 1 0]	2.831	3.051	7.8
3nn	[0 1 1]	4.003	4.056	1.3
4nn	[1/2 3/2 1/2]	4.694	4.751	1.2
5nn	[1 1 1]	4.903	4.959	1.1
6nn	[0 2 0]	5.662	5.699	0.7
7nn	[1/2 3/2 3/2]	6.168	6.193	0.4
8nn	[0 2 1]	6.330	6.355	0.4

La 和 Nb 原子之间的相互作用通过两者的结合能 E_b 表示,结合能的计算公式为

$$E_b = E_{tot}^{La,Nb} + E_{tot}^{bulk} - E_{tot}^{La} - E_{tot}^{Nb} \tag{2-23}$$

式中，$E_{tot}^{La,Nb}$ 为包含 La 和 Nb 的 bcc Fe 超晶胞总能量；E_{tot}^{bulk} 为相同尺寸且不含溶质原子的纯 bcc Fe 超晶胞总能量；E_{tot}^{La} 和 E_{tot}^{Nb} 为含有单个 La 和 Nb 原子的 bcc Fe 超晶胞体系总能量。利用该公式计算所得的结合能，正值表示两个溶质原子之间为相互排斥，负值则表示相互吸引。

表 2-3 列出了不同近邻 La 和 Nb 原子之间的结合能，表中同时给出了不同近邻原子的等效位置数量 n_i。计算结果表明，1nn～3nn 的计算结果与文献报道值[31] 较为一致。La 与 Nb 之间的结合能始终为正值，且随着距离从 1nn 延伸到 8nn，结合能逐渐降低。1nn 和 2nn 构型的 La 与 Nb 原子之间存在较强的排斥作用，与这两种构型经结构优化后，La-Nb 之间具有较大的原子间距变化相对应。

表 2-3　不同近邻 La 和 Nb 原子的结合能以及等效位置数量

构型	等效位置数量 n_i	Nb 原子坐标	结合能 E_b/eV
1nn	8	[1/2 1/2 1/2]	0.486
2nn	6	[0 1 0]	0.285
3nn	12	[0 1 1]	0.114
4nn	24	[1/2 3/2 1/2]	0.085
5nn	8	[1 1 1]	0.096
6nn	6	[0 2 0]	0.058
7nn	24	[1/2 3/2 3/2]	0.054
8nn	16	[0 2 1]	0.051

将不同近邻 La 与 Nb 对应的结合能绘制于图 2-12。可以看出，在 1nn 构型时，两者之间具有强烈的排斥作用，从 1nn 到 3nn 这种排斥作用明显降低，在达到 6nn 时两者之间的排斥作用趋于平缓。在 5nn 构型时，La 与 Nb 之间的结合能稍高，这是由于此时 Nb 与 La 处于〈111〉方向，两者连线的中点有一个 Fe 原子，La 原子的加入使这个 Fe 原子沿〈111〉方向向 Nb 原子偏移，压缩了 Nb 原子的空间，从而使体系的整体能量升高。

2.4.2　La 与 C 的相互作用

如前文所述，在体心立方晶体中，外来原子可能占据点阵中的三个位置：置换位置、八面体间隙和四面体间隙。对于 C 原子，其原子半径为 0.67Å，一般趋向于占据晶格的间隙位置。外来原子的最优占位，可通过计算溶解能来确定：

$$\Delta E = E(Fe_N, C) - N E(Fe) \tag{2-24}$$

式中，$E(Fe_N, C)$ 为含有 N 个 Fe 原子和 1 个 C 原子的超晶胞总能量；$E(Fe)$ 为单

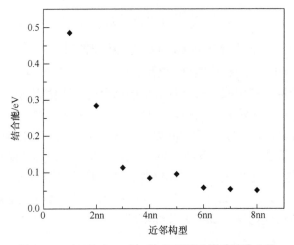

图 2-12　bcc Fe 中 La 与 Nb 在不同近邻时的结合能

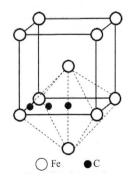

○ Fe　● C

图 2-13　C 原子在 bcc
Fe 的八面体和四面体
位置示意图

个 Fe 原子的能量。经计算，C 原子在 bcc Fe 八面体间隙和四面体间隙位置的溶解能分别为-8.477eV 和-7.556eV，这表明 bcc Fe 的八面体间隙是 C 原子的最稳定位置。因此，本节将基于 C 原子占据八面体间隙位置的情况展开论述。

如图 2-13 所示，C 原子从八面体间隙位置向相邻的另一个八面体间隙位置扩散时，需经过一个四面体间隙位置。计算结果表明，C 原子处在四面体间隙位置时体系能量较高，因此四面体间隙是 C 原子扩散的鞍点位置。利用 C 在八面体和四面体间隙的溶解能之差可得到 C 原子在 bcc Fe 中的扩散能垒为 0.92eV，该计算结果与文献[32]报道的数据相符。

图 2-14 为 La 原子与不同近邻 C 原子的结构示意图。图中 La 原子位于[0 0 0]位置。按照与 La 原子间距为 1nn～10nn，C 的位置从[0 1/2 0]到[3/2 3/2 0]变化。值得注意的是，bcc 结构中 5nn 八面体间隙有两个等效位置，如图中 5nn(A)和 5nn(B)所示。在 La-5nn(A)之间没有其他原子，而在 La-5nn(B)之间则有 1 个 Fe 原子，这将导致 5nn(A)和 5nn(B)各自与 La 原子的相互作用有所差别。

对含有 La-C 1nn 近邻构型的 bcc Fe 超晶胞进行完全结构优化，优化前后的结构如图 2-15 所示。图中显示为 La 和 C 原子所在的体系(001)面的原子分布，其中较大灰色原子为 Fe 原子，较小灰色原子为 C 原子，黑色圆球表示 La 原子。从图中可以看出，在结构优化后，La 原子和 C 原子沿⟨101⟩方向分别向左、右偏移，使两者之间的距离从 1.416 Å 延长到 2.281Å。同时可以注意到，结构优化后，La 原子左边的 Fe 原子向左边有所偏移，而 C 原子右边的原子向右边偏移。

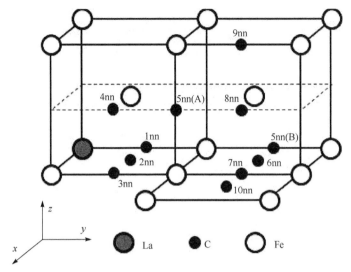

图 2-14　bcc Fe 中 La 与不同近邻 C 的示意图

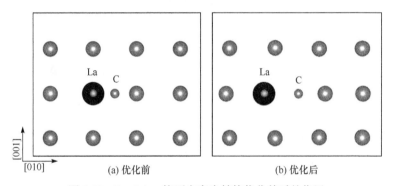

(a) 优化前　　　　　　　　　　(b) 优化后

图 2-15　La-C 1nn 构型在完全结构优化前后的位置

　　表 2-4 进一步给出了 La-C 1nn～8nn 构型在结构优化前后原子间距的变化情况，表中 C 原子的坐标是相对于 La[0 0 0]位置给出的。由表可以看出，在结构优化后，1nn 构型的 La-C 之间延长了很大距离，间距变化达到 61.1%；2nn 的间距延长有所减小，为 24.7%；4nn 和 5nn(B)的间距延长变化分别为 4.6%和 5.9%；5nn(A)和 6nn～10nn 的间距延长为 1.5%～2.8%。值得注意的是，3nn 的间距延长也很小，其间距变化为 1.9%。

表 2-4　结构优化前后 La 与 C 原子间距的变化

构型	C 原子坐标	优化前距离 d_0/Å	优化后距离 d/Å	间距变化 $\Delta d/d_0$/%
1nn	[0 1/2 0]	1.416	2.281	61.1
2nn	[1/2 1/2 0]	2.002	2.496	24.7
3nn	[1/2 1 0]	3.165	3.225	1.9

构型	C 原子坐标	优化前距离 d_0/Å	优化后距离 d/Å	间距变化 $\Delta d/d_0$/%
4nn	[1/2 1 1/2]	3.468	3.627	4.6
5nn(A)	[1 1 1/2]	4.247	4.367	2.8
5nn(B)	[0 3/2 0]	4.247	4.499	5.9
6nn	[1/2 3/2 0]	4.476	4.574	2.2
7nn	[1 3/2 0]	5.104	5.183	1.5
8nn	[1 3/2 1/2]	5.297	5.374	1.5
9nn	[1 3/2 1]	5.838	5.947	1.9
10nn	[3/2 3/2 0]	6.005	6.101	1.6

利用式(2-23)计算不同近邻 La 与 C 原子之间的结合能，结果见表 2-5。同时将计算所得的结合能与相应近邻绘制于图 2-16。从计算结果可以看出，1nn C 原子与 La 原子之间相互排斥作用较强，结合能为 1.508eV。2nn C 原子与 La 原子之间的结合能降低为 0.117eV。这表明，在 bcc Fe 基体中，La 与 C 之间不发生键合作用，La 与 C 之间没有局部团聚的趋势。随着距离的延长，La 与 C 之间的相互作用以振荡趋势不断下降，在 9nn 接近于 0。

表 2-5　不同近邻 La 和 C 原子的结合能以及等效位置数量

构型	等效位置数量 n_i	C 原子坐标	结合能 E_b/eV
1nn	6	[0 1/2 0]	1.508
2nn	12	[1/2 1/2 0]	0.117
3nn	24	[1/2 1 0]	−0.186
4nn	24	[1/2 1 1/2]	0.119
5nn(A)	24	[1 1 1/2]	−0.071
5nn(B)	6	[0 3/2 0]	0.257
6nn	24	[1/2 3/2 0]	−0.142
7nn	24	[1 3/2 0]	−0.081
8nn	24	[1 3/2 1/2]	−0.088
9nn	48	[1 3/2 1]	−0.025
10nn	24	[3/2 3/2 0]	−0.021

在 1nn 构型中，La 与 C 之间存在强烈的排斥作用，这是由于 La 原子体积远大于 Fe 原子，将 La 置换入 bcc Fe 晶胞后，会在周围空间引起较大的应变，压缩相邻的 y 轴方向八面体间隙的空间。这种空间压缩也会导致 La 和 C 在 2nn 和 4nn 构型中出现正的结合能。进一步，在置换入 La 原子后，La 原子 1nn 和 2nn 位置的 Fe 原子向远离 La 原子的方向偏移，从而使 La 原子近邻的 3nn、5nn(A)和 6nn 等八面体间隙空间得到一定程度的扩展，这使得相应的结合能呈现负值。对 5nn(B)

来说，y 轴方向的八面体间隙空间压缩使得 La 与 C 之间结合能为 0.257eV。

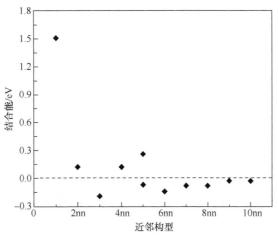

图 2-16 bcc Fe 中 La 与 C 在不同近邻时的结合能

2.5 La 在 fcc Fe 中与 Nb 和 C 的相互作用

2.5.1 La 与 Nb 的相互作用

fcc 结构的单胞内含有 4 个原子，坐标分别为[0 0 0]、[0 1/2 1/2]、[1/2 0 1/2] 和[1/2 1/2 0]，其配位数为 12。fcc 结构中，任意一个原子有 12 个 1nn 原子和 6nn 原子。同样，对于 fcc 结构，外来原子也可能占据点阵中的三个位置：置换位置、八面体间隙和四面体间隙。总体来说，过渡族金属原子一般以置换位置存在于基体原子点阵，因此将按 La 和 Nb 原子溶入 Fe 晶格后以置换形式替代晶格中 Fe 原子的情况来展开论述。

图 2-17 为 fcc Fe 中 La 原子与其不同近邻 Nb 原子的结构示意图。图中 La 原子

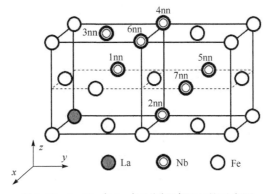

图 2-17 fcc Fe 中 La 与不同近邻 Nb 的示意图

位于[0 0 0]位置。按照与 La 原子间距为 1nn～7nn，Nb 的位置从[0 1/2 1/2]到[1 3/2 1/2]变化。

对含有 La-Nb 1nn 构型的 fcc Fe 超晶胞进行完全结构优化，优化前后构型中 La 和 Nb 原子所在的(100)面的结构如图 2-18 所示。图中，灰色圆球表示 Fe 原子，黑色圆球表示 La 原子，白色圆球为 Nb 原子。从优化结果可以看出，在结构优化后，Nb 沿⟨011⟩方向离开 La 原子，两者之间的距离从 2.455Å 延长到 2.815Å。

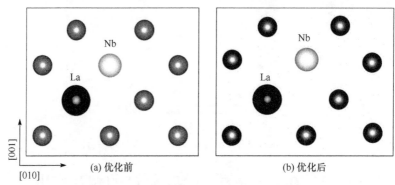

图 2-18　La-Nb 1nn 构型在完全结构优化前后的位置

表 2-6 列出了图 2-17 中所示的不同近邻 La-Nb 在结构优化前后的距离变化。表中 Nb 原子的坐标是相对于 La[0 0 0]位置给出的。从表中可看出，La 原子与 Nb 原子处于 1nn 位置时，经过完全结构优化，两者之间的距离延长 14.6%；而 2nn～7nn 的 La 与 Nb 原子之间的距离变化很小，为 0.4%～1.8%。对于 1nn 构型中较大的间距变化，主要可归因于 La 和 Nb 的原子尺寸较大。

表 2-6　结构优化前后 La 与 Nb 原子间距的变化

构型	Nb 原子坐标	优化前距离 d_0/Å	优化后距离 d/Å	间距变化 $\Delta d/d_0$/%
1nn	[0 1/2 1/2]	2.455	2.815	14.6
2nn	[0 1/2 0]	3.472	3.492	0.6
3nn	[1/2 1/2 1]	4.252	4.321	1.6
4nn	[0 1 1]	4.910	5.000	1.8
5nn	[0 3/2 1/2]	5.490	5.510	0.4
6nn	[1 1 1]	6.014	6.073	1.0
7nn	[1 3/2 1/2]	6.496	6.550	0.8

利用式(2-23)计算不同近邻的 La 与 Nb 原子之间的结合能，结果见表 2-7。同时，将计算所得的结合能与相应近邻绘制于图 2-19。1nn 构型 La-Nb 在结构优化后具有较大的间距，该构型下 La 与 Nb 的结合能为 0.120eV，表明两者之间存在较弱的排斥作用，这种排斥作用主要来源于溶质原子尺寸较大引起的结构松弛效应。在 2nn 构型中，La 原子与 Nb 原子之间的结合能为-0.240eV，与 1nn 相比发

生了相对较大的降幅，且由正值转变为负值，两者之间呈现相互吸引的作用。随着间距从 2nn 延伸至 7nn，两个溶质原子之间的结合能呈现振荡降低的趋势，但一直保持为负值。可以看出，在 fcc Fe 中，La 与 Nb 之间在较大范围内存在较为明显的相互吸引趋势。这种趋势会导致围绕 La 原子产生局部区域的 Nb 富集。

表 2-7　不同近邻 La 和 Nb 原子的结合能以及等效位置数量

构型	等效位置数量 n_i	Nb 原子坐标	结合能 E_b/eV
1nn	12	[0 1/2 1/2]	0.120
2nn	6	[0 1/2 0]	−0.240
3nn	24	[1/2 1/2 1]	−0.058
4nn	12	[0 1 1]	−0.124
5nn	24	[0 3/2 1/2]	−0.111
6nn	8	[1 1 1]	−0.050
7nn	48	[1 3/2 1/2]	−0.046

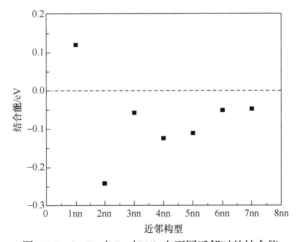

图 2-19　fcc Fe 中 La 与 Nb 在不同近邻时的结合能

2.5.2　La 与 C 的相互作用

Butler 和 Cohen[33]的实验研究表明，固溶态的 C 原子主要占据奥氏体晶格的八面体间隙。通过式(2-24)计算的结果表明，C 原子在 fcc Fe 八面体间隙和四面体间隙的溶解能分别为−8.723eV 和−8.051eV。因此，将按照 C 原子占据 fcc Fe 八面体间隙的情况展开研究。

图 2-20 为 fcc Fe 中 La 原子与其不同近邻 C 原子的结构示意图，图中 La 原子位于[0 0 0]位置。按照与 La 原子之间距离从 1nn 到 9nn，Nb 的位置从[0 1/2 0]到[1 2 1/2]变化。需要注意的是，面心立方结构中阵点的 4nn 八面体间隙有 2 种等效位置，在图 2-20 中用 4nn(A)和 4nn(B)表示。La 原子与 4nn(A)之间没有 Fe 原子，

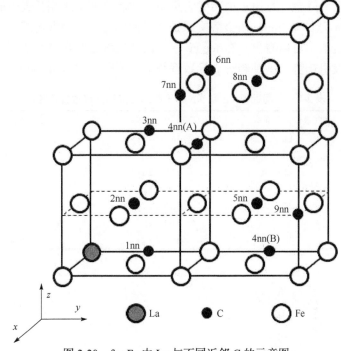

图 2-20 fcc Fe 中 La 与不同近邻 C 的示意图

而 La 原子与 4nn(B)间隙之间存在 1 个 Fe 原子。这两种不同的构型也会对其各自的结合能产生影响。

对含有 La-C 1nn 近邻构型 fcc Fe 超晶胞进行完全结构优化,优化前后构型中 La 和 C 原子所在的(001)面的结构如图 2-21 所示。图中,较大的灰色圆球代表 Fe 原子,较小的灰色圆球代表 C 原子,黑色圆球则表示 La 原子。可以看出,在结构优化后,La 和 C 原子均沿⟨010⟩方向分别向左边和右边偏移,两者之间的距离由 1.736Å 延长到 2.421Å。

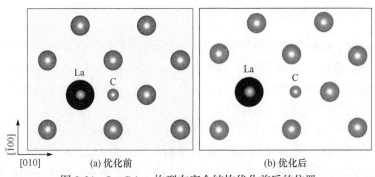

(a) 优化前   (b) 优化后

图 2-21 La-C 1nn 构型在完全结构优化前后的位置

表 2-8 列出了图 2-20 中所示的不同近邻 La-C 在结构优化前后的距离变化，表中 C 原子的坐标是相对于 La[0 0 0]位置给出的。从表中可看出，La 原子与 C 原子处于 1nn 位置时，经过完全结构优化，两者之间的距离延长 39.5%；2nn 和 3nn 的 La 与 C 原子之间的距离变化分别为 3.9%和 3.3%；4nn～9nn 近邻的 La 与 C 原子之间的距离变化较为微弱，在 0.6%～1.2%范围内。对于 1nn 构型中较大的间距变化，主要可归因于 La 较大的原子尺寸造成最近邻八面体间隙空间明显变小。

利用式(2-23)计算不同近邻的 La 与 C 原子之间的结合能，结果见表 2-9，同时将计算所得的结合能与相应近邻绘制于图 2-22。从结合能的计算结果可以看出，由于 La 的引入压缩了最近邻八面体间隙的空间，导致 La 与 1nn 近邻 C 原子之间产生较大的排斥作用，其结合能为 0.528eV。在两者的间距大于 1nn 后，结合能呈振荡趋势迅速降低。对于 4nn(A)和 4nn(B)构型，前者的结合能为 0.037eV，后者的结合能为–0.292eV。由此可见，La 原子对 4nn 壳层八面体间隙的 C 原子整体呈现为吸引的作用。

表 2-8　结构优化前后 La 与 C 原子间距的变化

构型	C 原子坐标	优化前距离 d_0/Å	优化后距离 d/Å	间距变化 $\Delta d/d_0$/%
1nn	[0 1/2 0]	1.736	2.421	39.5
2nn	[1/2 1/2 1/2]	3.007	3.125	3.9
3nn	[0 1/2 1]	3.882	4.010	3.3
4nn(A)	[1/2 1 1]	5.208	5.272	1.2
4nn(B)	[0 3/2 0]	5.208	5.247	0.7
5nn	[1/2 3/2 1/2]	5.757	5.797	0.7
6nn	[0 1 3/2]	6.259	6.295	0.6
7nn	[1 1 3/2]	7.158	7.205	0.7
8nn	[1/2 3/2 3/2]	7.567	7.617	0.7
9nn	[1 2 1/2]	9.021	9.079	0.6

表 2-9　不同近邻 La 和 C 原子的结合能以及等效位置数量

构型	等效位置 n_i	C 原子坐标	结合能 E_b/eV
1nn	6	[0 1/2 0]	0.528
2nn	8	[1/2 1/2 1/2]	0.024
3nn	12	[0 1/2 1]	0.180
4nn(A)	6	[1/2 1 1]	0.037
4nn(B)	6	[0 3/2 0]	−0.292
5nn	12	[1/2 3/2 1/2]	−0.139
6nn	12	[0 1 3/2]	−0.006
7nn	12	[1 1 3/2]	0.010
8nn	6	[1/2 3/2 3/2]	0.034
9nn	24	[1 2 1/2]	0.017

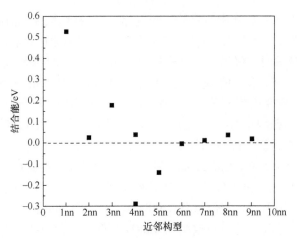

图 2-22　fcc Fe 中 La 与 C 在不同近邻时的结合能

2.6　La 对 Nb 和 C 固溶度的影响

2.6.1　bcc Fe 中 La 对 Nb 和 C 固溶度的影响

在 Fe 中加入 La 后，La 原子将与近邻 Nb 原子或 C 原子发生相互作用，这将影响平衡状态下 La 原子周围 Nb 原子或 C 原子的浓度分布。对于整个稀溶液固溶体体系来讲，这也会进一步影响 Nb 或 C 元素在基体中的最大固溶量。

La 在基体中的固溶度很低，在研究中可以认为体系中 La 原子之间距离较远，不发生相互作用。另外，根据前文对 La 扩散系数的研究结果，La 在 bcc Fe 和 fcc Fe 中的扩散系数均小于 Nb。同时，La 的扩散系数也远远小于 C 的扩散系数，例如，500K 时 C 在 bcc Fe 的扩散系数为 $2.49 \times 10^{-12} m^2/s$，1200K 时 C 在 fcc Fe 的扩散系数为 $8.61 \times 10^{-8} m^2/s$，均远远高于同温度下 La 的扩散系数[2]。在这一前提下，可利用 La 与 Nb、C 之间的相互作用，讨论 La 对 Nb、C 固溶度的影响。

在平衡状态下，考虑 La 与 Nb(C) 之间结合能的影响，La 周围一定范围内 Nb(C) 的分数 f_i 可用式(2-25)计算[28]：

$$f_i = f_\infty \exp\left(\frac{-E_{b(i)}}{k_B T}\right) \tag{2-25}$$

式中，f_∞ 为距离 La 无限远，即 La 与 Nb 或 C 的相互作用可以忽略的情况下 Nb 或 C 的原子分数。

在考虑 La-C 相互吸引或排斥的作用和各近邻在相应壳层的等效位置数量 n_i 后，体系中 C 的浓度可用式(2-26)表达：

$$C_C = C_{La} \sum_{i=1,max} (n_i f_i) + f_\infty \left(3 - C_{La} \sum_{i=1,max} n_i \right) \tag{2-26}$$

式中，C_{La} 为体系中 La 的浓度，若 $C_{La}=1$，则表示所有 Fe 原子均被替换为 La 原子。公式第一项描述了所有 La 原子作用范围内 C 原子的浓度，第二项表示 La 原子作用范围之外 C 原子的浓度。其中，第二项括号中的数字 3 与晶体结构类型有关，对于 bcc 结构，平均每个阵点有 3 个八面体间隙；对于 fcc 结构，平均每个阵点有 1 个八面体间隙。

进一步通过式(2-25)和式(2-26)可以确定 La 原子作用范围之外 C 的原子分数：

$$f_\infty = \frac{C_C}{3 + C_{La} \sum_{i=1,max} \left[n_i \exp\left(\frac{-E_{b(i)}}{k_B T} \right) \right] - C_{La} \sum_{i=1,max} n_i} \tag{2-27}$$

对于 La 影响下 Nb 在 Fe 中的原子分数，也可利用式(2-25)～式(2-27)进行计算。根据前文得到的 bcc Fe 中不同近邻 La-C 和 La-Nb 的结合能和相应的等效位置数，可计算得到 bcc Fe 中 C 和 Nb 在 La 不同近邻壳层的分数分布随温度的变化关系，如图 2-23 所示。

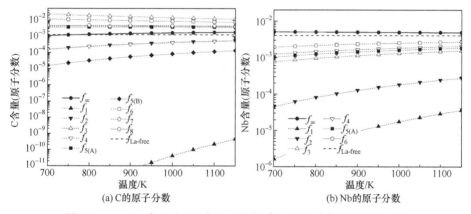

(a) C的原子分数　　　　　　　　　　　　(b) Nb的原子分数

图 2-23　bcc Fe 中 C 和 Nb 在 La 不同近邻时原子分数随温度的变化

由图 2-23(a)可以看出，由于在 bcc Fe 中，1nn、2nn、4nn 和 5nn(B)的 La-C 存在排斥作用，La 的 4 个近邻壳层八面体间隙中 C 的原子分数较低，其中 1nn 的结合能为 1.508eV，对应的原子分数的数值最低。计算结果表明，与 La 存在吸引作用的 3nn、5nn(A)、6nn、7nn 和 8nn 壳层八面体间隙处，C 原子分数较高。图中虚线表示没有 La 的 Fe-C 体系中 C 的原子分数 $f_{La\text{-}free}$。可以看出，在体系中不受 La 作用的区域，C 原子分数 f_∞ 在 763K 低于 $f_{La\text{-}free}$，在高于 763K 时 f_∞ 高于 $f_{La\text{-}free}$。这表明，Fe-C-La 体系在高于 763K 时，距离 La 作用范围之外的 C 原子分数高于 Fe-C 体系中的平均 C 原子分数。进一步可以认为，加入 La 后，C 元素在 bcc Fe 中的固溶度有所下降。

对于 bcc 结构的 Fe-Nb-La 体系，如图 2-23(b)所示，La 原子不同近邻壳层的 Nb 原子均存在排斥作用，导致 La 原子作用范围内的八面体间隙中，Nb 原子分数均低于不含稀土元素 La 的 Fe-Nb 体系中平均 Nb 原子分数 $f_{\text{La-free}}$，同时使 La 作用范围之外的 Nb 原子分数高于 $f_{\text{La-free}}$。因此，体系中加入 La 后，Nb 元素在 bcc Fe 中的固溶度也有所下降。

2.6.2　fcc Fe 中 La 对 Nb 和 C 固溶度的影响

利用前文所得的 fcc Fe 中不同近邻 La-C 和 La-Nb 的结合能和相应的等效位置数，可计算得到 fcc Fe 中 C 和 Nb 在 La 不同近邻壳层的原子分数分布随温度的变化关系，如图 2-24 所示。

从图 2-24(a)可以看出，由于 La-C 在 1nn、2nn、3nn 和 4nn(A)构型中的排斥作用，La 原子的这些近邻八面体间隙壳层中 C 原子分数较低；而 4nn(B)和 5nn 构型 La-C 的吸引作用，则使得这两处壳层的 C 原子分数较高。La-C 在 6nn 构型中的相互作用非常微弱，使得 6nn 壳层的 C 原子分数与距离 La 无限远处的 C 原子分数基本相同。在研究的温度范围内，La 作用范围之外区域的 C 原子分数均小于不含 La 的 Fe-C 体系中 C 原子的平均分数。这表明 La 的加入提高了 fcc Fe 中 C 原子的固溶度。

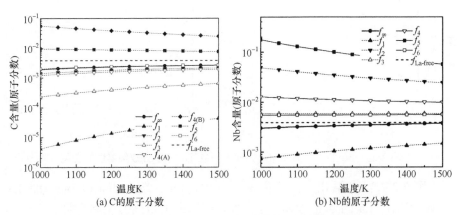

(a) C的原子分数　　(b) Nb的原子分数

图 2-24　fcc Fe 中 C 和 Nb 在 La 不同近邻时原子分数随温度的变化

对于 fcc 结构的 Fe-Nb-La 体系，如图 2-24(b)所示，由于 1nn 构型的 La-Nb 具有较强的排斥作用，使得 La 原子 1nn 的 Nb 原子分数低于 f_{∞}，其余近邻壳层的 Nb 原子分数则均高于 La 原子作用范围之外的 f_{∞}。在研究的温度范围内，La 作用范围之外区域的 Nb 原子分数均小于不含 La 的 Fe-Nb 中 Nb 原子的平均分数。这表明, La 的加入也可以提高 fcc Fe 中 Nb 原子的固溶度。

　　进一步, 基于图 2-24 的结果, 并考虑建立的体系与实际体系中 La 浓度的差别, 可以推导出 La 加入后对 C 和 Nb 固溶度增加的变化幅度。La 在奥氏体中的最大固溶度为 0.03%(原子分数), 根据超晶胞体系中 La 对作用范围之外 C 和 Nb 浓度的影响, 可得出实际体系中 La 加入使 C 和 Nb 固溶度发生变化的相对量, 如图 2-25 所示。可以看出, 在研究温度范围内, La 加入后使 C 的固溶度相对增加 6.70%～10.95%, Nb 的固溶度则相对增加 0.61%～4.89%。

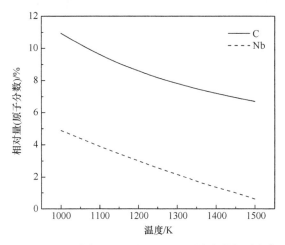

图 2-25　fcc Fe 中加入 La 后 C 和 Nb 固溶度的相对变化量

　　此外, 在溶质 Nb 或 C 的稀溶液固溶体中, 可通过溶质在远离 La 作用的原子分数计算溶质原子在体系中的化学势:

$$\mu_{\text{solute}} = \mu_{\text{solute}}^0 + k_B T \ln \left(f_\infty \right) \tag{2-28}$$

式中, μ_{solute}^0 为溶质的参考化学势。可以看出, 在 bcc 体系中 La 提高了 Nb 和 C 的 f_∞, 也相应提高了 Nb 和 C 的化学势; 在 fcc 体系中 La 降低了 Nb 和 C 的 f_∞, 从而降低了 Nb 和 C 在 fcc Fe 中的化学势。

　　前面的计算结果表明, 在 fcc Fe 中, 4nn(B) 和 5nn 构型的 La-C 存在吸引作用, 使得这两处壳层的 C 原子分数较高; 位于 La 原子 2nn～5nn 位置的 Nb 原子均与 La 原子存在吸引作用, 这也使得 Nb 原子在 La 原子这一范围近邻壳层区发生浓度的升高。在 La-C 构型中, C 在 4nn(B) 和 5nn 位置时与 La 原子的结合能分别为 −0.292eV 与 −0.139eV, 表明该位置是 C 原子存在的最稳定位置。通过比较图 2-17 和图 2-20 可以看出, C 原子的 4nn(B) 和 5nn 位置与位于 La 原子 2nn～5nn 位置的 Nb 原子位置较为接近, 也即 La 周围 C 和 Nb 原子富集的壳层较为接近, 如图 2-26 所示。在这一范围的壳层内形成 C 和 Nb 富集区, 会对 NbC 的析出产生影响。因此，对 C、Nb 富集区的形成趋势需进行进一步探讨。

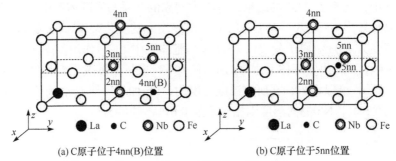

(a) C原子位于4nn(B)位置　　　　　　　　(b) C原子位于5nn位置

图 2-26　fcc Fe 中位于 La 的 4nn(B)和 5nn 近邻的 C 原子与 La 2nn、3nn、4nn、5nn Nb
原子的示意图

　　多元体系的形成趋势可以用形成能来表示。如图 2-26 所示，分别计算 C 原子
位于 La 原子 4nn(B)位置和 5nn 位置时，与 La 原子 2nn～5nn 位置 Nb 原子形成构
型的形成能。形成能的计算公式为[34]

$$\Delta U = \frac{E(\mathrm{Fe}_x, \mathrm{La}_y, \mathrm{C}_m, \mathrm{Nb}_n) - xE(\mathrm{Fe}) - yE(\mathrm{La}) - mE(\mathrm{C}) - nE(\mathrm{Nb})}{x + y + m + n} \quad (2\text{-}29)$$

式中，$E(\mathrm{Fe}_x, \mathrm{La}_y, \mathrm{C}_m, \mathrm{Nb}_n)$ 为多元体系的总能量；$E(\mathrm{Fe})$、$E(\mathrm{La})$、$E(\mathrm{C})$ 和 $E(\mathrm{Nb})$
分别为纯 Fe、La、C 和 Nb 单原子能量；x、y、m 和 n 分别为体系中 Fe、La、C
和 Nb 的原子个数。形成能为负值表示该体系易于形成。

　　基于 $3 \times 3 \times 3$ 的 fcc Fe 超晶胞(108 个 Fe 原子)，建立 La-C(4nn(B))和 La-C(5nn)
构型，在此基础上，如图 2-26 所示，分别在 La 原子 2nn～5nn 近邻位置置换入
Nb 原子，得到 8 种构型：4nn(B) C-2nn Nb、4nn(B) C-3nn Nb、4nn(B) C-4nn Nb、
4nn(B) C-5nn Nb、5nn C-2nn Nb、5nn C-3nn Nb、5nn C-4nn Nb、5nn C-5nn Nb。
各构型的形成能计算结果见表 2-10。此外，也建立了在无 La 情况下，fcc Fe 中 C
和 Nb 原子处于最近邻时的构型，经计算，其形成能为–0.0291eV/atom。

表 2-10　不同 Fe-La-C-Nb 构型的形成能　　　　　(单位：eV/atom)

构型	4nn(B) C	5nn C
2nn Nb	0.0021	0.0012
3nn Nb	0.0016	0.0050
4nn Nb	0.0017	0.0021
5nn Nb	0.0010	0.0018

　　由计算结果可以看出，在 Fe-La-C-Nb 体系中，当 C 原子在 La 原子的 4nn(B)
和 5nn 位置，且后者 2nn～5nn 壳层的 Nb 原子也与 C 原子处于较近位置时，体系

的形成能均为正值；而在无 La 原子情况下，C 原子与 Nb 原子处于 1nn 位置时，体系的形成能为–0.0291eV/atom。这表明，在 Fe-La-C-Nb 体系中，当 C 原子和 Nb 原子处于 La 原子周围最稳定壳层区域时，C 原子和 Nb 原子会趋向于在这个壳层互相远离，以使体系稳定。也就是说，在 fcc Fe 中，虽然 C 原子和 Nb 原子会趋向于在 La 原子周围富集，但这种富集没有形成 Nb-C 化合物的趋势。

参 考 文 献

[1] Binnemans K, Jones P T, Blanpain B, et al. Recycling of rare earths: A critical review[J]. Journal of Cleaner Production, 2013, 51: 1-22.

[2] Zhang W, Li C. The Fe-La(iron-lanthanum) system[J]. Journal of Phase Equilibria, 1997, 18(3): 301.

[3] 戴景文. 用稀土——发展 21 世纪钢的重要途径[J]. 稀土, 2001, 22(4): 7-24.

[4] Laughlin D E, Hono K. Physical Metallurgy, Volume I[M]. 5th ed. Amsterdam: Elsevier, 2014.

[5] Saunders N, Miodownik A P. CALPHAD (Calculation of Phase Diagrams)——A Comprehensive Guide[M]. Amsterdam: Elsevier, 1998.

[6] Chen X Q, Witusiewicz V T, Podloucky R, et al. Computational and experimental study of phase stability, cohesive properties, magnetism and electronic structure of $TiMn_2$[J]. Acta Materialia, 2003, 51(5): 1239-1247.

[7] 任慧平. 含铜高纯钢基本强化行为的研究[D]. 北京: 北京科技大学, 2001.

[8] Mao Z, Chen W, Seidman D N, et al. First-principles study of the nucleation and stability of ordered precipitates in ternary Al-Sc-Li alloys[J]. Acta Materialia, 2011, 59(8): 3012-3023.

[9] Ozoliņš V, Asta M. Large vibrational effects upon calculated phase boundaries in Al-Sc[J]. Physical Review Letters, 2001, 86(3): 448-451.

[10] Ravi C, Wolverton C, Ozoliņš V. Predicting metastable phase boundaries in Al-Cu alloys from first-principles calculations of free energies: The role of atomic vibrations[J]. Europhysics Letters, 2006, 73(5): 719-725.

[11] 张会, 王绍青. Mg-La 和 Mg-Nd 二元合金相稳定性的第一原理研究[J]. 金属学报, 2012, 48(7): 889-894.

[12] Mao Z, Seidman D N, Wolverton C. First-principles phase stability, magnetic properties and solubility in aluminum-rare-earth (Al-RE) alloys and compounds[J]. Acta Materialia, 2011, 59(9): 3659-3666.

[13] Lin Q, Guo F, Zhu X Y. Behaviors of lanthanum and cerium on grain boundaries in carbon manganese clean steel[J]. Journal of Rare Earths, 2007, 25(4): 485-489.

[14] http://www.crct.polymtl.ca/Fact/documentation/[2020-9-10].

[15] Yang J, Xing X L, Liu S, et al. Structural and chemical contributions on solubility of silicon and carbon in ferrite studied by first-principles calculations[J]. Journal of Alloys and Compounds, 2016, 695: 2717-2722.

[16] Jiang D E, Carter E A. Diffusion of interstitial hydrogen into and through bcc Fe from first principles[J]. Physical Review B, 2004, 70(6): 064102.1-064102.9.

[17] Meschel S V, Nash P, Gao Q N, et al. The standard enthalpies of formation of some binary intermetallic compounds of lanthanide-iron systems by high temperature direct synthesis calorimetry[J]. Journal of Alloys and Compounds, 2013, 554: 232-239.

[18] Ma H F, Huang Z, Chen B, et al. The stabilization effect of the substituted atoms and the magnetism for intermetallic compounds $YFe_{12-x}V_x$[J]. Science China Physics, Mechanics and Astronomy, 2010, 53(7): 1239-1243.

[19] Wang Y G, Yang F M, Chen C P, et al. Structure and magnetic properties of $Y_2Fe_{17-x}Mn_x$ compounds ($x=0\sim6$)[J]. Journal of Alloys and Compounds, 1996, 242(1-2): 66-69.

[20] Tsvyashchenko A V, Fomicheva L N, Antipov S D. Magnetic behavior of nickel in $Y(Fe_{1-x}Ni_x)_2$ alloys synthesized under high pressure[J]. Journal of Magnetism and Magnetic Materials, 1991, 98(3): 285-290.

[21] Kubaschewski O. Iron-Binary Phase Diagrams[M]. Berlin: Springer-Verlag, 1982.

[22] Imai Y, Watanabe A, Amagai Y, et al. Electronic densities of states of several intermetallic compounds with large coordination numbers calculated within the framework of band theory[J]. Journal of Alloys and Compounds, 2005, 389(1-2): 220-228.

[23] Zhou C, Pinkerton F E, Herbst J F. Formation of TbCu7-type $CeFe_{10}Zr_{0.8}$ by rapid solidification[J]. Journal of Alloys and Compounds, 2013, 569: 6-8.

[24] Kong X S, Wu X, You Y W, et al. First-principles calculations of transition metal-solute interactions with point defects in tungsten[J]. Acta Materialia, 2014, 66: 172-183.

[25] 李来凤, 邢中枢. Ce, Nd 和 Y 在 α-Fe 中的溶解度[J]. 金属学报, 1993, (3): A136-A141.

[26] Zurob H S, Zhu G, Subramanian S V, et al. Analysis of the effect of Mn on the recrystallization kinetics of high Nb steel: An example of physically-based alloy design[J]. ISIJ International, 2005, 45(5): 713-722.

[27] 冯志慧, 李静媛, 王一德. 经济型双相不锈钢 2101 中氮化物在基体中的平衡固溶度计算 [J]. 北京科技大学学报, 2016, 38(12): 1755-1761.

[28] Simonovic D, Ande C K, Duff A I. Diffusion of carbon in bcc Fe in the presence of Si[J]. Physical Review B, 2010, 81(5): 054116.

[29] Domain C, Becquart C S, Foct J. Ab initio study of foreign interstitial atom (C, N) interactions with intrinsic point defects in α-Fe[J]. Physical Review B, 2004, 69(14): 144112.

[30] Speight J G. Lange's Handbook of Chemistry[M]. New York: McGraw-Hill, 2005.

[31] You Y, Yan M F. Behaviors and interactions of La atom with other foreign substitutional atoms (Al, Si, Ti, V, Cr, Mn, Co, Ni, Cu, Nb or Mo) in iron based solid solution from first principles[J]. Computational Materials Science, 2013, 73: 120-127.

[32] Domain C. Ab initio modelling of defect properties with substitutional and interstitials elements in steels and Zr alloys[J]. Journal of Nuclear Materials, 2006, 351(1-3): 1-19.

[33] Butler B D, Cohen J B. The location of interstitial carbon in austenite[J]. Journal de Physique I, 1992, 2(6): 1059-1065.

[34] Jang J H, Lee C H, Heo Y U, et al. Stability of (Ti, M) C (M= Nb, V, Mo and W) carbide in steels using first-principles calculations[J]. Acta Materialia, 2012, 60(1): 208-217.

第 3 章　稀土元素在晶界的偏聚行为及影响机制

3.1　引　　言

晶界对材料的物理和化学性质具有重要影响。材料的强度和断裂等力学行为，以及几乎所有的重要动力学现象，如晶界扩散、偏聚、高温蠕变和烧结过程中点缺陷的源和阱等都受到晶界的控制。人们很早就认识到材料的许多性能与晶界结构有关，并不断研究以阐明晶界的结构和性质，以及它们与性能之间的关系[1]。

1913 年，Rosenhain 提出了晶界是连接两个晶粒的非晶薄膜的假设。但人们很快就观察到晶界的很多性质具有各向异性，因此又提出晶界是两相邻晶粒之间的过渡结构，在过渡区内原子也做有序的规则排列。

1937 年，Chalmers 发现晶界对滑移的阻力取决于两晶粒的相对取向，晶界能、晶界扩散、晶界迁移和晶界偏聚也随晶粒取向而改变。按照这一思路，人们不断提出了各种晶界结构模型。

最早提出的模型中较成功的有两种：一种是 Burgers 于 1939 年和 Bragg 于 1940 年提出的晶界位错模型，该模型随后又由 Frank 和 Bilby 分别于 1950 年和 1955 年加以发展；另一种是 Mott 于 1948 年提出的大角度晶界岛屿模型，他认为晶界是由许多原子配置严整的岛屿及环绕晶界的原子配置较为混乱的区域组成。

1949 年，葛庭燧提出大角度晶界无序群模型，与 Mott 模型的概念正好相反。从晶界结构的观点看，这两个模型属于同一类型，但它们都无法解释晶界扩散的各向异性。

其实，早在 1911 年，Friedel 就提出了公共点阵的概念，并于 1926 年发现，在立方晶体内绕几个方向转动 180°就可以产生一个孪晶结构，在这种孪晶结构分界面处，有一个超点阵存在，该阵点既属于母体，也属于子体，称为重合位置点阵(coincidence site lattice，CSL)。

1966 年，Brandon 在大角晶界 CSL 模型的基础上，提出了完整型位移(displacement shift complete lattice，DSC 点阵)模型。

到了 20 世纪 60 年代后期，Bollmann 将 CSL 模型推广为 O 点阵(origin lattice)模型，从而建立了晶体界面的普遍几何理论。位错模型和 CSL 模型都可以归结为 O 点阵模型的特殊情况。从位错模型到 O 点阵模型，都是将原子看作几何点，侧重研究其空间位置的几何特征，因而可将它们称作界面的晶体几何学理论。这些理论在数学方法上是严格的，具有普遍性，不仅适用于晶界，而且还能推广到相界面。然而，这种几何学方法也有局限性。原子之间存在交互作用，它们在空间的分布取决于体系自由能，这一实际状况促使人们由纯粹的几何学分析转向能量分析。大量的原子模拟计算和相应的实验观察对比表明，在许多情况下，晶界上甚至没有重位原子。这表明，原子弛豫的作用远比保持重位原子重要。该模型在阐明晶界结构、晶界能和晶界扩散时具有明显的优越性。

晶界作为固体材料中的一种面缺陷，其与位错及杂质原子间的相互作用，会影响多晶材料的塑性变形、强度、脆性等性质，从而导致多晶材料与单晶材料的性能存在很多差异。

杂质原子在 Fe 晶界偏聚可以显著改变材料的多种物理与化学性能。例如，钢的回火脆性现象与 P、S 等元素向原奥氏体晶界的偏聚行为密切相关[2]。溶质在晶界上的偏聚，除了可以通过直接改变晶界的性质来影响材料性能，还可通过与晶界相互作用影响晶界的移动而影响材料的性能。溶质元素可以在晶界析出固定晶界，例如，V、Ti、Nb 等均容易在晶界与 C、N 形成析出物，对晶界产生钉扎作用，从而细化奥氏体晶粒并阻碍奥氏体再结晶和晶粒长大。溶质元素还可以固溶于材料中，与晶界产生溶质拖曳作用，从而阻碍晶界运动。例如，固溶态的 Nb 和 Mo 均可以阻碍晶界运动。Maruyama 等[3]利用三维原子探针技术分析表明，在800℃时，微合金钢中 Nb 和 Mo 与晶界之间的相互作用能分别为(-38 ± 2)kJ/mol 和(-28 ± 2)kJ/mol，与晶界具有较强的相互作用。

对稀土原子而言，其大多偏聚在晶界附近，但是由于微合金钢体系的复杂性与稀土元素分析表征的局限性，尚未形成完整的体系来表征稀土的存在形式，因此目前采用实验方法分析稀土与微合金元素在晶界偏聚行为的研究还不够充分，有待进一步深入。

3.2　晶界研究的理论基础

3.2.1　晶界结构基本理论

根据晶界两侧晶粒取向差的大小，晶界可分为小角度晶界和大角度晶界。取向差小于 10° 的属于小角度晶界，取向差大于 15° 的属于大角度晶界。下面先介绍小角度晶界的位错模型和大角度晶界的几何学模型，然后将这些模型推广到一般的相界上。

1. 小角度晶界模型

小角度晶界由排列的位错构成，先讨论两种简单的小角度晶界，即倾转晶界和扭转晶界模型，两种模型的示意图如图 3-1 所示。

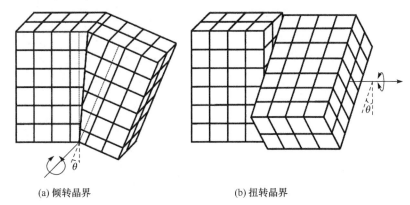

(a) 倾转晶界　　　　　　　　　　(b) 扭转晶界

图 3-1　倾转晶界和扭转晶界示意图

图 3-2 所示为简单立方晶体中的对称倾转晶界示意图。晶界两侧的相对取向是以[001]轴转动 θ 角产生的，交界面是一个对称面，并和两晶粒的平均(100)面平行。两个晶粒以这种方式结合必会在连接区域产生畸变，为了松弛这些畸变，在界面上出现一排刃型位错，伯格斯矢量 b 是[100]。从图 3-2 可以看出，位错伯格斯矢量 b、位错间距 D 和旋转角 θ 之间应有如下关系：

$$\frac{b}{D} = 2\sin\frac{\theta}{2} \approx \theta \tag{3-1}$$

为了更好地描述扭转晶界的模型，本节以简单立方晶体为例，作出该晶体平行于(001)面的扭转界面原子位置示意图，如图 3-3 所示。

图 3-3 中晶界面平行于纸面，其中实心圆为

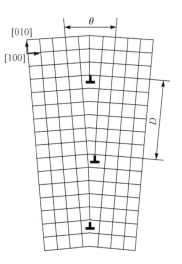

图 3-2　对称倾转晶界示意图

晶界一侧以旋转轴 u=[001]顺时针方向转动了 2.6°的原子，空心圆则是晶界另一侧逆时针方向转动了 2.6°的原子。经过这样的刚性转动后，晶界两侧的取向差就是 5.2°，如图 3-3(a)所示。可以看出，图中出现了比原子间距大得多且适配好的周期花样，适配好的区域中晶界两侧原子几乎精确地重叠，在这些区域之间沿[100]和[010]方向为适配差的区域。若沿着上述两个方向引入螺型位错来收纳这些错配，则如图 3-3(b)所示，就会扩大晶界好的适配区域，从而降低晶界的能量。结果是简单立方晶体以(001)面为界面的扭转晶界结构由两组相互垂直的螺型位错构成，位错间距仍为 $D=b/\theta$。

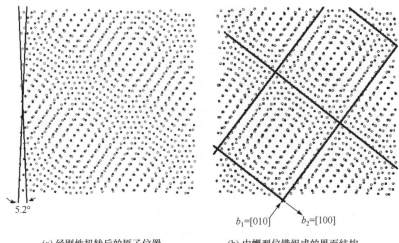

(a) 经刚性扭转后的原子位置　　　　(b) 由螺型位错组成的界面结构

图 3-3　简单立方晶体平行于(001)面的扭转界面原子位置

　　图 3-4 所示为人工制作的 Si(001)扭转晶界的电子显微照片[4]，具体制作过程为：用两个 Si 单晶试样，其(001)面按照设定取向对接，然后高温烧结，这样，在两个试样之间就形成(001)面的扭转晶界。该界面的电子显微照片显示了两组相互垂直的规则螺型位错。

图 3-4　Si(001)扭转晶界的电子显微照片

一般情况下，扭转晶界中螺型位错网络的几何形状取决于晶体的对称性和晶界面的位置，而小角度界面大多不会是纯倾转或纯扭转晶界，而是两者的混合。

若已知晶界两侧晶粒的取向关系，则可以根据 Frank-Billy 公式估算界面上的位错分布。图 3-5 所示左侧和右侧晶体点阵分别是 L_2 和 L_1，设 L_1 和 L_2 的取向分别由参考点阵 L 以远点 O 经均匀线性变换 A_1 和 A_2 获得，以 n 表示界面的单位法向矢量，$OP=P$ 是界面上的一个矢量。现在讨论界面上 P 矢量所截的位错伯格斯矢量综合 B^L。假设位错线正向指出纸面，根据右手/终启(right-hand/finish-start RH/FS)规则，在图 3-5(a)中以 P 点为起点作右旋回路 $PB_1A_1OA_2B_2P$，然后在图 3-6(b)所示的完整晶体中，作同样的回路 $Q_1Y_1X_1OX_2Y_2Q_2$，由回路终点 Q_2 指向起点 Q_1 的矢量将是所求的 B^L。

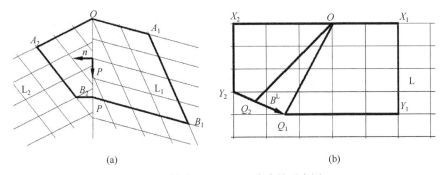

图 3-5　导出 Frank-Billy 公式的示意图

因为

$$B^L = Q_2Q_1 = OQ_1 - OQ_2 \tag{3-2}$$

而

$$A_1 \cdot OQ_1 = P = A_2 \cdot OQ_2 \tag{3-3}$$

$$OQ_1 = A_1^{-1}P, \quad OQ_2 = A_2^{-1}P$$

所以

$$B^L = Q_2Q_1 = \left(A_1^{-1} - A_2^{-1}\right)P \tag{3-4}$$

若以 L_2 作为参考条件，则 A_2 变为单位矩阵 I，以 A 表示 A_1，则式(3-4)可改写为

$$B^L = \left(A_1^{-1} - I\right)P \tag{3-5}$$

值得注意的是：应用 Frank-Billy 公式对位错界面进行分析只能得到位错的方向与位错的平均距离，并不能确切了解位错的真实分布情况，也不能给出任何关于位错核心处原子排布情况的信息，这是晶界几何结构理论的局限所在。

2. 大角度晶界模型

当晶界取向差角度大于 15°时，晶界的结构不可能用位错来构造。但是从晶界能的角度看，为了使形成的晶界能量较低，任何两个晶粒间界面所处的位置，会使两侧的晶粒呈现尽可能多的适配位置。因此，应首先考虑使晶界有适配位置的一般化几何模型。

假设两个不同取向的晶体相互穿插，把其中的原子看作数学集合点，即把两个穿插的晶体看作两个穿插的点阵，具有这两个穿插点阵间取向差的任何晶界可以按如下方式构成：

(1) 在两个穿插点阵的空间中引入一个平面，在平面的一侧去掉一种阵点，在另一侧去掉另一种阵点，这个平面就是晶界，这样就可获得晶界结构的刚性阵点模型。当两个晶粒的取向差固定时，比较稳定的晶界是晶界两侧原子匹配较好的晶界，即晶界希望在穿插点阵间匹配位置多的面通过。界面上匹配位置越多，界面能量越低。

(2) 为了进一步降低能量，晶界刚性点阵中的阵点发生弛豫，到达能量低的位置，这样构成最终的晶界结构。与之前的岛屿模型相比，匹配好的位置就是好区，其他是坏区。根据这种设想，分别讨论穿插点阵匹配好的位置以及相应的晶界结构几何模型。

1) CSL

CSL 也称为相符位置点阵或重位点阵。设想两个点阵(L_1 和 L_2)互相穿插(互相穿插仅为几何概念，真实的点阵是不能穿插的)，通常把 L_1 作为参考点阵，获得两晶粒相对取向的所有变换 A(如平移、旋转)都由 L_2 完成。

例如，L_2 可以绕公共轴$[uvw]$旋转 θ 角度获得。当两个点阵的相对取向给定后，互相穿插的 L_1 和 L_2 点阵如果有阵点重合，则这些点必然构成相对于 L_1 和 L_2 的周期超点阵，这个超点阵就是 CSL。CSL 的阵点相对于 L_1 和 L_2 没有畸变的位置，即为最佳匹配的位置，如图 3-6 所示。图 3-6(a)所示为两个相互穿插的简单立方点阵的(001)面，由长虚线所连接的实心点为 L_1 点阵，由短点虚线连接的空心点为点阵 L_2，L_2 由 L_1 绕[001]轴旋转 36.87°得来。图 3-6(a)中，实线连接的点即为重合点，可以看出这些重合位置也具有周期性，它们构成一个由 L_2 和 L_1 组成的 CSL，它也是 L_2 和 L_1 点阵的超点阵。如果晶界面处在 CSL 密排面或较密排面上，则这种晶界是低能界面(奇异界面)。图 3-6(b)为一个平行于 L_1 点阵(210)面的晶界面。可以看到，晶界结构也具有周期性，但并不是界面上所有原子位置都是重合位置。为了进一步降低能量，晶界上的原子还会进一步松弛。还要注意到，用 CSL 讨论晶界结构时，CSL 只在晶界上才有意义，对于晶界两侧的晶粒，CSL 是没有意义的。

CSL 点阵模型也是第一性原理计算中常用的模型。晶界穿过 CSL 的最密排面或密排面，晶界能会降低。这类晶界称为奇异晶界。

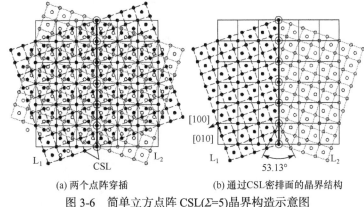

(a) 两个点阵穿插　　　　　(b) 通过CSL密排面的晶界结构

图 3-6　简单立方点阵 CSL(Σ=5)晶界构造示意图

超点阵晶胞与实际点阵单胞体积之比记为 Σ(只取奇数)，其倒数代表 2 个点阵相符点的密度，即实际点阵中每 Σ 个阵点有 1 个阵点重合。Σ 值越低，2 个穿插点阵相符的阵点的频率越高。对于极端情况而言，当 Σ=∞时，表示 2 个穿插的点阵完全不相符；若 Σ=1，则 2 个点阵的阵点全部相符，即 2 个点阵实为同一个点阵。不是任何取向关系的 2 个点阵穿插后都会出现 CSL。对于立方结构点阵，1 个点阵 L_1 绕[uvw]旋转 θ 角获得 L_2，2 个穿插点阵能形成某一 Σ 值的 CSL 要满足以下条件：

$$\Sigma = X^2 + NY^2 \tag{3-6}$$

$$N = u^2 + v^2 + w^2 \tag{3-7}$$

$$\theta = \arctan(Y\sqrt{N}/X) \tag{3-8}$$

2) DSC 点阵及晶界位错

晶界会含有特殊缺陷，最突出的是晶界位错(次位错)，它具有特殊的伯格斯矢量 b_{gb}。b_{gb} 的特点是，晶界两侧的晶粒相对位移 b_{gb} 不会改变晶界的结构，即晶界上原子排列的花样不会改变，只是花样的原点移动了。CSL 是两个点阵的超点阵，因此 CSL 的平移矢量符合 b_{gb} 的条件，但是该伯格斯矢量太大了。这里，将另外寻找一些可能符合 b_{gb} 条件的合理矢量。

设原来晶体的点阵常数为 1，作出 CSL 的倒易点阵，这个点阵除包括两个穿插点阵的实际阵点之外，还包括不属于两个实际点阵的虚点阵阵点，即这个点阵是能将两个穿插点阵中所有实际阵点连接起来的最大公共点阵，这个点阵称为 DSC 点阵。也就是说，CSL 为 DSC 点阵的超点阵。

两个穿插点阵(具有 Σ=5 的 CSL)的 DSC 点阵，如图 3-7(a)所示。点阵的基矢用 b_1 和 b_2 表示，其中 $b_1 = s_1 - s_2 = [110] - [340]/5 = [210]/5$；同样的方法可以得到 $b_2 = [120]/5$。

DSC 点阵的一个重要性质是，当两个实际晶体点阵相对平移任何一个 DSC 的平移矢量后，原子排列花样不发生改变，只是花样的原点有所移动。将 L_1 点阵依次沿 b_1 和 b_2 矢量平移后，得到了由粗实线连接表示的新的 CSL 花样，如图 3-7(b) 所示。从图中可以看出，这个花样与细实线所示的原始 CSL 花样相同，只是有一定的相对移动。

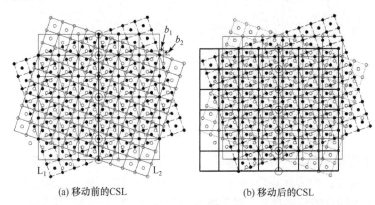

(a) 移动前的CSL　　　　　　　　　(b) 移动后的CSL

图 3-7　具有 Σ=5 重位相符 CSL 的两个简单立方点阵的 DSC 平移

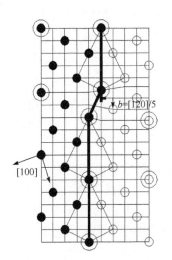

图 3-8　简单立方中 Σ=5 的倾转晶界上的晶界位错

对于图 3-6(b)所示 Σ=5 的倾转晶界，若在晶界插入一个伯格斯矢量为 DSC 点阵基矢，即 b=[120]/5 的位错，则如图 3-8 所示，晶界上除位错附近区域外，其他所有地方的结构都没有改变，仅增加了一个晶界台阶，但是晶界两侧的 CSL 被断开了。

如前所述，CSL 在晶内是没有意义的，其重要性在于，它可以提供两个晶粒在晶界上合适的适配位置，即提供特别有利的低能晶界结构。当晶界有位错后，它会略微改变晶界两侧晶粒间的取向差，这是非常有意义的，因为两个晶粒之间只在特殊取向差下才可能产生 CSL。当偏离这些特殊取向差时，要在晶界上产生一些晶界位错来调整取向差，使晶界仍保留特殊取向差时具有的良好适配位置的低能结构，这类晶界称为邻位晶界。真实的晶界通常不是平面而含有台阶，晶界台阶与晶界位错有密切的关系，通常晶界位错核心就是晶界存在的台阶。

利用晶界位错的概念，可以重新讨论小角度晶界的结构，小角度晶界也可看作 Σ=1 的邻位晶界。Σ=1 时两个点阵就是一个点阵，所有阵点都是重合位置，即 CSL 就是原来的点阵，而 DSC 点阵也同样是原来的点阵。小角度晶界两侧的取向差是由伯格斯矢量为 DSC 点阵平移矢量的次位错来调整的，但是，因为 $\Sigma=1$，所以 DSC 点阵就是原来的点阵，晶界的次位错就是原来晶体的位错。由此可以看出，晶界位错对界面两侧取向差可以有相当范围的调整。

3) O 点阵

虽然 CSL 与 DSC 点阵可以描述很多晶界，但是还未能描述所有可能的晶界结构。CSL 本身是没有物理意义的，其意义仅在于如果有重合位置的取向，则可能有包含相符位置具有周期性结构的特殊晶界。但是，这不表示没有 CSL 时就不存在周期性结构的晶界。也就是说，仅着眼于 CSL 取向会漏掉一些其他特殊取向。

例如，虽然材料相同，若一个晶粒含的杂质与另一个晶粒稍有不同，或者考虑两相界面，则不可能有任何的 CSL。从晶界的性质看，如果两晶粒的取向稍微偏离 CSL 取向，CSL 就会被破坏，但事实上，晶界的性质却只是稍有改变。从逻辑上看，只有少数的取向才会出现 CSL，但又认为偏离 CSL 取向可以加上 DSC 点阵的位错来调整，然而偏离了 DSC 取向就没有 CSL，从而也不可能有 DSC 点阵，这就出现了悖论。所有的问题来自 CSL 取向的离散性，对特殊晶界(包括相界)结构有用的理论应该是连续理论，即给出晶体取向连续变化的结果，这就是 O 点阵理论，这里只简单介绍它的基本概念。

O 点阵是对 CSL 推广而获得的更一般化的点阵。首先，从点阵 L_1 到点阵 L_2 的变换 A 不仅限于旋转，还可以包含伸张、压缩、切变等操作，这样的变换可以由一种晶系点阵变换到任何另一种晶系点阵；其次，在两个穿插点阵中寻找两个点阵的重合位置，这些位置并不严格限于阵点，而是两侧阵点匹配较好的位置，这些点(也就是具有相同晶胞内坐标的几何点)组成的点阵就是 O 点阵。显然，如果有 CSL 点阵，它一定是 O 点阵的子阵。

下面介绍一个 O 点阵的简单例子。图 3-9 所示为立方点阵[001]/28.1°、$\Sigma=17$ 的 CSL，除 CSL 点阵(即相当于两个实际晶体点阵晶胞内坐标是(0,0)的点)之外，在两个实际晶体点阵晶胞内坐标是(0,1/2)和(1/2,0)的几何点以及两个晶胞内坐标为(1/2,1/2)的几何点(它们上面都没有阵点)都是 O 点阵的阵点。图 3-9 中两个点阵的取向是以其中一个点阵的任意一个阵点为原点，以⟨001⟩轴转动 28.1°后得到的。显然，以图 3-9 中 O 点阵的任意一个阵点作为原点，经相同变换操作也可以获得同样结果，O 点阵由此得名。另外还可以看到，O 点阵是两个穿插点阵中匹配最好的位置。前面说过，CSL 是 O 点阵的一个子集，但是，两个晶体点阵穿插必须在特殊的取向关系下才能出现 CSL，而两个晶体点阵穿插在任何取向关系下都可以找到 O 点阵。

现在用数学方法来描述 O 点阵。设点阵 L_1 以某一点 O_p(不一定是阵点)作为原点，通过均匀线性变换 A，由点阵 L_1 得出点阵 L_2。由 O_p 点到 L_1 点阵任一阵点 X_1 的矢量 $O_p X_1$ 变换后成为由 O_p 点到 L_2 点阵某一阵点 X_2 的矢量 $O_p X_2$，如图 3-10 所示。

$O_p X_1$ 和 $O_p X_2$ 的关系是

$$O_p X_2 = A O_p X_1 \qquad (3\text{-}9)$$

而

$$X_1 X_2 = X_1 O_p + O_p X_2 = -A^{-1} O_p X_2 + O_p X_2$$

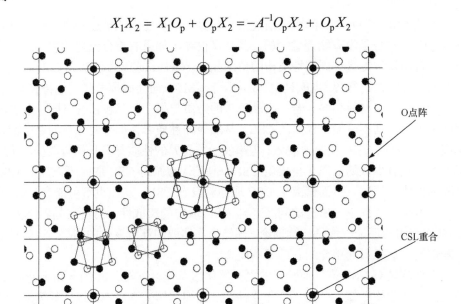

图 3-9　立方点阵中[001]/28.1°、Σ=17 CSL 基础上建立起来的 O 点阵

(图中空心圆和实心圆分别表示 L_1 和 L_2 点阵)

O点阵

CSL重合

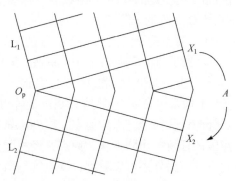

图 3-10　导出 O 点阵理论基础方程的示意图

即

$$X_1 X_2 = [I - A^{-1}] O_p X_2 \qquad (3\text{-}10)$$

式中，I 为单位矩阵。

根据式(3-10)，如果选择一个固定 X_2 阵点，任意改变 X_1 阵点，就可以导出全部 O 点阵的阵点。例如，再在 L_1 中任取另一个阵点 X_1'，则 X_1' 点经过 A 变化到 L_2 中的 X_2 点必然要由另一个原点 O_p' 变换得来，即

$$X_1'X_2 = [I - A^{-1}]O_pX_2$$

把上式和式(3-10)左右两端相减，得到

$$X_1X_1' = \left[I - A^{-1}\right]O_pO_p' \tag{3-11}$$

式中，X_1X_1' 为点阵 L_1 的点阵矢量；O_pO_p' 为 O 点阵的点阵矢量。如果是 L_1 的最短点阵矢量(位错的伯格斯矢量 $b_i^{(L_1)}$)，则 O_pO_p' 的 O 点阵的基矢为 $X_i^{(O)}$。式(3-11)又可以写成

$$X_i^{(O)} = \left(I - A^{-1}\right)^{-1} \cdot b_i^{(L_1)} = T^{-1}b_i^{(L_1)} \tag{3-12}$$

式中，$T = I - A^{-1}$。

满足式(3-12)的条件时 $\det T \neq 0$。如果 $\det T = 0$，当 T 的秩为 1 时，O 点阵将退化为 O 面(如切变的不变平面)；当 T 的秩为 2 时，O 点阵将退化为 O 线(如倾转晶界的旋转轴)。前面说过，O 点阵是 CSL 的一般化点阵，如果 X_2 点是相符点阵的阵点，采用 $X_1 = X_2$ 的特殊选择，这时式(3-10)的左端为 0，即存在 $O_p = X_2$ 的解，所以阵点 X_2 和阵点 X_1 都是原点，因而 CSL 本身是 O 点阵的子集。

O 点阵本身也是没有物理意义的，因为 O 点阵是两个穿插点阵匹配较好的位置，界面从 O 点阵的点阵平面(特别是密排面)通过会使界面两侧原子有良好的匹配，是一种低能的界面状态。可以认为这样的界面上 O 阵点之间的中线存在位错(它不一定是实际存在的位错线，而是概念上的几何位错线)，以收纳晶界上的错配。比较式(3-5)和式(3-12)可以看出两者是很相似的。如果设想在界面上有位错存在，根据式(3-12)，O 点阵基矢 $X_i^{(O)}$ 所穿过位错的伯格斯矢量总和为 $b_i^{(L_1)}$。这样，晶界面上的 O 点阵阵点是两侧晶粒匹配最好的位置，在 O 点阵的中间，从几何上认为是位错线(不一定是实际上的位错)核心的地方。对照前面的岛屿模型，同样可认为 O 点阵附近是好区，而分隔 O 点阵的区域为坏区。

除了上述各种描述晶界结构的模型外，还有结构单元模型、多面体单元模型等。所有的大角度晶界模型都可以解释大部分特殊大角度晶界，但应用到那些与特殊大角度晶界偏离较大或任意大角度晶界上时仍有争议。此外，所有的结构模型都忽略了界面的电性，而某些晶界对电子结构敏感。还有，界面上除晶界缺陷外，还会有空位、空位团、错链(即晶界面两边阶长不等时出现的缺陷)等缺陷。

3. 晶界平衡偏析

一般来说，晶界结构比晶内结构松散，溶质原子处在晶内的能量比处在晶界的能量高，所以溶质原子有自发向晶界偏聚的趋势，其结果是发生晶界偏析。这种偏析与液体凝固时的偏析有所不同[5]，前者使系统的能量降低。

设 P 个溶质原子随机分布在晶内 N 个阵点位置上，p 个溶质原子独立随机分布在晶界 n 个原子位置上，这样的溶质原子分布引起的自由能 G 为

$$G = pE_0 + PE_1 - k_B T \{\ln(n!N!) - \ln[(n-p)!\, p!\, (N-P)!\, P!]\} \tag{3-13}$$

式中，E_1 和 E_0 分别是溶质原子在晶内点阵及晶界的能量；含 $k_B T$ 的项是溶质原子在晶内及晶界的组态熵。G 为系统对应的最小平衡态，以 p 为变量对 G 微分，并令它等于 0，求得

$$\frac{x_B}{x_B^0 - x_B} = \frac{x_C}{1 - x_C} \exp\left(-\frac{\Delta G}{k_B T}\right) \tag{3-14}$$

式中，x_B^0 是晶界的原子位置分数；x_B 和 x_C 分别是晶界中和晶内的溶质原子摩尔分数；ΔG 是溶质原子在晶界与晶内的自由能差(在这里实际上等于 $E_0 - E_1$)，它包括除排列熵项以外熵项的能量。一般 $x_C < 1$，近似认为 $x_B \approx 1$，式(3-14)可以写为

$$-\frac{\Delta G}{k_B T} = \ln\frac{x_B}{1 - x_B} x_C \tag{3-15}$$

此外，还有一种描述溶质原子在晶界偏聚浓度的简单公式为

$$x_B = x_0 \exp\left(-\frac{\Delta G}{k_B T}\right) \tag{3-16}$$

式中，x_0 是溶质平衡浓度(没有偏析的平衡浓度)。若认为 $x_B \ll 1$，$x_C \approx x_0$，则式(3-15)就变为式(3-16)。由式(3-16)可以看出，晶界偏析随溶质的平衡浓度增大而增加。溶质原子在晶界偏析的程度与它在溶剂中的固溶度有关，固溶度低的溶质原子在晶界偏析的程度大。随着温度的增加，溶质原子在晶内和晶界的能量差 ΔG 减小，晶界偏析也减弱。原子在晶界富集对材料的物理化学过程有重要影响，如晶界硬化、不锈钢敏化、晶界腐蚀、粉末烧结与回火脆性等。

3.2.2　晶界的建模

在利用电子结构理论进行晶界研究时，需要建立相应的晶界模型，因此作者在本节将基于一般意义上的经典模型，利用 CSL 理论，进行晶界计算的建模工作，以下将以简单立方点阵为例，讨论 CSL 晶界的构造方法。

如图 3-11(a)所示，将 $(2\bar{1}0)$ 面绕[001]轴转动到(210)面，由点阵 L₁ 生成点阵 L₂。显然，点阵 L₁(210)面上的阵点必定是点阵 L₁ 和点阵 L₂ 的重合点。由于点阵

的对称性，$(\bar{1}20)$ 面上的点也是重合点，同时根据点阵的周期性，矢量[210]和$[\bar{1}20]$相加获得的点[130]亦是重合点，在 z 方向各层相应的位置即 $z=\cdots$，$-1,0$，$+1$，$\cdots$也为重合点，根据(210)点坐标，可获得这一重合位置的转动角 θ 为

$$\theta = 2\arcsin(y/x) = 2\arctan(1/2) = 53.130° \tag{3-17}$$

这个 CSL 的布拉维点阵与原来的立方 P 点阵不同，是四方点阵。重合位置点阵单晶胞与实际点阵单晶胞体积之比记为 Σ，其倒数代表两个点阵的重合点密度，即实际点阵中每 Σ 个阵点有一个阵点重合。

由图 3-11(a)所示的正方 P 点阵转动 53.130°后，构造成的 CSL 晶界如图 3-11(b)所示。图 3-12(b)显示，重合位置点阵单晶胞的晶格常数为 $\sqrt{5}a$、$\sqrt{5}a$ 和 a，即此 CSL 单晶胞的体积为 5，是原始晶粒单晶胞体积的 5 倍，故此晶界的 $\Sigma=5$，该 CSL 晶界可记为[001]/36.870°，$\Sigma=5$。

如果两晶粒间的晶界通过晶间 CSL 的密排面或较密排面，则两晶粒在晶界处的原子有较好的匹配，晶界的核心能就较低，并且晶界长程应变场的作用范围和晶界结构的周期相近。这样，晶界的弹性应变能会随 Σ 减小及晶界周期缩短而降低。为了降低能量，晶界两侧点阵会相对位移到能量较低处。此外，晶界上的原子还可能进行少量局部位置调整，称为原子松弛。经过位移与原子松弛的晶界，严格意义上的相符点阵关系已不存在，但因为这些松弛不包含转动，所以并不破坏晶界上的阶长和周期性。CSL 模型不能任意推广到与能量相关的晶界性能研究中，尽管如此，CSL 模型对于从几何上理解晶界结构的周期性是有意义的，同时它也是采用计算机模拟晶界原子排列结构初始状态的基础。

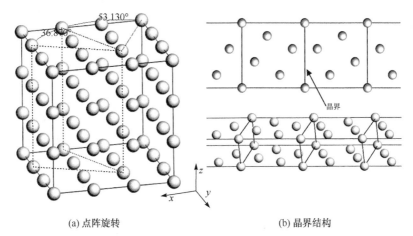

(a) 点阵旋转　　　　　　　　　　　(b) 晶界结构

图 3-11　构建简单立方点阵[001]/53.130°，$\Sigma=5$ 的 CSL 晶界过程

对于图 3-11(a)所示的一个 3×3×3 的简单立方点阵，将 $(2\bar{1}0)$ 面绕⟨001⟩轴逆时针旋转 36.870°也可以得到 CSL。这个 CSL 与顺时针旋转 53.130°所得到的点阵是

完全等效的，这是由于[001]轴是四次旋转轴，53.130°+36.870°=90°。图 3-11(b) 所示为依据 CSL 旋转点阵得到的晶界示意图。

对于立方晶系，Σ 只能取奇数值，且 Σ 越低，两个穿插点阵重合阵点的频率越高。对于极端情况，当 $\Sigma=\infty$ 时，表示两个穿插的点阵之间完全不相符；若 $\Sigma=1$，则两个点阵的阵点全部相符，即两个点阵是同一个点阵。对于立方点阵，除 $\Sigma=1$ 外，重合密度最高 CSL 的 $\Sigma=3$。如 fcc 点阵，以 L_1 点阵的[111]轴转动 60°或 180° 获得 L_2 点阵，由于(111)面是以…ABCABC…排列的，若[111]轴过 A 位置，绕[111] 轴转动 60°后，则 B 层转到 C 层、C 层转到 B 层，如图 3-12 所示，其所有 A 层的阵点都是重合位置。

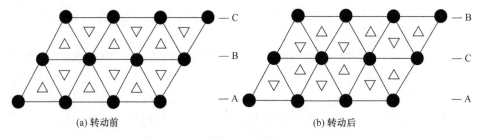

(a) 转动前　　　　　　　　　　　　　　(b) 转动后

图 3-12　fcc 点阵(111)面旋转 60°或 180°

若从 $(1\bar{1}0)$ 面看，[112]方向线就是 $(1\bar{1}0)$ 与(111)面的交线，如图 3-13 所示，绕[111]轴旋转 60°(或 180°)后，其中一层的阵点完全重合，为 CSL 的密排面，这个 CSL 是[111]/60°，$\Sigma=3$。若晶界通过 CSL 的密排面，则 L_1 和 L_2 阵点以晶界面对称排列，如图 3-13(b)所示。L_1 和 L_2 构成孪晶，晶界为孪晶界，是[111]轴转动 60°的扭转晶界。晶界上所有原子同属晶界两侧的晶体，此类晶界称为共格晶界。

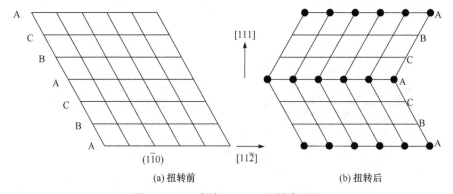

(a) 扭转前　　　　　　　　　　　　　　(b) 扭转后

图 3-13　fcc 点阵[111]/60°扭转孪晶界

图 3-14 给出了实验中观察到的 CSL 和孪晶界。从图中可以看到，为了降低能量，晶界上的原子会有一定程度的松弛。

若两晶粒的取向已确定，晶界两侧的点阵虽然具有同样的对称性，但如果晶界的位置不同，晶界结构也是不同的。例如，两个面心立方晶体点阵穿插具有图 3-15 所示的 $\Sigma=17$ 的 CSL，其晶界有两种位置：一种位置的晶界平面为 {530}，如图 3-15 右上方的晶界所示；另一种位置的晶界平面是 {410}，如图 3-15 左下方的晶界所示。如果用阶长表示左下方的晶界，它的结构可描述为…444…，即每 4 个原子出现 1 个台阶；而右上方的晶界结构可描述为…|212||212|…，即由两个 2 原子的台阶加上 1 个原子的台阶作为周期重复排列。同样，这些晶界也会发生松弛。

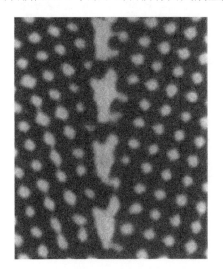 

(a) 氧化镍CSL晶界($\Sigma=5$)　　　　　　　　(b) 铜孪晶界($\Sigma=3$)

图 3-14　CSL 晶界和孪晶界高分辨电子显微照片

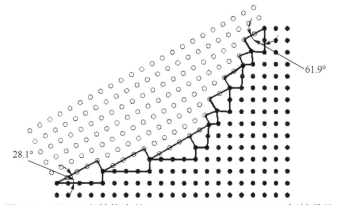

图 3-15　面心立方结构中的〈100〉/28.1°(61.9°)($\Sigma=17$)CSL 倾转晶界

对于六方结构晶体，由于 c/a 一般为无理数，不可能有三维的 CSL，只有 $(c/a)^2$ 是有理数才可能找到 CSL。因此对于真实的六方晶系点阵，只能将 c 轴稍作伸长或压缩以使$(c/a)^2$为有理数并接近真实$(c/a)^2$的点阵来定义 CSL。例如，Zn 的 $c/a=1.595$，要讨论 CSL 时，通常用$(c/a)^2=5/2$，即 $c/a=1.581$ 的点阵来近似描述。

重位点阵(CSL)是晶界计算机模拟中主要的建模手段，一般主要为 Fe、Al 和 Ni 等立方结构基体的合金，表 3-1 给出了一些立方晶系绕低指数轴旋转获得 CSL 的旋转角 θ 和 Σ。

表 3-1　立方晶系统低指数轴转动获得 CSL 的 θ 和 Σ

Σ	旋转轴[hkl]	最小转角 θ/(°)	Σ	旋转轴[hkl]	最小转角 θ/(°)
3	110	70.5	3	111	60
3	210	131.8	5	100	36.9
5	210	96.4	5	211	101.6
7	111	38.2	7	310	115.4
9	110	38.9	9	311	67.1
9	322	152.7	11	110	50.5
11	211	63	13	100	22.6
13	310	76.7	13	111	27.8
15	311	50.7	15	210	48.2
17	100	28.1	17	110	86.6
17	221	61.9	19	110	26.5
19	111	46.8	21	111	22
21	211	44.4	23	311	40.5
25	100	16.3	25	331	51.7
27	110	31.6	27	210	35.4
29	100	43.6	29	221	46.4
31	111	17.9	31	211	52.2
33	110	20.1	33	311	33.6
33	110	59	35	211	34.1
35	331	43.2	37	100	18.9
37	310	43.1	37	111	50.6
39	111	32.2	39	321	50.1
41	100	12.7	41	210	40.9
41	110	55.9	43	111	15.2
43	210	27.9			

3.2.3　相界面的建模

1. 相界面的理论基础

由于相界面两侧是不同的相，其结构对称性、点阵参数不同、键合类型会有所不同，使得相界面具有较复杂的结构。因此，除非两相的点阵设计成两个点阵矢量的比值为有理数，否则不可能存在精确的 CSL，但 O 点阵的概念仍然可以使用。若相界面完全有序，两相完全匹配，则称为共格界面；如果通过弛豫，使界面中的错配局限在错配位错区，其余大部分区域仅有很小的弹性畸变，称为半共格界面；完全无序的界面则是非共格界面。具有严格共格关系的相界是极为少见的，而半共格相界却比较常见。半共格相界结构比较简单，当界面两侧结构相似，原子间距相差不大时，会形成这类相界面。

图 3-16 所示为两个简单立方结构相的界面。组成界面的上下两部分体相的晶格常数不同，分别为 $a_1=1\text{nm}$ 与 $a_2=1.05\text{nm}$，以 {100} 面为界面。相界面两侧的原子不能对齐，其错配度为 $\delta\approx(1.05-1)/1=5\%$。当错配度较低时(一般小于 5%，也取决于弹性模量的大小)，相界面两侧原子直接连接引起的弹性能不是很大，界面可以完全共格，如图 3-16(a)所示。如果完全共格，则存在一个二维的 CSL，其 $\Sigma=20$。当形成相界面引起的弹性能太大，相界面不能承受时，为了降低相界面能量，会在界面上产生界面位错来吸纳相界面两侧的错配，图 3-16(b)为半共格界面示意图。对这样的半共格相界面更合理的描述是，它是 $\Sigma=1$ 加上界面上错配位错的界面，相界面位错的伯格斯矢量 b 应等于 DSC 点阵的矢量。这里，位错的伯格斯矢量大小为 $b=(a_1+a_2)/2$。

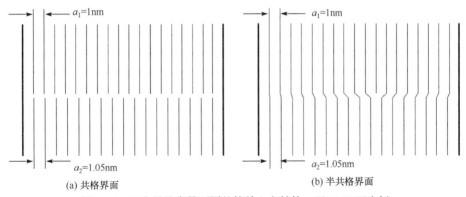

(a) 共格界面　　　　　　　　　　　　　　　　(b) 半共格界面

图 3-16　两个晶格常数不同的简单立方结构，以 {100} 面为例

半共格界面的位错间距为

$$D=\frac{b}{\delta}=\frac{(a_1+a_2)^2}{4(a_2-a_1)} \tag{3-18}$$

当 $\delta>25\%$ 时，每隔 4 个原子便会有 1 个位错，相邻位错的心部畸变区域将彼此连接，整个界面上已无任何共格区域存在，因而变为非共格界面。在 fcc/bcc 合金系统中，其位向关系中通常存在 $\{111\}_f//\{110\}_b$，这两平行平面间的错配度 $\delta\approx2.5\%$，相应的 $|b|\approx0.2\text{nm}$，因此 $D\approx8\text{nm}$。若 fcc/bcc 界面上的位错是为了吸收平

面晶面间距的错配度而产生的，则该界面必须偏离平行晶面的位向，这样才能使该错配度在实际界面上产生分量并被界面错配度位错所吸收，从而产生界面位向偏离 $\{111\}_f//\{110\}_b$。

2. 相界面的建模

利用密度泛函理论，可以对材料的界面结构和性质进行多方面研究：①通过对界面能、分离功的计算，预测界面的结构和结合强度；②通过电子结构分析，弄清影响界面结合的微观机制；③预测界面掺杂、界面缺陷，以及对界面扩散的影响；④通过对界面的拉伸测试，预测界面的抗拉强度并判断界面的断裂性能。在构建界面过程中，需要考虑界面的错配度大小，也需要对构成界面的两种表面进行相关的计算，以确定最终的界面构型。

1) 表面收敛性

材料中形成界面两侧的相均为块体材料，因而在计算中，构建的界面模型必须能够体现出界面两侧各自的体相特征。界面两侧的材料越厚，越能体现内部的体相特征。然而，随着原子层数的增加，计算量急剧增加，对计算机硬件的要求将大幅提高，计算的时间成本也相应增加。因此，为了既能体现界面两相的特征，又能节省计算成本，在建立界面模型之前，需要对组成界面的两侧表面模型进行收敛性测试，以确定建模所需两相的最小原子层数。

在对组成界面的两侧表面模型进行收敛性测试时，根据原子数是否符合化学计量比，表面模型分为两种情况：极性表面和非极性表面。下面分别以 Cr_2N 和 γ-Fe 为例说明极性表面与非极性表面的概念。Cr_2N 的空间群为 P-31m (No.162)，其中 Cr 原子的 Wyckoff 位置为 6k(0.333,0,0.25)，N 原子分别占据 1a(0,0,0) 和 2d(0.3333, 0.6667,0.5) Wyckoff 位置；γ-Fe 为面心立方结构，空间群为 Fm-3m (No.225)，Fe 原子的 Wyckoff 位置为 4a(0,0,0)。γ-Fe 和 Cr_2N 的晶体结构模型如图 3-17 所示。

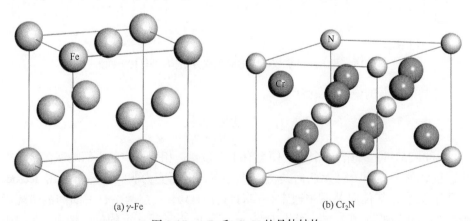

(a) γ-Fe　　　　　　　　　　　(b) Cr_2N

图 3-17　γ-Fe 和 Cr_2N 的晶体结构

对于 $Cr_2N(0001)$ 表面构型，当原子数符合化学计量比，即 Cr 原子数与 N 原子数之比为 2:1 时，构型的上下表面不可能为同类原子，所以 $Cr_2N(0001)$ 表面为极性表面。由于 $Cr_2N(0001)$ 表面为极性表面，此表面模型的原子数符合化学计量比时，构型的上下表面不可能为同类原子，此时采用密度泛函理论进行计算时，会出现偶极效应，从而影响计算结果。此时，需要采用对称的表面模型结构来消除偶极效应，即构型的上下表面均为同种原子 Cr 或 N。然而，这种结构形式不符合 Cr_2N 化合物的化学计量比，就化学势而言，Cr 或 N 的增多会对表面能有所影响，这就需要进一步探究。对于 γ-Fe，无论取哪个晶面指数的表面构型，表面中只含有一种原子，不存在不满足化学计量比的问题，因此为非极性表面。

在表面收敛测试中，对于非极性表面，可采用 Boettger[6]提出的方法直接计算其表面能，观察表面能随原子层数增加的变化情况。对于极性表面，则可通过随层数增加层间距的变化趋势来确定合适的收敛层数。

2) 表面稳定性

不同原子位于终止端，对于极性表面稳定性的影响会有所不同，也会进一步对界面的结合产生影响。一般通过计算表面能 σ 来判断表面的稳定性。表面能的计算公式为

$$\sigma = \frac{1}{2A}(E_{slab} - N_X\mu_X^{slab} - N_Y\mu_Y^{slab} + PV - TS) \tag{3-19}$$

式中，A 为表面积；E_{slab} 为化合物 X_mY_n 表面构型的总能量；N_X 和 N_Y 分别为表面构型中 X 和 Y 原子的数量；μ_X^{slab} 和 μ_Y^{slab} 分别为 X 和 Y 的化学势；P、V、T 和 S 分别为压强、体积、温度和体系的熵，在 0K 温度和恒压下，可忽略不计。表面能越小，表面越稳定。在形成界面体系时，这种极性表面也趋向于形成表面能较小的终止原子构型。

3.3　晶界与界面强韧化机制

利用俄歇电子能谱(Auger electron spectrometry，AES)对合金断口表面进行研究发现，溶质原子会在晶界区偏聚。溶质在晶界区的偏聚会对合金的强度产生影响，如低合金钢由于 P 在晶界偏聚产生回火脆性现象。在钢中常见的轻元素中，S 和 P 会使合金变脆，而 B 和 C 的效果则相反。因此，研究者认为溶质的偏聚会对晶界区的原子黏结性产生影响，进而导致合金韧脆性改变。然而，由于实验手段的限制，一直无法从微观角度对溶质原子改变界面结合性的机理进行系统深入的研究。

在理论研究方面，随着量子力学的发展，从 20 世纪 80 年代开始，研究者从

微观角度对晶界展开了研究。Messmer 和 Briant[7]基于对 Ni₄S 和 Ni₈S 等团簇的计算,研究了化学键对晶界韧脆性的影响。结果表明,S 在 Ni 晶界偏聚后会使 Ni 原子的电子向 S 原子转移,从而削弱 Ni-Ni 之间的键合。Crampin 等[8]通过建立 $\Sigma 5$ 的 Ni 倾转晶界,计算了该晶界偏聚 S 后的能带变化。结果表明,S 的偏聚阻碍了 Ni 原子之间化学键的建立,从而使晶界处产生位错和攀移困难,导致晶界变脆。然而,这些研究都未在合金晶界电子结构的微观层面与力学性能之间建立量化关系。

Rice 和 Wang[9]在 Griffith 弹性断裂理论的基础上提出了一种热力学模型,以描述界面脆性断裂与位错发射引起的裂尖钝化的竞争。该模型指出,当界面的 Griffith 断裂功 $2\gamma_{int}$ 小于裂纹临界扩展力时,脆性断裂发生;反之,裂纹将钝化。此外,推导出杂质偏聚时 $2\gamma_{int}$ 与杂质的浓度 Γ、杂质在晶界的偏聚自由能 ΔG_{gb} 和在晶界开裂时两个表面上偏聚自由能 ΔG_s 的关系式:

$$2\gamma_{int} = 2\gamma_{int0} - (\Delta G_{gb} - \Delta G_s)\Gamma \tag{3-20}$$

式中,$2\gamma_{int}$ 和 $2\gamma_{int0}$ 分别为含杂质和不含杂质界面断裂功。这样,通过计算杂质原子在晶界和表面的偏聚自由能,可以判断杂质的韧脆性。当晶界偏聚自由能高于表面偏聚自由能时,表现为脆化趋势;反之,则表现为韧化趋势。

Wu 等[10]在研究 P 和 B 元素对 Fe 作用机理的过程中,建立了 Fe(111)$\Sigma 5$ 对称倾转晶界,并首次利用第一性原理计算了 P 和 B 掺杂引起的 $2\gamma_{int}$ 变化,并基于 Rice-Wang 模型分析了两种溶质在钢中的韧脆作用,计算结果与实验数据相符。然而,该研究没有讨论如何确定杂质原子的最稳定偏聚位置,以及溶质偏聚与 $2\gamma_{int}$ 之间的关系。

3.3.1　晶界脆性断裂机制

Rice-Wang 模型认为,界面断裂功 $2\gamma_{int}$ 是晶界韧脆化的重要表征参量[11]。根据脆性断裂的力学机制,弹塑性材料的裂纹生长条件为

$$\left(1-v^2\right)\left(\sigma^*\right)^2 \pi a_c / E \geq \gamma_p + 2\gamma_{int} \tag{3-21}$$

式中,v 为泊松比;σ^* 为施加在裂纹的微米级别局部断裂应力;a_c 为裂纹半长;E 为弹性模量(杨氏模量);γ_p 为塑性功。式(3-21)左边为能量释放率 (J/m^2),右边为塑性功和断裂功之和。式(3-21)表明,如果裂纹生长所释放的弹性能大于形成新的断裂表面所需的能量和塑性功,则裂纹可以生长。

图 3-18 给出了裂纹扩展示意图,图中 σ 是集中在裂纹尖端原子尺度的应力,而 σ^* 则是施加在

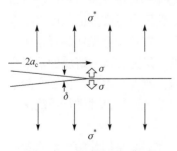

图 3-18　裂纹扩展示意图

整个裂纹的微米级别局部断裂应力。应力集中在裂纹尖端形成 σ 来破坏原子的结合，且裂纹越长，引力集中越强烈。集中应力 σ 与裂纹开口位移 δ 之间的关系如图 3-19 所示。σ-δ 曲线的积分对应于界面断裂功 $2\gamma_{int}$。$2\gamma_{int}$ 与断裂后的表面能 γ_s 和断裂前的晶界能 γ_{gb} 有如下关系：

$$2\gamma_{int} = 2\gamma_s - \gamma_{gb} \tag{3-22}$$

如图 3-19 所示，裂纹尖端集中应力的最大值 σ_{max} 为晶界的理想强度。若 $\sigma > \sigma_{max}$，则裂纹尖端的原子结合就会破坏，随机产生裂纹表面。一般情况下，与式(3-21)所示的能量条件相比，在裂纹尖端集中较大的应力会更容易满足断裂的应力条件 $\sigma > \sigma_{max}$。因此，裂纹的生长主要由能量条件(3-21)决定。

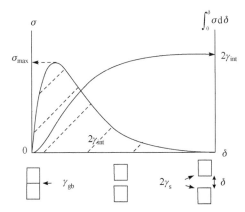

图 3-19　裂纹中拉伸集中应力 σ 及其积分与裂纹开口位移 δ 之间的关系

通常情况下，塑性固体的脆性断裂总会伴随塑性功 γ_p，且塑性功往往远大于断裂功 $2\gamma_{int}$。在开始提出式(3-21)所示的裂纹生长条件时，研究者认为偏聚局限在晶界很小的区域，而塑性功主要与位错的攀移有关，不会和杂质偏聚产生相互影响，所以假设塑性功完全独立于断裂功。然而，这种假设在解释一些金属晶界中的杂质偏聚所引起的脆性断裂时遇到了困难，如钢中的 P、Sn 和 Sb，以及 Ni 合金中的 S 偏聚。为了解决这一问题，Jokl 等指出两者之间存在一定的关系[12]：

$$\gamma_p = \gamma_p(2\gamma_{int}，\text{其他参数}) \tag{3-23}$$

通过利用 Dugadle-Billy-Cottrell-Swinden 模型进行研究，认为 γ_p 是 $2\gamma_{int}$ 的单调增函数，且 $2\gamma_{int}$ 发生较小的减少会引起 γ_p 大幅降低。这表明，断裂功 $2\gamma_{int}$ 是式 (3-21)的主要决定因素。

由于 $2\gamma_{int}$ 决定了 γ_p，所以可以认为韧脆转变温度(ductile-brittle transition temperature，DBTT)也由 $2\gamma_{int}$ 决定，这可以通过以下论述证明。图 3-20 描述了断裂功 $2\gamma_{int}$ 和 DBTT 之间的关系。图中脆性断裂应力(σ^*)和韧性断裂应力(σ_d)随温度

变化直线的交点所对应的温度就是 DBTT，从中也可以看出，韧性断裂应力对温度的依赖程度较大。如前所述，$2\gamma_{int}$ 减少会引起 γ_p 的大幅降低，由式(3-21)可知，这会使 σ^* 降低。如图 3-20 所示，当 σ^* 降低时，脆性断裂应力线与韧性断裂应力线的交点向温度升高的方向移动。也就是说，$2\gamma_{int}$ 降低会引起 DBTT 的升高。

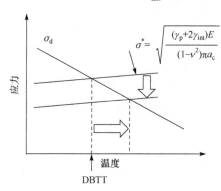

图 3-20　韧脆转变温度与断裂功 $2\gamma_{int}$ 之间的关系示意图

3.3.2　断裂功与溶质偏聚之间的关系

晶界偏聚能表示溶质原子从晶内固溶态迁移到晶界偏聚区达到稳定状态释放的能量(ΔE_{gb}^{seg}，单位为 kJ/mol 或 eV/atom)。偏聚能一般为负值。设偏聚的面密度为 $\Gamma(atom/m^2)$，则偏聚引起的系统能量降低为 $\Delta E_{gb}^{seg}\Gamma$ (J/m^2)。同样，溶质的表面偏聚能用 ΔE_s^{seg} 表示。

晶界的断裂功 $2\gamma_{int}$ 与断裂面积和晶界偏聚能之间有如下关系：

$$2\gamma_{int} = \left(2\gamma_s + \Delta E_s^{seg}\Gamma\right) - \left(\gamma_{gb} + \Delta E_{gb}^{seg}\Gamma\right)$$
$$= 2\gamma_s - \gamma_{gb} - \left(\Delta E_{gb}^{seg} - \Delta E_s^{seg}\right)\Gamma \tag{3-24}$$

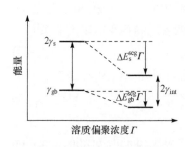

图 3-21　裂纹表面和晶界偏聚能
与断裂功之间的关系

式中，$2\gamma_s$ 和 γ_{gb} 分别是没有溶质偏聚的表面能和界面能。式(3-24)所述的关系可由图 3-21 描述，如果溶质在裂纹表面的偏聚能比在晶界的偏聚能更负，即 $\Delta E_s^{seg} < \Delta E_{gb}^{seg}$，则该溶质使晶界的界面断裂功降低，为脆化晶界元素；反之，如果溶质在晶界的偏聚能更负，则为韧化晶界元素。

式(3-24)中，假设在整个断裂过程中，偏聚溶质的原子数量不变。这一假设适用于大部分杂质原子的偏聚行为。然而，在 H 偏聚的研究中，H 原子可以在室温下快速在体相内扩散，导致偏聚区的 H 原子数量可能在断裂后有所增加。因此，对于 H 脆化晶界的研究，需要考虑溶质浓度在晶界开裂过程中的改变。

3.3.3　晶界模型的建立

在使用密度泛函理论对晶界进行研究时，一般先按照 CSL 模型建立晶界模型。本节建立了 bcc Fe 的 $\Sigma3(111)$ 对称倾转晶界，倾转角为 70.5°，旋转轴为 $\langle1\bar{1}0\rangle$，包含 76 个 Fe 原子，如图 3-22 所示。

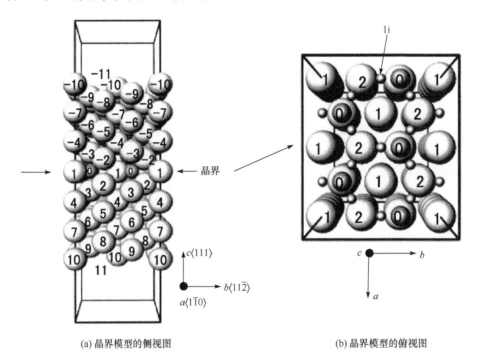

(a) 晶界模型的侧视图　　　　　　　　(b) 晶界模型的俯视图

图 3-22　bcc Fe $\Sigma3(111)$ 对称倾转晶界模型

图 3-22 中，序号 –10～10 表示不同的阵点，–11 和 11 表示表面吸附位置，0 表示晶界空心点 (hollow site)，而俯视图中的 1i 表示间隙位置。经计算，晶界能 γ_{gb} 为 1.52J/m²，断裂表面能 γ_s 为 2.69J/m²。因此，该晶界没有杂质偏聚时的断裂功为 $2\gamma_{int} = 2\gamma_s - g_{gb} = 3.86$ J/m²。

3.3.4　断裂表面和晶界偏聚能计算

晶界偏聚溶质的形成能可通过式(3-25)计算：

$$\Delta E_f^{GB}(\mathrm{conf.},N_x) = E_{tot}^{GB}(\mathrm{conf.},N_{Fe},N_x) - N_x E_{tot}^{\mathrm{atom},x} - E_{tot}^{GB}(\mathrm{clean},76,0) + (\mathrm{tot}-N_{Fe})E_{tot}^{\mathrm{bcc\ Fe}}$$

$$(3\text{-}25)$$

式中，$\Delta E_f^{GB}(\text{conf.}, N_x)$ 为 N 个 x 溶质偏聚在晶界区的形成能，x 原子在晶界的偏聚构型有很多种可能；$E_{tot}^{GB}(\text{conf.}, N_{Fe}, N_x)$ 表示 N 个 x 溶质偏聚在晶界后整个体系的能量；N_x 和 N_{Fe} 分别为体系中溶质 x 和 Fe 原子的数量；$E_{tot}^{atom, x}$ 为一个孤立的 x 溶质原子在真空中的能量；$E_{tot}^{GB}(\text{clean}, 76, 0)$ 为仅包含 Fe 原子的纯晶界能量；$E_{tot}^{bcc\,Fe}$ 为 bcc Fe 体系中一个 Fe 原子的能量。

为了计算固溶体状态的形成能，建立不包含晶界但包含两个类似于图 3-22 的 (111)自由面，称为表面模型(FS)。同样，该表面模型也包含 76 个 Fe 原子。利用这个表面模型，计算固溶态的形成能：

$$\Delta E_f^{FS}(\text{sol.}) = E_{tot}^{FS}(\text{sol.}, [75\text{ 或 }76], 1) - E_{tot}^{atom, x} - E_{tot}^{FS}(\text{clean}, 76, 0) + [1\text{ 或 }0]E_{tot}^{bcc\,Fe} \quad (3\text{-}26)$$

在计算中，为了模拟固溶状态，将一个溶质原子放入表面模型的间隙或置换位置。根据上面计算得到的两种形成能，可以计算某个偏聚构型的偏聚能：

$$\Delta E_{GB/FS, total}^{seg} = \Delta E_f^{GB}(\text{conf.}, N_x) - N_x \Delta E_f^{FS}(\text{sol.}) \quad (3\text{-}27)$$

对于每一个偏聚浓度($N_x = 1 \sim 8$)，计算其可能存在的多种构型的偏聚能，通过对比确定最稳定的偏聚构型。

3.3.5 界面断裂功计算

在理想情况下，基于第一性原理的拉伸试验计算通过重复下列过程来实现：在体系中加入一个微小的应变后，进行结构弛豫和晶格常数优化(考虑泊松比)。然而，这种方式在实际应用中非常耗时，且当体系的应变较大时，结构弛豫的计算过程很难收敛。基于以上原因，采用如下所述的一种近似计算方法。图 3-23 为利用该方法得到的纯 Fe Σ3(111)晶界拉伸试验结果。拉伸试验计算方法如下：

(1) 假设断裂面平行于晶界平面。

(2) 在断裂面将组成晶界的上下两部分按照一定的距离分开，如 0.05nm、0.1nm、0.15nm、…、0.5nm，共建立 10 个具有不同分开距离的模型。

(3) 对于步骤(2)中建立的每个模型，都进行结构弛豫，但是晶格常数保持不变。结构弛豫后得到 10 个结构的能量。

(4) 将未分开的晶界能量(如图 3-23 中的 0 点)与分开足够远(能量不再变化，如图 3-23 中的 10 或 11 点)的体系的能量做差值，得到界面断裂功 $2\gamma_{int}$。

(5) 通过式(3-28)计算得到最大拉伸应力：

$$f(x) = 2\gamma - 2\gamma\left(1 + \frac{x}{\lambda}\right)\exp\left(-\frac{x}{\lambda}\right) \quad (3\text{-}28)$$

之后拟合出最大应力曲线。这个方程即为 Rose 等[13]提出的描述原子结合性的结合曲线方程。考虑到较小分离距离的体系中，总能量较大的依赖于晶格常数和断裂面附近原子层的弛豫，所以在拟合过程中，不使用 1 到 4 点的能量。在较大的分离距离中，可以忽略泊松比的影响。由于当 $x=\lambda$ 时，式(3-28)中第二项的二阶倒数为零，所以最大拉伸应力为

$$\sigma_{max} = f'(\lambda) = \frac{2\gamma}{\lambda}\exp(-1) \tag{3-29}$$

这一方法得到的拉伸强度 σ_{max} 虽然只是个近似值，但是由于可以避免大应变体系的计算，且可以分别计算各个应变(分开)体系，不失为一种方便快速的途径。需要注意的是，在计算之初，需要通过测试最小断裂功和拉伸强度来确定合理的断裂面。

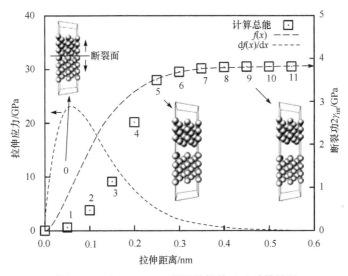

图 3-23　纯 Fe Σ3(111)晶界的拉伸试验计算结果

3.4　稀土元素在 fcc Fe 基合金的晶界偏聚行为

关于稀土元素在钢中的作用机理已有较多的实验研究，从电子结构层次讨论其在 Fe 基合金中的作用规律还鲜有报道。采用基于密度泛函理论(density functional theory，DFT)的第一性原理，从取代的势能计算推测掺杂原子的存在位置，应是探索稀土存在形式与作用机理的一种有效方法。

本节将以钢中常用的稀土元素 La、Ce 以及微合金元素 Nb、Ti、V 为研究对象，基于密度泛函理论的第一性原理，计算各元素在 fcc Fe 晶界偏聚时的占位，以及不同位置点元素与晶界的结合能，为晶界迁移的研究奠定基础。通过 Rice-Wang 理论研究元素晶界偏聚时引起的韧脆变化，结合态密度计算，从微观

角度了解其强韧化机理[14]。

本节将通过构建 fcc Fe Σ5(012)对称倾转晶界模型，采用基于密度泛函理论第一性原理的方法研究 La、Ce、Nb、Ti、V 元素掺杂对晶界结构的影响。通过单原子对晶界结合能的计算，对原子在晶界的优先占位进行研究，以此为基础进一步计算在优先占位点的断裂功，对计算掺杂原子前后的局域电子态密度、掺杂后的晶界强度和电子结构进行研究。

3.4.1　晶界模型及计算方法

晶界模型的计算采用基于 DFT 框架下的 VASP 完成。缀加投影平面波方法是基于密度泛函理论计算固体中电子结构最精确的方法之一，本节在计算中应用 PAW 来计算超晶胞中原子结构和电子结构。对于赝势中的交换关联部分采用 Perdew-Burke-Ernzerhof 插值函数的广义梯度近似方法。晶体波函数用平面波基矢展开，平面波的截断能量为 350eV。在对 fcc Fe 单胞进行结构优化时选取 $6 \times 6 \times 6$ 均匀网格的 Monkhorst-Pack 类型的 k 点进行 Brillouin 区的积分，对晶界模型则采用 $3 \times 3 \times 1$ 均匀网格进行计算。计算中采用非自旋极化模拟体系的电子结构，在对体系结构进行全局域优化时相邻两次迭代计算出的能量值相差小于 1×10^{-5}eV 时认为自洽，并且根据 Hellman-Feynman 理论，每个原子的剩余力小于 1×10^{-3}eV/Å。

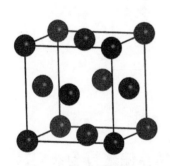

图 3-24　fcc Fe 单胞示意图

其中，fcc Fe 的空间群为 Fm-3m(No.225)，Fe 原子的 Wyckoff 位置为 4a(0,0,0)，其结构示意图如图 3-24 所示。在完全结构优化后，fcc Fe 的晶格常数在 0K 时为 3.448Å，这与在 296K 时的实验值 3.58Å 较为接近[15]，因此计算得到的理论晶格常数与实验得到的晶格常数符合较好，也同时证明了所取 Fe 的赝势的可靠性。

当晶界取向差角度大于 15°时，晶界的结构不可能用位错来描述，而为了使形成的晶界能较低，任何两个晶粒间的界面所处的位置，会使两侧的晶粒尽可能多地处在适配位置。因此，选择利用 CSL 来搭建原奥氏体晶界模型。

设想两个点阵(L_1 和 L_2)互相穿插(真实的点阵是不能穿插的)，若把 L_1 作为参考点阵，获得两晶粒相对取向的所有操作变换，如平移、旋转，都由 L_2 来完成，当两个点阵的相对取向给定后，这两部分点阵中的一些阵点位置发生重合，这些点必然构成周期性的相对于原点阵的超点阵，这个超点阵就是 CSL。

对于原奥氏体晶界，根据研究内容的需要，选择的模型是对称倾转 Fe Σ5 (012)[100]晶界。Fe Σ5 (012)[100]标记是标记晶体中晶界的一种方法，而这种标记就表明重合密度为 1/5，[100]和(012)分别是指示晶界取向和晶界面的米勒指数。

　　研究杂质原子的偏聚应该选择某种在真实晶体中数目较多最有代表性的晶界作为研究对象。研究晶粒间的断裂功，Fe Σ5 (012)[100]晶界是能量高并且稳定的晶界，而高能量的晶界要比低能量的晶界更容易断裂，因此 Fe Σ5(012)[100]对称倾侧晶界也是研究 Fe 晶界脆韧断裂机制一个非常好的选择，Jin 等[16]利用分子动力学方法研究了 Σ5 晶界的可行性。图 3-25(a)所示的晶界模型，x 轴、y 轴和 z 轴分别沿着[100]、[02$\overline{1}$]和[012]方向，超晶胞的大小是 6.896Å × 7.710Å × 39.689Å。在模型中采用 20 层原子来模拟纯 Fe Σ5 (012)[100]晶界，并且晶界采用的是三维的周期性边界条件。

　　为了获得合适的晶界模型，对晶界模型进行全局域结构优化及晶界层数收敛性测试。收敛结果如图 3-25(b)和表 3-2 所示。

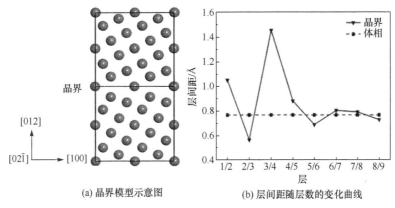

(a) 晶界模型示意图　　　　(b) 层间距随层数的变化曲线

图 3-25　晶界模型示意图和层间距随层数的变化曲线

表 3-2　晶界模型收敛性测试结果

层数	面间距/Å	与理想晶面间距差距/%
1/2	1.055	36.84
2/3	0.570	−26.07
3/4	1.457	88.96
4/5	0.885	14.72
5/6	0.693	−10.12
6/7	0.808	4.73
7/8	0.795	3.11
8/9	0.732	−5.12

　　图 3-25(b)曲线显示了随着与晶界距离的增加层间距的变化，曲线显示出阻尼

振荡的形状。表 3-2 为晶界模型收敛性测试的结果。对于 fcc 结构的(012)面，面间距为 0.771Å。而在晶界模型中第一与第二原子层的间距为 1.055Å，相比于理想结构的面间距增大了 36.84%，而第二与第三层原子层的间距变为 0.570Å，相比于理想晶界的面间距减小了 26.07%。从第六层开始，层间距基本在 0.771Å 上下波动，接近理想结构的面间距，且波动幅度逐渐变小，这表明在计算中选用的超晶胞模型已经足够大，可以反映晶界的性能。

同样的阻尼振荡也发生在(012)自由表面模型中，如图 3-26 所示。表 3-3 显示了自由表面模型收敛性测试结果。在表面模型中第一与第二原子层以及第二与第三原子层的间距分别为 1.409Å 和 1.498Å，相比于理想结构的面间距分别增大了 82.74%和 94.29%；而从第三与第四层的间距变为 0.789Å，相比于理想晶界的面间距增加了 2.33%。从这里开始，层间距基本在 0.771Å 上下波动，接近理想结构的面间距。这显示在计算中运用的超晶胞模型是足够的，可以反映表面的性能。

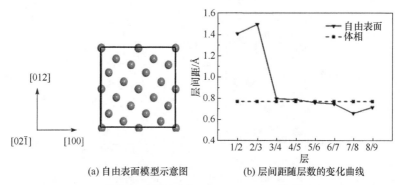

(a) 自由表面模型示意图　　　　(b) 层间距随层数的变化曲线

图 3-26　自由表面模型示意图和层间距随层数的变化曲线

表 3-3　自由表面模型收敛性测试结果

层数	面间距/Å	与理想晶面间距差距/%
1/2	1.409	82.34
2/3	1.498	94.29
3/4	0.789	2.33
4/5	0.789	2.33
5/6	0.760	−1.43
6/7	0.747	−3.11
7/8	0.659	14.27
8/9	0.716	7.13

因此，根据以上收敛性测试结果，在研究晶界过程中，建立了含有 20 层原子的晶界模型以及含有 10 层原子的自由表面模型。

3.4.2　杂质原子与晶界结合能对断裂功的影响

1) 杂质原子与晶界结合能

为了定量研究溶质和析出对界面迁移的阻碍作用，确定溶质和界面的相互作用是很有必要的。表 3-4 列出计算所需要的元素原子半径，可以看出五种元素的原子半径均大于 Fe 原子半径，所以在晶界处置换 Fe 原子，而不会存在于间隙位置。

表 3-4　各元素的原子半径[17]

参数	元素					
	Fe	La	Ce	Nb	Ti	V
原子半径/Å	1.27	1.87	1.82	1.45	1.35	1.48

为了研究微合金元素和稀土元素的偏聚趋势以及优先占位，引入溶质原子与晶界的结合能 E_b。溶质原子与晶界结合能的计算公式[18]如下：

$$E_b(N_{imp}) = E_{tot}^{GB}(N_{imp}, N_{Fe}) - N_{imp}E_{tot}^{atom,imp} - E_{tot}^{GB}(N_{Fe}^0) - \frac{N_{Fe} - N_{Fe}^0}{N_{Fe}^0}E_{tot}^{bulk}(N_{Fe}^0) \quad (3\text{-}30)$$

式中，$E_{tot}^{GB}(N_{imp}, N_{Fe})$ 代表包含有 N_{Fe} 个铁原子和 N_{imp} 个杂质原子的晶界模型的总能量；$E_{tot}^{atom,imp}$ 代表孤立杂质原子的能量；N_{Fe}^0 代表无杂质晶界中 Fe 原子的数量；最后一项是当杂质原子置换 Fe 原子时的调节项。

本次计算分别考虑了溶质原子在晶界置换的 4 个位置，如图 3-27 所示。溶质原子在各位置时，与晶界的结合能计算结果如图 3-28 所示。当在晶界处掺杂一个杂质原子时，溶质原子与晶界的结合能随着位置的变化而变化。

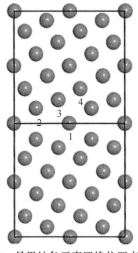

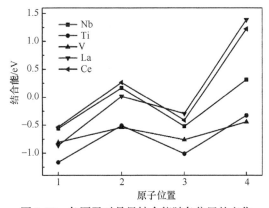

图 3-27　晶界处各元素置换位置点示意图　　图 3-28　各原子对晶界结合能随各位置的变化

从图 3-28 可以看出，各元素在 1 号位置点时与晶界的结合能最低，这说明 1号位置点为优先占位点。对于本节研究的五种合金元素，按其与晶界的结合能可以分为三个区间：Ti 元素与晶界的结合能最大(负)为–1.16eV；La 和 V 稍低，分别为–0.86eV 和–0.80eV；Nb 和 Ce 与晶界结合能最低，分别为–0.56eV 和–0.53eV。在不考虑元素之间相互作用的前提下，平衡状态下 Ti 最容易偏聚于晶界，其次是 La和 V，最后是 Nb 和 Ce。表 3-5 中列出了在 1 号位置点上杂质原子与晶界的结合能。

表 3-5　五种原子在 1 号位置点时的结合能

参数	原子种类				
	Nb	Ti	V	La	Ce
结合能/eV	−0.56	−1.16	−0.80	−0.86	−0.53

2) 断裂功

Rice 和 Wang 在 Griffith 弹性断裂理论的基础上提出了一种热力学模型，描述界面脆性断裂与位错发射引起的裂尖钝化的竞争。该模型指出，当界面的 Griffith界面断裂功 $2\gamma_{int}$ 小于裂纹临界扩展力时，发生脆性断裂；反之，发生钝化。此外，推导出杂质偏聚时 $2\gamma_{int}$ 与杂质的浓度 Γ、杂质在晶界的偏聚自由能 ΔG_{gb} 和晶界开裂时的两个表面偏聚自由能 ΔG_s 的关系式：

$$2\gamma_{int} = 2\gamma_{int0} - \left(\Delta G_{gb} - \Delta G_s\right)\Gamma \tag{3-31}$$

式中，$2\gamma_{int}$ 和 $2\gamma_{int0}$ 分别为含杂质和不含杂质界面断裂功。

Rice-Wang 模型广泛应用于从能量的观点来描述晶界杂质元素对晶界结合力的影响。根据这个模型，晶界上杂质原子的强化及脆化可以通过含有杂质原子的晶界和自由表面(free surface，FS)的结合能的差值来进行表述，即 ΔE。自由表面是组成晶界模型两侧原子中的一侧。而 ΔE 可以通过式(3-32)进行计算：

$$\Delta E = \left(\Delta G_{gb} - \Delta G_s\right) = \left(E_{GB}^{imp} - E_{GB}\right) - \left(E_{FS}^{imp} - E_{FS}\right) \tag{3-32}$$

在前面的计算中，各元素均偏向于占据在 1 号位置点。E_{GB}^{imp}、E_{GB}、E_{FS}^{imp} 和 E_{FS} 分别代表杂质原子在 1 号位置点占位时晶界总能量、无杂质原子晶界能量、杂质原子在 1 号位置点占位时自由表面能量和无杂质是自由表面能量。晶界能以及表面能就是在晶体中创造出一个晶界或者一个自由表面需要的能量。

$$E_{FS} = \frac{E_{tot}^{FS} - E_{tot}^{bulk}}{2S^{FS}} \tag{3-33}$$

$$E_{GB} = \frac{E_{GB} - E_{bulk}}{2S^{GB}} \tag{3-34}$$

式中，E_{GB}、E_{bulk} 和 S 分别为 fcc Fe 纯净晶界总能、理想晶体总能和晶界面积。

由计算可得晶界能为 4.8J/m²。根据 Rice-Wang 模型，可以利用ΔE来判定材料的断裂性能，计算公式如下：

$$\Delta E=\left(\frac{E_{\text{GB}}^{\text{imp}}-E_{\text{bulk}}}{2S^{\text{GB}}}-\frac{E_{\text{GB}}-E_{\text{bulk}}}{2S^{\text{GB}}}\right)-\left(\frac{E_{\text{FS}}^{\text{imp}}-E_{\text{bulk}}}{2S^{\text{FS}}}-\frac{E_{\text{FS}}-E_{\text{bulk}}}{2S^{\text{FS}}}\right) \quad (3\text{-}35)$$

当杂质在晶界的形成能高于其在表面的形成能，即$\Delta E>0$时，掺杂后界面的断裂功减小，杂质元素削弱晶界的结合，即为脆化趋势；反之则为韧化趋势。因为在前面得到了各元素原子的占位，所以计算原子位于优先占位位置点时断裂功的差值。

表 3-6 为各元素在 1 号位置点偏聚状态下的断裂功差值。从结果可以看出，这几种合金原子在晶界偏聚后，断裂功差值均为负值。因此，偏聚都会使晶界韧化。尚家香等[19-21]研究过 Nb、Ti 和 V 对 fcc Fe Σ11[1$\bar{1}$0](113) 晶界结合的影响，计算得到合金元素 Nb、Ti 和 V 在晶界和自由表面的偏聚功之差为–0.39eV、–0.12eV 和–0.36eV，由于选择研究的晶界结构不同，计算结果会存在一些差异。然而，需要注意的是，如果溶质偏聚浓度与本次计算考虑的浓度差别较大，或者多种合金元素共同偏聚时，对晶界断裂功的影响较为复杂，还需要进一步研究。

表 3-6　断裂功差值

断裂功差	元素种类					
	Fe	Nb	Ti	V	La	Ce
$\Delta E/(\text{J/m}^2)$	—	–0.109	–0.219	–0.599	–0.062	–0.006

3.5　稀土元素在 bcc Fe 基合金的晶界偏聚行为

本节将基于DFT，从电子结构层次来分析钢中基本元素Fe与常见稀土元素La、Ce的交互作用，讨论稀土元素原子在α-Fe中的占位倾向及其在优先占位方式下的作用机理，从而进一步探索稀土对Fe基材料宏观力学性能的影响。

3.5.1　Ce 在 bcc Fe 晶界的偏聚

1. 计算方法与结构模型

本节基于 DFT 计算完成。计算中采用 GGA，通过 Perdew-Burke-Emzerhof (PBE)函数进行交换相关势修正，自洽求解 Kohn-Sham 方程，原子采用超软赝势，最大截止能为 350eV，计算收敛精度为 2×10^{-6}eV/atom，k 网格采用 $5\times5\times1$。

利用 CSL 模型理论构建初始 bcc Fe 的 Σ3[110](112)对称倾转晶界模型，以[110] 晶向为旋转轴，将两部分晶体旋转 109.47°拼接而成，如图 3-29 所示。该晶界模型沿[110]方向堆垛顺序为…ABABAB…，选取 3 层原子；沿[112]方向堆垛顺序为…ABCABCABC…，选取 11 层原子；沿[11$\bar{1}$]方向堆垛顺序为…ABCABCABC…，选取 12 层原子；共 68 个原子。表面模型选取与晶界 $\Sigma3[110](112)$ 相应的(112)平面，即去掉晶界模型的上半部分，获得 bcc Fe(112)表面模型。首先对各晶界和表面模型进行结构优化，在此基础上，进行相关数据的计算。

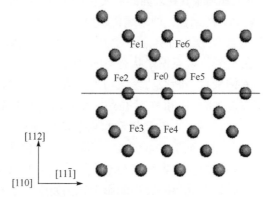

图 3-29　α-Fe 的 $\Sigma3[110](112)$晶界模型

2. Ce 原子在 bcc Fe 中的占位倾向

本小节基于超纯化设计的理念，在 O、S 等杂质元素含量严格控制的情况下，Ce 元素加入钢中后，除形成少量稀土化合物外，还会固溶于钢中起到合金化作用，已有相关研究从原子尺度和微观机制上提出了钢中稀土固溶存在和合金化的可信依据[22]。本小节将针对 Ce 原子固溶于 Fe 基体后的情况，探索其原子的占位倾向。

Ce 的原子尺寸比 Fe 原子尺寸大约 40%，因此在固溶于 α-Fe 中时趋向于形成置换固溶体。为探究 Ce 在 α-Fe 中的占位倾向，在图 3-29 所建立的晶界模型中，用 Ce 原子分别替换位置 Fe0(晶界区)、位置 Fe1(晶内区)，以及表面模型中位置 Fe0 处的 Fe 原子，进行结构优化。通过计算得到体系的结合能，然后代入式(3-36)，计算 Ce 原子在 α-Fe 晶内、晶界和表面的杂质形成能：

$$\Delta E = E_b(T + \text{IMP}) - E_b(T) \tag{3-36}$$

式中，$E_b(T + \text{IMP})$ 为含 Ce 原子体系的结合能；$E_b(T)$ 为不含 Ce 原子体系的结合能。

Ce 原子分别在 α-Fe 晶内、晶界和表面的杂质形成能计算结果见表 3-7。

表 3-7　Ce 原子在 α-Fe 中杂质形成能　　　　　　　(单位：eV)

原子	晶界区杂质形成能ΔE_{GB}	晶内杂质形成能ΔE_{Bulk}	表面杂质形成能ΔE_S	$\Delta E_{GB} - \Delta E_S$
Ce	−6.428	−6.056	−4.174	−2.254

由表 3-7 可以看出，Ce 原子在 α-Fe 中的杂质形成能从表面到晶内再到晶界逐渐减小，也就是说，Ce 在晶界偏聚时体系的能量最低。因此与表面和晶内占位相比，Ce 原子在 α-Fe 的晶界偏聚可使结构更为稳定，Ce 原子趋向于偏聚在 α-Fe 晶界区域，这与其他学者前期的实验研究结果是一致的[23]。

3. Ce 原子在晶界对断裂行为的影响

Rice 和 Wang 在 Griffith 弹性断裂理论的基础上提出了一种热力学模型，描述杂质原子导致晶界钝化和脆化的机制，认为材料断裂是位错发射和脆性界面断裂竞争的结果，通过界面断裂功与杂质浓度 Γ、杂质在晶界的杂质形成能 ΔE_{GB} 和晶界开裂时两个自由表面的杂质形成能 ΔE_S 之间的关系式，判断溶质原子对晶间断裂的影响：

$$2\gamma_{int} = 2\gamma_{int0} - (\Delta E_{GB} - \Delta E_S)\Gamma \tag{3-37}$$

式中，$2\gamma_{int}$ 和 $2\gamma_{int0}$ 分别为含杂质和不含杂质界面断裂功；ΔE_{GB} 和 ΔE_S 分别为杂质原子在界面和表面的杂质形成能；Γ 为溶质浓度。当杂质在晶界的杂质形成能高于其在表面的杂质形成能，即 $\Delta E_{GB}-\Delta E_S>0$ 时，掺杂后界面断裂功减少，杂质元素削弱晶界的结合，即为脆化趋势；反之则为韧化趋势。

表 3-7 给出了 Ce 原子在晶界和自由表面的杂质形成能之差，$\Delta E_{GB} - \Delta E_S = -2.254 < 0$，代入式(3-37)可知，$2\gamma_{int} > 2\gamma_{int0}$，这表明 Ce 原子的掺入增加了晶界的理想断裂功，因此 Ce 原子偏聚在 α-Fe 晶界可起到韧化晶界的作用。

研究表明[24, 25]，稀土在晶界处的偏聚必然会与其他偏聚原子发生相互作用。稀土偏聚倾向强烈，优先占据偏聚位置，降低了系统的能量，从而将减弱其他元素的偏聚驱动力，降低硫、磷、砷、锡、锑、铋、铅等在晶界的偏聚浓度。稀土与上述低熔点有害元素相互作用，形成熔点较高的化合物；此外，还能抑制这些杂质元素在晶界上的偏析，减小材料晶界脆性断裂的倾向。

4. Ce 对 bcc Fe 晶界电子结构的影响

为了进一步研究 Ce 强韧化 α-Fe 晶界的作用机理，计算了掺杂 Ce 原子前后 α-Fe 晶界的差分电荷密度、Mulliken 布居分布和电子态密度。

图 3-30 为纯 α-Fe 晶界和掺杂 Ce 原子后 α-Fe 晶界 Fe0(La)原子所在(110)面的差分电荷密度分布，图中深色区域表示电子缺失，浅色区域表示电子富集。

比较图 3-30(a)和图 3-30(b)可以看出，在掺杂 Ce 前后，体系中的电荷发生了重新分配，原子之间的相互作用变化较大。

在掺杂 Ce 原子后，Fe1～Fe6 周围的电子密度有所增大，而 Ce 原子周围的电子密度明显减小，这表明 Ce 加入晶界导致该区域发生离子化趋向。比较不同区域的电荷密度分布可以发现，位于晶界的 Ce 和 Fe2、Fe5 之间的电子云交叠区域

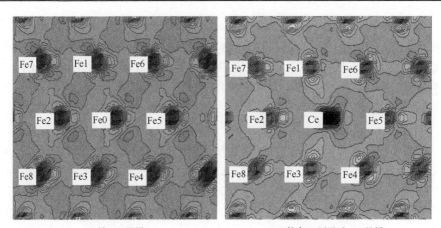

(a) 纯α-Fe晶界　　　　　　　　　　(b) 掺杂Ce原子后α-Fe晶界

图 3-30　　α-Fe $\Sigma 3[110](112)$晶界(110)面差分电荷密度分布

增强，与此同时，晶界上的 Fe2、Fe5 与晶界两侧的 Fe7、Fe8 及 Fe4、Fe6 之间电子云的方向性更为明显。

　　此外，由图 3-30(a)和(b)可以发现，Ce 和其周围晶界两侧原子之间的作用也有所增加。这表明 Ce 原子加入后，与晶界上相邻原子之间的键合增强，也使晶界原子与晶界两侧的 Fe 原子发生了较强的相互作用，对偏聚区的 Fe 原子产生了显著的束缚作用，从而可以有效拉住晶界，起到强化晶界的作用。

　　表3-8 为α-Fe 晶界掺杂 Ce 原子前后 Ce 所在的(110)面上近邻各原子的 Mulliken 布居分布，从中可以看出参与成键各原子间电荷的转移。

表 3-8　α-Fe 晶界掺杂 Ce 原子前后 Mulliken 布居分布

原子	轨道	纯 Fe 晶界 N_0	掺 Ce 晶界 N	$\Delta N = N - N_0$
Fe(Ce)	4s(6s)	0.56	1.77	1.21
	4p(5p)	0.66	0.70	0.04
	3d(5d)	6.70	2.77	−3.93
	(4f)	—	1.18	—
	电荷改变量	0.09	5.59	5.5
Fe1	4s	0.56	0.79	0.23
	4p	0.65	0.73	0.08
	3d	6.69	6.75	0.06
	电荷改变量	0.10	− 0.27	− 0.37
Fe2	4s	0.56	0.75	0.19
	4p	0.66	0.77	0.11
	3d	6.70	6.74	0.04
	电荷改变量	0.08	− 0.25	− 0.33

续表

原子	轨道	纯 Fe 晶界 N_0	掺 Ce 晶界 N	$\Delta N = N - N_0$
Fe3	4s	0.56	0.79	0.23
	4p	0.65	0.73	0.08
	3d	6.68	6.70	0.02
	电荷改变量	0.12	− 0.22	− 0.34
Fe4	4s	0.56	0.65	0.09
	4p	0.65	0.74	0.09
	3d	6.69	6.69	0
	电荷改变量	0.10	− 0.08	− 0.18
Fe5	4s	0.56	0.75	0.19
	4p	0.65	0.77	0.12
	3d	6.70	6.75	0.05
	电荷改变量	0.09	− 0.27	− 0.36
Fe6	4s	0.56	0.65	0.09
	4p	0.64	0.74	0.1
	3d	6.68	6.73	0.05
	电荷改变量	0.11	− 0.12	− 0.23

表 3-8 显示，Ce 原子在晶界替换 Fe 原子后，失去了 5.59e 电子。与此同时，其周围的 Fe 原子由之前的失去少量电子变为得到电子。

值得注意的是，与已报道的一般合金在 bcc Fe 晶界与 Fe 原子成键的电子组态相比[20]，稀土元素 Ce 原子的加入，使 Fe 原子 s 和 p 轨道上保有更多的电子，此为 Fe 在掺杂后原子电荷改变量由正转为负的主要原因。从 Ce 和 Fe 原子的电子组态出发可以对上述现象进行分析：Fe 的外层电子组态为 $4s^2 3d^6$，3d 壳层未充满；Ce 的外层电子组态为 $4f^1 5s^2 5p^6 5d^1 6s^2$，4f 和 5d 壳层未充满。为使系统稳定，d、f 壳层应达到半充满或全充满状态，因此 Ce 原子的外层电子跳跃到 Fe 原子外层使后者外层趋于充满状态。由于 Fe 原子 3d 轨道电子数的增加，对 s 和 p 轨道的屏蔽作用加强[26]，从而使 Fe 原子外层 s 和 p 轨道对系统成键的贡献有所减少。

图 3-31 给出了掺杂 Ce 原子 α-Fe 的 Σ3[110](112)晶界(110)面上部分原子的局域电子态密度图，图中所示原子序号和图 3-30 中相同。

从图 3-31(a)可看出，掺杂 Ce 原子前，围绕置换原子 Fe0，Fe1、Fe3、Fe4 和 Fe6 的电子态密度基本相同，而位于晶界上的 Fe2 和 Fe5 的电子态密度则和 Fe0 基本相同。图 3-31(b)表明，在晶界中置换入 Ce 原子后，Fe 的 4s、4p 和 3d 轨道和 Ce 的 5d 和 4f 轨道发生了相互作用。

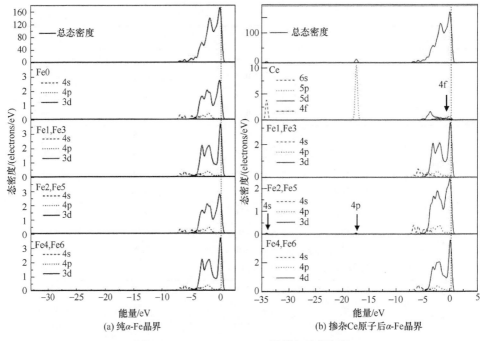

(a) 纯α-Fe晶界　　　　　　　　(b) 掺杂Ce原子后α-Fe晶界

图 3-31　α-Fe Σ3[110](112)晶界电子态密度

在–16～–17eV 和–33～–34eV 范围内，Fe2 和 Fe5 原子的 4p 和 4s 轨道分别出现微小的峰值，与 Ce 的 5p 和 6s 轨道发生了作用；在 0～–7.5eV 范围内，Fe 原子的 4s 和 4p 轨道态密度峰值也有所升高。与掺杂 Ce 前相比，Fe2 和 Fe5 原子 3d 轨道在费米能级处的峰值左边出现新的隆起，与 Ce 的 4f 轨道发生了作用，与此同时，这两个原子 3d 轨道态密度峰值在成键区的比重增加。这表明 Ce 的加入，使晶界处 Fe2 和 Fe5 原子 3d 轨道与 Ce 的 4f 和 5d 轨道相互作用加强；同时，这两个原子对体系成键态能量的贡献比重也随之增加，有利于降低晶界的总能量。

3.5.2　La 在 bcc Fe 晶界的偏聚

1. 计算方法与结构模型

采用基于 DFT 的 VASP 完成计算，计算方案与 3.5.1 节相同。利用 CSL 理论构建初始 bcc Fe 的 Σ3[110](112)对称倾转晶界模型，以[110]晶向为旋转轴，将两部分晶体旋转 109.47°拼接而成。

2. La 原子在 bcc Fe 中的占位倾向

分别计算 La 原子在 α-Fe 晶内、晶界和表面的偏聚能，所得结果见表 3-9。由表 3-9 可以看出，从表面到晶内再到晶界，La 原子在 α-Fe 中的偏聚能逐渐减小，即 La 在晶界偏聚时体系的能量最低,因此与表面和晶体内占位相比,La 原子在 α-Fe 的晶界偏聚可使结构更为稳定,La 原子趋向于偏聚在 α-Fe 晶界区。

表 3-9　La 原子在 α-Fe 中偏聚能　　　　　(单位: eV)

原子	晶界区偏聚能 ΔE_{GB}	晶内偏聚能 ΔE_{Bulk}	表面偏聚能 ΔE_S	$\Delta E_{GB} - \Delta E_S$
La	−9.766	−9.203	−3.605	−6.161

将表 3-9 所示结果代入 Rice-Wang 判据,可得 La 在晶界和自由表面的杂质形成能之差 $\Delta E_{GB} - \Delta E_S = -6.161 < 0$,这表明 La 原子的掺入也会增加晶界的理想断裂功,从而达到韧化晶界的作用。

3. La 对 bcc Fe 晶界电子结构的影响

为了进一步研究 La 对 α-Fe 晶界的作用规律,计算了掺杂 La 原子前后 α-Fe 晶界的差分电荷密度、Mulliken 布居分布和电子态密度。

图 3-32 为 α-Fe 晶界掺杂 La 原子前后(110)面的差分电荷密度分布,图中深色区域表示电子减少,浅色区域表示电子增加。

比较图 3-32(a)与(b)可以看出,在掺杂 La 前后,体系中的电荷发生了重新分配,原子之间的相互作用变化较大。掺杂 La 原子后,Fe1~Fe6 周围的电荷密度均有所减少,而 La 原子周围的电荷密度明显增加。位于晶界的 La 和 Fe2、Fe5 之间的电子云密度明显增加;与此同时,Fe2 与晶界两侧的 Fe7 和 Fe8 之间存在很强的电子云重叠区,与掺杂 La 之前相比,其电子共有化有所增强。此外,La 和 Fe5 与晶界两侧原子之间的作用也有所增加,且方向明显。这表明 La 原子加入后,与晶界上相邻原子之间的键合增强,也使晶界原子与晶界两侧的 Fe 原子发生了较强的相互作用,对偏聚区的 Fe 原子产生了显著的束缚作用,从而可以有效拉住晶界,起到强化晶界的效果。

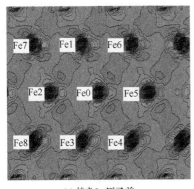
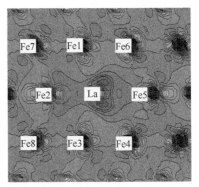

(a) 掺杂La原子前　　　　　　　　　　(b) 掺杂La原子后

图 3-32　α-Fe Σ3[110](112)晶界(110)面差分电荷密度分布

表 3-10 为 α-Fe 晶界在掺杂 La 原子前后，La 所在的(110)面上近邻各原子的 Mulliken 布居分布，从中可以看出参与成键各原子间电荷的转移。La 原子在晶界替换 Fe 原子后，失去了 7.87e 电子；与此同时，其周围的 Fe 原子由之前的失去少量电子变为得到较多电子。同样值得注意的是，由于 La 原子的加入，Fe 原子的 s 和 p 轨道上保有更多的电子。

这是由于 Fe 的外层电子组态为 $4s^2 3d^6$，为 3d 壳层未充满，而 La 的外层电子组态为 $5s^2 5p^6 5d^1 6s^2$，为 5d 壳层未充满。为使系统稳定，d 壳层应达到半充满或全充满状态，因此，La 原子的外层电子跳跃到 Fe 原子外层，使后者外层趋于充满状态。Fe 原子 3d 轨道电子增加对 s 和 p 轨道的屏蔽作用加强，使得 Fe 原子外层 s 和 p 轨道对系统成键的贡献有所减少。

表 3-10　α-Fe 晶界掺杂 La 原子前后的 Mulliken 布居分布

原子	轨道	纯 Fe 晶界 N_0	掺 La 晶界 N	$\Delta N = N - N_0$
Fe(La)	4s(6s)	0.56	0.10	−0.46
	4p(5p)	0.66	0.11	−0.55
	3d(5d)	6.70	2.92	−3.78
	电荷改变量	0.09	7.87	7.78
Fe1	4s	0.56	0.84	0.28
	4p	0.65	0.79	0.14
	3d	6.69	6.77	0.08
	电荷改变量	0.10	−0.41	−0.51
Fe2	4s	0.56	0.77	0.21
	4p	0.66	0.84	0.18
	3d	6.70	6.74	0.04
	电荷改变量	0.08	−0.35	−0.43
Fe3	4s	0.56	0.84	0.28
	4p	0.65	0.79	0.14
	3d	6.68	6.77	0.09
	电荷改变量	0.12	−0.40	−0.52
Fe4	4s	0.56	0.69	0.13
	4p	0.65	0.79	0.14
	3d	6.69	6.72	0.03
	电荷改变量	0.10	−0.19	−0.29
Fe5	4s	0.56	0.77	0.21
	4p	0.65	0.86	0.21
	3d	6.70	6.74	0.04
	电荷改变量	0.09	−0.36	−0.45

续表

原子	轨道	纯 Fe 晶界 N_0	掺 La 晶界 N	$\Delta N = N - N_0$
Fe6	4s	0.56	0.69	0.13
	4p	0.64	0.79	0.15
	3d	6.68	6.71	0.03
	电荷改变量	0.11	−0.19	−0.3

图 3-33 给出了掺杂 La 原子前后 α-Fe 的 Σ3[110](112)晶界(110)上部分原子的局域电子态密度图，图中所示原子序号与图 3-32 相同。

从图 3-33(a)可以看出，掺杂 La 原子前，围绕置换原子 Fe0，Fe1、Fe3、Fe4 和 Fe6 的电子态密度基本相同，而位于晶界上 Fe2 和 Fe5 的电子态密度则和 Fe0 基本相同。位于晶界上的 3 个 Fe 原子 4s 轨道的态密度在−7eV 位置的峰值较晶体内 Fe 原子 4s 轨道在相同位置的峰值高，前者 3d 轨道的态密度在−1.8～−2.8eV 范围内出现双峰值。图 3-33(b)表明，在晶界中置换入 La 原子后，引起 Fe 原子 4s 轨道态密度较大的波动，在−16～−17eV 范围内，Fe 原子的 4p 轨道出现微小的峰值，与 La 的 5p 轨道发生了杂化；在 0～−7.5eV 范围内，Fe 原子的 4s 和 4p 轨道态密度峰值也有所升高。这与上述差分电荷密度和 Mulliken 布居分布的分析结果是一致的。

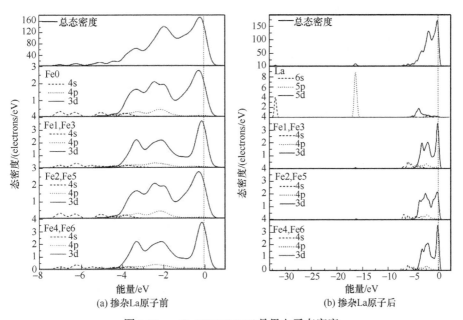

(a) 掺杂La原子前　　　　(b) 掺杂La原子后

图 3-33　α-Fe Σ3[110](112)晶界电子态密度

　　此外，在晶界上 La 原子左右两侧的 Fe2 和 Fe5 的 3d 轨道态密度于费米能级左侧的峰发生了明显的变化，峰值略有左移，在–1eV 附近出现新的峰，–2.5eV 处的态密度峰升高明显，该峰值左边的波谷内也出现了新的波峰。这表明，La 的加入使晶界处 Fe2 和 Fe5 原子 3d 轨道与 La 的 5d 轨道杂化加强。同时，由于峰值的左移和增加，这两个原子对体系成键态能量的贡献比重也随之增加，有利于降低晶界的总能量。

　　Jiang 和 Song[27]等利用场发射透射电子显微镜研究了稀土原子在 Fe 晶界处的偏聚行为，如图 3-34 所示。

　　可以看出，在加入稀土 Ce 的 1Cr-0.5Mo 低合金钢中，当在 900℃与 1000℃两个实验温度进行加热时，Ce 元素均表现出向晶界偏聚的行为，晶界处稀土元素含量远大于所测得的固溶浓度，表明稀土原子趋向于占据晶界位置，这与以上 DFT 的计算结果相符。

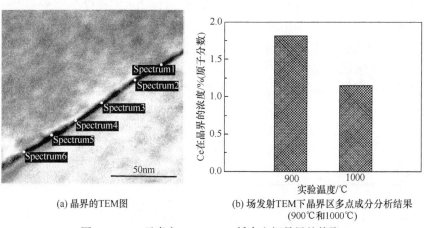

(a) 晶界的TEM图　　　　　　(b) 场发射TEM下晶界区多点成分分析结果
　　　　　　　　　　　　　　　　　　（900℃和1000℃）

图 3-34　Ce 元素在 1Cr-0.5Mo 低合金钢晶界的偏聚

　　在含铌微合金钢中，由于稀土原子和 Nb 原子的直径比 Fe 原子的直径大很多，若稀土原子置换 Fe 原子占据晶内，将会在 α-Fe 晶格附近引起较大的晶格畸变。由于晶界处原子排列不规则或有缺陷存在，稀土原子占位引起的畸变比晶内小，稀土原子一般倾向于偏聚在晶界、相界等缺陷处。

　　稀土原子在晶界处的偏聚必然会与其他原子发生相互作用。一方面，稀土原子优先占据偏聚位置，降低了系统的能量，从而将减弱硫、磷、砷、锡、锑、铋、铅等元素在晶界的偏聚，抑制这些杂质元素在晶界的偏析，从而降低材料晶界脆性断裂的倾向。另一方面，稀土原子在晶界处的优先偏聚会增加其他元素的扩散激活能，降低 Nb、C 元素在晶界处的偏聚，从而减缓其偏聚速率，影响碳氮化物的形态、大小、分布、数量。此外，稀土原子在晶界处浓度较高，会进一步降低 Nb、C 的活度，减少碳化物在晶界、位错等缺陷处的形核，从而影响铌碳化物的溶解与析出。

下面将通过内耗谱实验进一步探究稀土元素在 Fe 基稀溶液固溶体中的存在形态。

3.5.3 稀土元素在 bcc Fe 晶界偏聚的内耗谱特征

合金的内耗检测可表征动态升温或降温过程中固体内部微观结构的变化过程。Ibarra 等[28]、方前锋等[29]、于宁等[30]、Ghilarducci 等[31]的研究表明，原子存在于晶界、位错等缺陷处，或与基体元素原子作用，或与其他微量元素原子相互作用形成第二相沉淀，或发生其他固态反应，都将会导致内耗谱峰的改变，由此可从原子层面揭示铁基合金内耗峰的变化机理。力学谱研究表明，稀土元素加入后 Fe 基体会出现固溶峰(solid solution peak, SS)，这证明稀土原子可固溶于钢中。由于晶界处存在原子排列较疏松的区域，稀土原子一般在晶界偏聚。此外，在 Fe 中加入不同含量的稀土元素后，内耗峰显示[32]，随着稀土元素含量增加，Snoek 峰呈降低趋势，并且发生分叉现象；同时峰温明显升高，峰宽变宽。本节将采用内耗检测手段，以纯铁为基体，尽量避免其他合金元素的干扰，通过检测不同稀土含量的 Fe-RE 合金在升温与降温等动态过程中内耗峰的变化规律，分析稀土原子的占位倾向与偏聚行为。

实验用 Fe-RE 合金在 5kg 真空感应炉中熔炼而成，腔体抽真空至 10^{-3}Pa 后压入纯稀土与纯铁，炼制不同稀土元素含量的系列 Fe-RE 合金，并进行去氧等终处理。Fe-RE 合金的化学成分(质量分数)为：<0.002%C，0.002%Si，0.048%Mn，0.002%P，0.002%S，镧铈混合稀土含量为 0.0074%～0.0135%。同时，炼制未添加稀土元素高纯铁用于比较性实验。

从稀土含量为 0%、0.0084%、0.0135%的铸锭上切取 5mm × 5mm × 50mm 的试样，经退火处理，在 980～850℃经多道次轧制至 1.2mm，经去氧化皮与表面磨平处理，加工为 70mm × 2mm × 1mm 的试样，经真空炉进行去应力退火后，在多功能内耗仪上进行内耗测量，以上试样依次命名为 1#、2#、3#合金。

把内耗(Q^{-1})定义为与温度有关的函数，则 Q^{-1}-T 曲线中出现的峰称为温度内耗峰。1#合金在不同频率下(0.5Hz、1Hz、2Hz、4Hz)的升温与降温 Q^{-1}-T 曲线如图 3-35 所示。由图 3-35(a)可以看出，在升温曲线上，只在 540℃(1Hz)附近出现一个峰值为 0.03841 的 PM(pure metal)峰。随着频率增加，该峰的峰温逐渐向高温移动，而峰值表现为降低的趋势。图 3-35(b)为 1#合金的降温内耗曲线，可以看出，在降温过程中也出现一个内耗峰。

由图 3-35 可知，当频率为 2Hz 时，升温和降温内耗曲线中，PM 峰的峰温与峰值相近，应为同性质的峰，且在升温与降温过程中均出现该峰，表明该峰是稳定的。此试样为高纯铁，因此排除其他杂质元素对内耗峰的影响，结合铁基内耗峰规律，可判定 1#合金的 Q^{-1}-T 曲线出现的峰为纯铁固有的晶界内耗峰。

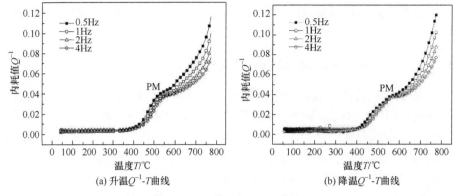

(a) 升温 Q^{-1}-T 曲线　　　　　　　　(b) 降温 Q^{-1}-T 曲线

图 3-35　1#合金的 Q^{-1}-T 曲线

对 1#合金而言，纯铁的 $0.3T_m \sim 0.5T_m$ 温度范围为 461~769℃，而 PM 峰的峰温分别为 524.7℃、538.4℃、551.5℃、569.5℃。由此可判定，PM 峰是由晶界的黏滞性行为或跨过晶界的应力弛豫行为引起的。

根据内耗峰的物理本质，该峰应为热激活弛豫峰，弛豫激活能是研究内耗峰的重要依据，弛豫时间、跳动频率、温度、弛豫激活能之间存在一定关系，根据式(3-38)可计算晶界弛豫激活能 H：

$$H = \frac{R}{\dfrac{1}{T_1} - \dfrac{1}{T_2}} \ln \frac{f_2}{f_1} \tag{3-38}$$

式中，R 为摩尔气体常数，R=8.314J/(mol·K)；f_1、f_2 为测量频率；T_1、T_2 为 f_1、f_2 两种频率对应的峰温。计算可得，1#合金 PM 峰的晶界弛豫激活能为 34855.9cal[①]/mol= 1.5eV，这与以往实验测得的纯铁 PM 峰数值接近[33]。

2#合金的升温与降温 Q^{-1}-T 曲线如图 3-36 所示。图 3-36(a)表明，2#合金的升温 Q^{-1}-T 曲线上，在 543.5℃出现 P_1 峰，此外，在 714℃附近出现了 P_2 峰。可以看出，随频率增加 P_1 峰的峰温升高，峰值减小，表明该峰为热激活弛豫峰。然而，P_2 峰的峰温随频率增加并未发生变化，保持在 714℃，但峰值随频率的增加而减小，说明该峰并非热激活弛豫峰。对图 3-36(b)中的降温 Q^{-1}-T 曲线而言，其降温过程出现一个峰，该峰的峰温为 730℃，与 P_2 峰同属一个温度区间，两峰性质相同，由相变内耗峰原理可知，P_2 峰为相变峰[34]。

采用 L78 型淬火膨胀仪测得实验合金的相变临界点分别为 A_{c1}742℃，A_{c3}878℃，M_s500℃。由于实验合金的相变开始温度为 720℃，与 P_2 峰的峰温较为相近，证明 P_2 峰为相变峰。此外，由 Fe-RE 相图可知，在 La 含量高于 95%时，

---

① 1cal=4.1868J。

温度达到 785℃时才可发生相变，显然此相变峰不是 La 的作用引起的。此外，在 922℃且 Ce 含量为 23%时，Fe 与 Ce 生成稳定的化合物 $Fe_{17}Ce_2$，显然实验合金也不满足该条件，因此 2#合金的相变峰也并非 Ce 的作用，而是由于 Fe-RE 合金中 Ce 浓度局部富集，造成升温过程中发生固-液转变而形成。

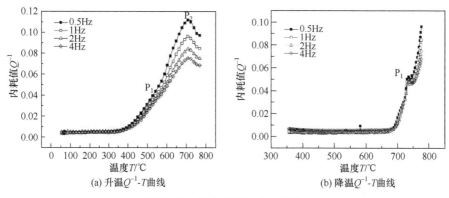

图 3-36　2#合金的 Q^{-1}-T 曲线

对比 1#合金与 2#合金可以看出，当频率为 2Hz 时，PM 峰所对应的峰温与峰值分别为 551.5℃和 0.03819，P_1 峰所对应的峰温与峰值分别为 543.5℃和 0.03602，两者的峰温较为相近，表明这两种峰性质相同，同属于晶界峰；然而，P_1 峰的峰值比 PM 峰略小，利用式(3-37)可求得，P_1 峰的晶界弛豫激活能为 2.07eV，而 PM 峰的晶界弛豫激活能为 1.5eV，P_1 峰形状不明显，拐点接近于消失。相比 1#合金，2#合金中添加了 0.0084%的稀土，P_1 峰与 PM 峰的差别可归因于稀土元素在 Fe 晶界的固溶，即稀土元素加入后，晶界弛豫激活能升高，表明晶界得到强化。

为进一步研究稀土元素在纯铁中的存在状态，对更高稀土含量的 3#合金的 Q^{-1}-T 曲线进行分析，如图 3-37 所示。

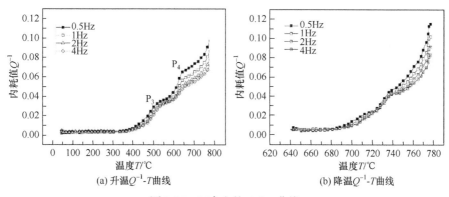

图 3-37　3#合金的 Q^{-1}-T 曲线

　　图 3-37(a)显示，Q^{-1}-T 的升温曲线上出现两个峰，分别命名为 P_3 峰及 P_4 峰，与 1#合金的 PM 峰及 2#合金中的 P_1 峰与 P_2 峰存在差别。随着频率增加，P_3 峰与 P_4 峰所对应的峰值减小，峰温升高，弛豫激活能为 5.1eV，说明此峰为热激活弛豫峰。图 3-37(b)表明，在降温过程中也出现一个峰，随着频率增加，峰温与峰值不变，峰温为 736.2℃，与 2#试样中的内耗峰相对应，属同性质的峰。

　　当频率为 2Hz 时，1#合金中 PM 峰所对应的峰温与峰值分别为 551.5℃和0.03819，晶界弛豫激活能为 1.5eV；2#合金中 P_1 峰所对应的峰温与峰值分别为543.5℃和0.03602，晶界弛豫激活能为 2.07eV；3#合金中 P_3 峰所对应的峰温与峰值分别为 522.9℃和0.03145，弛豫激活能为 1.8eV，P_4 峰所对应的峰温与峰值分别为 633.5℃和 0.058，弛豫激活能为 5.1eV。对比可知，P_3 峰的峰值、峰温及弛豫激活能比 PM 峰与 P_1 峰要小。根据葛庭燧关于晶界的固体内耗理论[35]，把完全不含杂质的晶界内耗峰称为纯净晶界峰(也称溶剂峰或 PM 峰)，把含有固溶态杂质的晶界峰称为固溶晶界峰(或称溶质峰或 SS 峰)。结合铁基合金内耗谱的变化规律，分析 P_3 峰、P_4 峰、P_1 峰、PM 峰的变化关系，可判定 P_3 峰为固溶晶界峰，而 P_4 峰则为第二相沉淀晶界峰。根据前文 Fe-Ce 稳定析出相的计算结果，P_4 峰出现在 633.5℃，该峰应为晶界处偏聚的 Ce 与 Fe 形成的稳定化合物 $Fe_{17}Ce_2$ 引起，即3#合金中稀土元素将以固溶态与第二相析出的形式存在于晶界处。

图 3-38　无序原子群模型图

　　根据图 3-38 所示的模型，晶界存在局域无序的原子群，且其包含的原子数通常少于基体正常晶体中的原子数。

　　当异类元素及合金元素原子较少，不足以形成化合物时，将以固溶态存在于空位、位错、晶界、间隙等缺陷处，含有固溶微合金原子的弛豫过程将会引起力学谱的变化，产生新的内耗峰。

　　对含少量稀土元素的铁基体而言，由于稀土原子半径远大于铁原子半径，稀土原子将易于偏聚在晶界，进入无序原子群及正常晶体结构。若在加热过程中形成替代式固溶体，则会影响晶界处无序原子群的晶界弛豫过程，使基体内耗产生变化，固溶产生的弛豫激活能与溶质原子在基体中扩散的激活能相近。若稀土含量继续增加，晶界将偏聚较多稀土原子，这些原子将与基体铁原子形成化合物，以第二相形式存在于晶界。第二相的形成使晶界弛豫时间变短，峰温降低，即为 P_4 峰所示情况。根据无序原子群模型，第二相在晶界的存在易造成应力集中，使晶界滑动时的阻力减小，晶界弛豫强度降低；此外，晶界迁移的过程中若遇到沉淀颗粒就会受到颗粒的阻碍，此作用与相邻晶界三叉节点的作用相似，相当于沉淀颗粒将晶界分成若干段，使晶界滑移距离缩短。根据晶界弛豫理论，晶界弛豫时间 τ 将缩短，Q^{-1} 也降低，且内耗峰会向低温移动，合金内耗曲线中的 P_1 峰会接近于消失，P_4 峰的形成可归因于稀土原子在晶界处形成析出相引起。

综上所述，因稀土原子半径较大，故其主要偏聚在晶界、相界等缺陷处。若稀土原子占据晶界位置，在应力作用下，纯铁的 PM 峰受到抑制，弛豫时间增加，峰值增大，峰位置向高温移动，同时弛豫激活能增大，形成稀土原子在铁基体的固溶晶界峰，稀土原子的固溶将成为影响晶界弛豫的关键因素；随着稀土含量增加，稀土原子继续向晶界偏聚，则固溶在晶界处的稀土原子也不断增加，当达到固溶度极限时，稀土原子会与其他合金元素原子反应形成化合物，并以第二相析出的形式存在于晶界处[36]。

3.6　稀土元素偏聚对晶界的拖曳作用

溶质原子都会在界面建立"溶质原子气氛"或偏析，界面迁移时需要带着溶质气氛一起迁移或摆脱这些气氛自己迁移。当界面迁移速率不大时，界面对溶质原子的作用力可以牵着溶质原子扩散来随界面移动；如果界面迁移速率很大，界面对溶质原子的作用力不足以使溶质原子有这么大的扩散速度来跟上界面的迁移，界面就会摆脱溶质原子气氛自己向前迁移。

Nb 微合金钢轧制的最终目的是得到更细更均匀的晶粒。在轧制的均热区可以利用偏聚在晶界的 Nb 的溶质拖曳作用减缓奥氏体的晶界迁移，得到较小的奥氏体晶粒，为随后的未再结晶区的轧制得到更细小的变形组织打下基础；在再结晶区也可以利用溶质拖曳和细小的 Nb 析出相来共同阻碍晶界迁移。

在本节中，通过实验和理论计算相结合，对高温均热区的元素偏聚对晶界迁移的影响进行研究。通过实验得到均热区元素偏聚影响下的晶粒长大动力学，结合经典的晶粒长大模型和由第一性原理对偏聚原子与晶界结合能的计算结果，进一步定性分析元素偏聚对晶界迁移的影响。

3.6.1　保温均热过程的晶界迁移规律

本节采用两种成分的实验钢进行晶界迁移实验，合金成分见表 3-11。1#实验钢含有微量 Nb，2#实验钢在 1#实验钢基础上加入 La、Ce 混合稀土。

表 3-11　实验用钢成分表(质量分数)　　　　　　(单位：%)

实验钢	C	Si	Mn	P	S	Nb	RE
1#	0.089	0.189	1.37	0.014	0.005	0.031	
2#	0.089	0.196	1.43	0.008	0.005	0.031	0.001

采用Thermo-Calc热力学软件计算1#实验钢在不同温度下的相组成,如图3-39(a)所示。图中,fcc A1#1 为奥氏体,fcc A1#2 为 Nb 析出物,bcc A2 为铁素体。

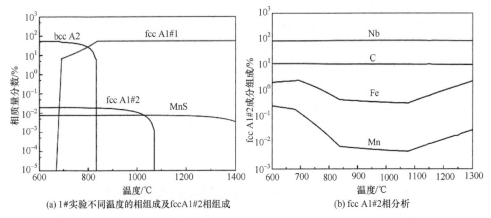

(a) 1#实验不同温度的相组成及fccA1#2相组成　　　　　(b) fcc A1#2 相分析

图 3-39　1#实验钢不同温度的相组成、fccA1#2 相组成及 fcc A1#2 相分析

由图 3-39 可以看出,虽然 Nb 析出相在 1040℃开始析出,但是析出量的最大值为 0.00038%,是微乎其微的,所以平衡状态下 Nb 元素固溶在基体中或偏聚在晶界上,但是并没有析出,在降低至 845℃时奥氏体开始向铁素体转变,在 682℃时奥氏体转变结束。

从 1#和 2#实验钢上取样,在真空管管式炉氩气保护下 1200℃保温 5min 之后,继续分别保温 0s、10s、100s 和 1000s,之后放入冰盐水中急冷。将热处理后的试样打磨抛光后,采用苦味酸加缓蚀剂浸蚀得到试样在高温下的原奥氏体晶界,然后在金相显微镜下观察。图 3-40 为 1#和 2#实验钢在 1200℃保温不同时间的原奥氏体晶界。

从图 3-40 中可以看出,在保温初期,基体中存在尺寸和形状不规则的奥氏体晶粒,随着保温时间的延长,小尺寸晶粒不断减少,尺寸规则的大尺寸晶粒不断增多。

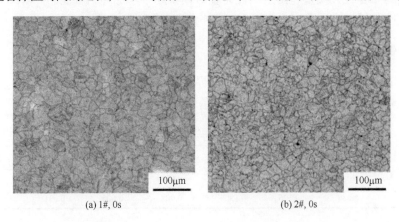

(a) 1#, 0s　　　　　　　　　　　　　　(b) 2#, 0s

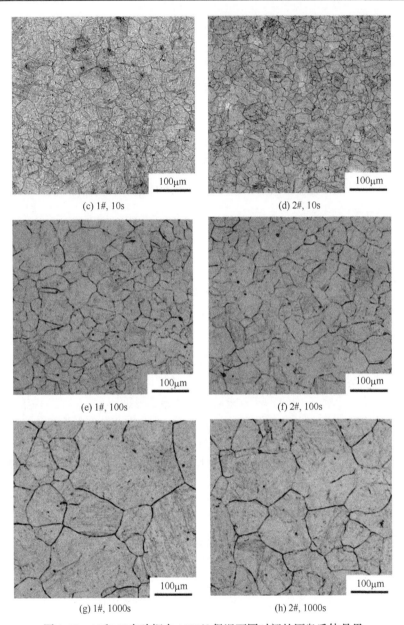

(c) 1#, 10s

(d) 2#, 10s

(e) 1#, 100s

(f) 2#, 100s

(g) 1#, 1000s

(h) 2#, 1000s

图 3-40　1#和 2#实验钢在 1200℃保温不同时间的原奥氏体晶界

采用 Image J 软件对多个视场下 1#和 2#实验钢的晶粒尺寸进行统计，得到晶粒尺寸随保温时间的变化规律，如图 3-41 所示。

可以看出，原始奥氏体晶粒尺寸随着保温时间的延长单调增大。在保温初期晶粒尺寸较为接近，分别为 67μm 和 64μm，对于不含 La 的 1#实验钢，在 100s 时的晶粒尺寸为 121μm，保温 1000s 后，晶粒尺寸增长为 217μm。对于含 La 的

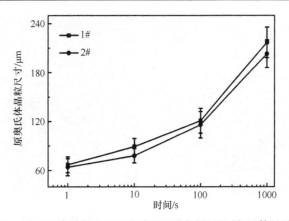

图 3-41　1#和 2#实验钢在 1200℃保温不同时间的原奥氏体晶粒尺寸

2#实验钢，在 100s 时的晶粒尺寸为 116μm，保温 1000s 后，晶粒尺寸达到 203μm。总体上，晶粒尺寸在保温初期长大较慢，之后进入加速增长期。

3.6.2　稀土元素对实验钢晶粒尺寸演变的影响

奥氏体晶粒在高温下的长大行为是一种基于热激活条件，受到扩散和界面反应主导的物理冶金过程。材料的加热温度和保温时长对晶粒长大影响的实质，是能量输入对晶界区域原子跨越界面实现迁移的扩散行为的影响。在奥氏体晶粒刚形成时，晶粒细小且不均匀，界面能量很高，导致界面不稳定。在一定的条件下，必然自发地向降界面能的方向发展，小晶粒通过晶界迁移、合并等方式生成大晶粒，而弯曲晶界变成平直晶界是一种自发的过程。

在保温过程中，晶界迁移的驱动力来源于界面的曲率。弯曲界面在界面曲率为正的一侧压力大于曲率为负的一侧，结果晶界向着曲率为正的曲率中心方向移动。晶界所受压力可由式(3-39)[37]表示：

$$P = \left(\frac{1}{r_1} + \frac{1}{r_2} \right) \gamma \tag{3-39}$$

式中，r_1 和 r_2 分别是主曲率半径。

根据 Cahn 的经典溶质拖曳理论，晶界迁移速率 v 正比于净驱动力 F_{net}[38]：

$$v = M_{GB} F_{net} \tag{3-40}$$

式中，M_{GB} 为晶界迁移性，是晶界迁移速率和驱动力之间的比例常数。基体中固溶其他合金元素后，会对晶界迁移性产生显著影响。在该实验中，晶界所受的压力即为净驱动力。

考虑到溶质原子的浓度以及引起的溶质拖曳作用，M_{GB} 可用式(3-41)来计算：

$$\frac{1}{M_{\text{GB}}} = \frac{1}{M_0} + \lambda C_{\text{S}} \frac{1}{1 + \omega^2 V^2} \tag{3-41}$$

式中，$M_0 = \alpha D_{\text{Fe}}^{\text{I}} V_{\text{m}} \delta / (b^2 RT)$ 为不存在溶质时纯 Fe 晶界的本征迁移性（D_{Fe}^{I} 为 Fe 原子沿晶界扩散系数；V_{m} 为摩尔体积；δ 为晶界宽度；b 为伯格斯矢量；R 为摩尔气体常数；T 为热力学温度；α 为与合金纯净度相关的迁移率因子，对钢铁来说，通常其取值为 0.1~0.7）；式中第二项描述了溶质拖曳对晶界迁移性的影响，它与固溶原子浓度 C_{S} 和晶界迁移速率 V 有关；λ 和 ω 分别为固溶原子对界面拖曳的相关作用参数。溶质拖曳模型中假定溶质原子聚集在楔形界面，参数 λ 和 ω 的表达式分别为

$$\lambda = 4 N_V RT \int_{-\infty}^{\infty} \sinh[E_{\text{b}} / (2RT)] / D^{\text{I}} \mathrm{d}x \tag{3-42}$$

$$\omega = \left[N_V \int_{-\infty}^{\infty} (\mathrm{d}E_{\text{b}} / \mathrm{d}x)^2 D^{\text{I}} \mathrm{d}x / (\lambda RT) \right]^{-\frac{1}{2}} \tag{3-43}$$

式中，N_V 为单位体积溶质原子的数量；E_{b} 为一个溶质原子与界面的结合能；D^{I} 为溶质穿越晶界的扩散系数。

　　Nb 合金钢长大过程中界面移动的驱动力是较小的，通常在兆帕量级，在这样相对较低的驱动力条件下，晶界迁移性与溶质浓度的关系可以简化为

$$M_{\text{GB}} = \left(\frac{1}{M_{\text{GB0}}} + \lambda X_{\text{imp}} \right)^{-1} \tag{3-44}$$

式中，

$$\lambda = \frac{N_V (kT)^2 \delta}{E_{\text{b}} D_{\text{imp}}^{\text{Tran}}} \left(\sinh \frac{E_{\text{b}}}{kT} - \frac{E_{\text{b}}}{kT} \right) \tag{3-45}$$

　　由原子与 Fe 晶界的结合能 E_{b}，可以推断出平衡状态下稀土元素在 Fe 晶界的偏聚浓度 C_{GB}：

$$\frac{C_{\text{GB}}}{1 - C_{\text{GB}}} = C_{\text{Bulk}} \exp \left(-\frac{E_{\text{GB}}}{kT} \right) \tag{3-46}$$

式中，C_{Bulk} 为基体中元素的浓度。

　　图 3-42 为 Fe、Nb、La 各元素晶界偏聚条件下晶界迁移性随温度的变化。计算所需参数见表 3-12。从图 3-42 可以看出，随着温度的升高，晶界迁移性也不断升高。Nb、La 在晶界的偏聚使得晶界迁移性有所降低，使得各温度下的晶界迁移率均低于纯铁状态的晶界迁移，抑制晶界迁移。这表明，Nb 和 La 的加入，增大了该溶质对晶界运动的拖曳作用。

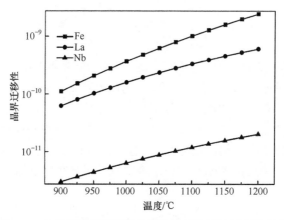

图 3-42　各元素晶界偏聚条件下晶界迁移性随温度的变化

表 3-12　晶界迁移模型所用的参数

参数	数值
伯格斯矢量 b/m	2.5×10^{-10}[38]
晶界宽度 δ/m	1×10^{-9}[38]
Turnball 参数 β	0.5[39]
玻尔兹曼常数 k_B/(J/K)	$1.3806505 \times 10^{-23}$
奥氏体摩尔体积 V_m/(m³/mol)	0.734966×10^{-5}[40]
Fe 在 fcc Fe 中的扩散系数 D/(m²/s)	$2.14 \times 10^{-4} \exp[-158840/(RT)]$[40]
La 在 fcc Fe 中的扩散系数 D/(m²/s)	$8.5 \times 10^{-4} \exp[-0.672 \times 10^{-19}/(RT)]$[41]
Nb 在 fcc Fe 中的扩散系数 D/(m²/s)	$3.66 \times 10^{-10} \exp[-47551/(RT)]$[40]

　　通过以上描述，可以计算得出实时的晶界迁移速率，通过对时间积分，得到晶粒尺寸的演化趋势。计算中的初始晶粒尺寸取 1#和 2#实验钢的平均值。

　　图 3-43 为模拟 Nb、La 单独偏聚条件下奥氏体晶粒尺寸以及纯铁晶粒尺寸与实际实验得到的奥氏体晶粒尺寸的对比。可以看到，在模拟偏聚条件下，奥氏体晶粒尺寸的演变与实际实验值的长大趋势相同，但是到了后期，晶粒尺寸较大。在本实验用钢的成分下，La 的溶质拖曳效果要弱于 Nb 元素。但是因为模拟的条件属理想条件，且忽略了 Nb、La 与其他元素间的作用以及两者的相互作用，所以模拟值与实际值仍有差距。

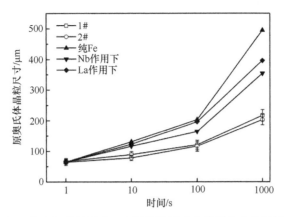

图 3-43 1#和 2#实验钢晶粒尺寸、本征晶粒尺寸和模拟掺杂晶粒尺寸演变曲线

参 考 文 献

[1] 颜莹. 固体材料界面基础[M]. 沈阳: 东北大学出版社, 2008.

[2] Guttmann M. Interfacial segregation and temper embrittlement[J]. Encyclopedia of Materials: Science and Technology (Second Edition), 2001: 1-8.

[3] Maruyama N, Smith G D W, Cerezo A. Interaction of the solute niobium or molybdenum with grain boundaries in α-iron[J]. Materials Science and Engineering: A, 2003, 353(1-2): 126-132.

[4] 余永宁. 材料科学基础[M]. 北京: 高等教育出版社, 2006.

[5] 宋余九. 金属的晶界与强度[M]. 西安: 西安交通大学出版社, 1988.

[6] Boettger J C. Nonconvergence of surface energies obtained from thin-film calculations[J]. Physical Review B, 1994, 49(23): 16798-16800.

[7] Messmer R P, Briant C L. The role of chemical bonding in grain boundary embrittlement[J]. Acta Metallurgica, 1982, 30(2): 457-467.

[8] Crampin S, Vvedensky D D, MacLaren J M, et al. Electronic structure near (210) tilt boundaries in nickel[J]. Physical Review B, 1989, 40(5): 3413-3416.

[9] Rice J R, Wang J S. Embrittlement of interfaces by solute segregation[J]. Materials Science and Engineering: A, 1989, 107A: 23-40.

[10] Wu R, Freeman A J, Olson G B. First principles determination of the effects of phosphorus and boron on iron grain boundary cohesion[J]. Science, 1994, 265(5170): 376-380.

[11] Yamaguchi M. First-principles study on the grain boundary embrittlement of metals by solute segregation: Part I. iron(Fe)-solute(B, C, P, and S) systems[J]. Metallurgical and Materials Transactions A, 2011, 42: 319-329.

[12] Jokl M L, Vitek V, McMahon C J Jr. A microscopic theory of brittle fracture in deformable solids: a relation between ideal work to fracture and plastic work[J]. Acta Metallurgica, 1980, 28(11): 1479-1488.

[13] Rose J H, Ferrante J, Smith J R. Universal binding energy curves for metals and bimetallic interfaces[J]. Physical Review Letters, 1981, 47(9): 675.

[14] Yang R, Huang R Z, Wang Y M, et al. The effect of 3d alloying elements on grain boundary

cohesion in γ-iron: A first principles study on interface embrittlement due to the segregation[J]. Journal of physics: Condensed Matter, 2003, 15(49): 8339.

[15] Boukhvalov D W, Gornostyrev Y N, Katsnelson M I, et al. Magnetism and local distortions near carbon impurity in gamma-iron[J]. Physical Review Letters, 2007, 99(24): 247205.

[16] Jin H, Elfimov I, Militzer M. Study of the interaction of solutes with $\Sigma5$ (013) tilt grain boundaries in iron using density-functional theory[J]. Journal of Applied Physics, 2014, 115(9): 450-426.

[17] 谢希德, 陆栋. 固体能带理论[M]. 上海: 复旦大学出版社, 1998.

[18] Liu W G, Han H, Ren C L, et al. First-principles study of intergranular embrittlement induced by Te in the Ni $\Sigma5$ grain boundary[J]. Computational Materials Science, 2014, 88(88): 22-27.

[19] 尚家香, 赵栋梁, 王崇愚. 合金化元素 Nb 在铁γ相中的占位倾向及对晶界的影响[J]. 中国科学 E 辑, 2003, 33(1): 19-24.

[20] 尚家香, 赵栋梁, 王崇愚. Ti 在 bcc Fe 晶界中的作用[J]. 金属学报, 2001, 37(8): 893-896.

[21] Jang J H, Lee C H, Heo Y U, et al. Stability of (Ti, M)C(M=Nb, V, Mo and W) carbide in steels using first-principles calculations[J]. Acta Materialia, 2012, 60(1): 208-217.

[22] 杜梃, 韩其勇, 王常珍. 稀土碱土等多元素的物理化学及在材料中的应用[M]. 北京: 科学出版社, 1995.

[23] 吕伟, 刘和, 徐祖耀. 稀土在低碳钢等温相变组织中的偏聚[J]. 钢铁, 1994, 29(4): 43-44, 33.

[24] Song S H, Sun H J, Wang M. Effect of rare earth cerium on brittleness of simulated welding heat-affected zones in a reactor pressure vessel steel[J]. Journal of Rare Earths, 2015, 33(11): 1204-1211.

[25] Chen L, Ma X, Jin M, et al. Beneficial effect of microalloyed rare earth on S segregation in high-purity duplex stainless steel[J]. Metallurgical and Materials Transactions A, 2016, 47(1): 33-38.

[26] 陈岁元, 刘常升. 稀土 Ce 原子对纯 Fe 作用的穆斯堡尔谱研究[J]. 原子与分子物理学报, 1998, (3): 72-78.

[27] Jiang X, Song S H. Enhanced hot ductility of a Cr-Mo low alloy steel by rare earth cerium[J]. Materials Science and Engineering: A, 2014, 613(34): 171-177.

[28] Ibarra A, Rodriguez P P, Recarte V, et al. Internal friction behaviour during martensitic transformation in shape memory alloys processed by powder metallurgy[J]. Materials Science and Engineering : A, 2004, 370(1): 492-496.

[29] 方前锋, 王先平, 吴学邦, 等. 内耗与力学谱基本原理及其应用[J]. 物理, 2011, 40(12): 786-793.

[30] 于宁, 王登京, 戢景文, 等. BNb 与 BNbRE 钢轨踏面区的内耗[J]. 稀土, 2003, 24(5): 43-46.

[31] Ghilarducci A, Vertanessian A, Feugeas J, et al. Internal friction in pure iron nitrogenated by different methods[J]. Journal of Alloys and Compounds, 1994, 211: 50-53.

[32] 米云平, 李文彬, 杨国平, 等. 稀土元素 La 对 Al 的晶界内耗峰的影响[C]//内耗与超声衰减——第二次全国固体内耗与超声衰减学术会议, 合肥, 1988.

[33] 戢景文, 赖祖涵, 吴玉琴, 等. 稀土对工业纯铁中温内耗的影响[J]. 金属学报, 1991, 27(6):

14-20.

[34] 吴杰, 韩福生, 崔洪芝, 等. Fe-Al 合金内耗特征研究进展[J]. 材料导报, 2009, 23(13): 11-14.

[35] 葛庭燧. 固体内耗理论基础——晶界弛豫与晶界结构[M]. 北京: 科学出版社, 2000.

[36] 王海燕, 高雪云, 任慧平, 等. 稀土元素 La 在 α-Fe 中占位倾向及对晶界影响的第一性原理研究[J]. 物理学报, 2014, 63(14): 148101.

[37] Lee S B, Jung J, Yoo S J, et al. Effects of coherency strain on structure and migration of a coherent grain boundary in Cu[J]. Materials Characterization, 2019, 151: 436-444.

[38] 付立铭, 单爱党, 王巍. 低碳 Nb 微合金钢中 Nb 溶质拖曳和析出相 NbC 钉扎对再结晶晶粒长大的影响[J]. 金属学报, 2010, 46(7): 832-837.

[39] Sinclair C W, Hutchinson C R, Bréchet Y. The effect of Nb on the recrystallization and grain growth of ultra-high-purity α-Fe: A combinatorial approach[J]. Metallurgical and Materials Transactions A, 2007, 38(4): 821-830.

[40] 雍岐龙. 钢铁材料中的第二相[M]. 北京: 冶金工业出版社, 2006.

[41] Wang H Y, Gao X Y, Ren H P, et al. Diffusion coefficients of rare earth elements in fcc Fe: A first-principles study[J]. Journal of Physics and Chemistry of Solids, 2017, 112: 153-157.

第4章 稀土元素与铌元素在铁基体的扩散行为

4.1 引　言

在过饱和固溶体的分解过程中，第二相颗粒的形成和长大主要由溶质原子的扩散过程主导。一般情况下，在建立析出动力学模型过程中，可以引用已有的扩散系数，并根据情况进行一定修正。对于扩散机制主导的 NbC 析出行为，由于 C 在钢中的扩散系数远大于 Nb，可认为 NbC 的析出主要由 Nb 原子的扩散决定。同时，合金中 Nb 原子的数量远低于 C 原子的数量。因此，在探究 NbC 在 α-Fe 中的析出过程时，需要首先确定 Nb 原子在基体的扩散系数。对于 Nb 原子在铁素体中的扩散系数，已有较多研究者[1-3]进行了广泛的理论与实验研究。然而，稀土元素影响下 Nb 原子在钢中扩散系数的研究目前还尚未见报道。

稀土原子在钢中固溶，可起到延缓再结晶进程、改变相变温度、细化晶粒等作用。钢中稀土元素固溶量很小，对于临界点的降低不多，因此对于上述影响，宜考虑稀土元素阻碍原子扩散是主要因素。前述的研究表明，加入稀土元素对钢相变动力学产生了影响，可归因于稀土元素影响了 Fe、C 及 Nb 等合金原子的扩散，从而影响过冷奥氏体的稳定性。然而，由于钢中稀土元素与合金元素交互作用规律的复杂性，目前尚未有关于稀土元素对钢中 C 原子及其他合金原子扩散行为的系统报道。固溶稀土元素对钢中碳及合金原子迁移扩散过程的影响机理还缺乏系统的研究，有必要探索这种现象，并明确其合金化机理。

对钢中 NbC 析出动力学的研究表明，稀土元素能够延缓 NbC 在奥氏体中的析出。这是由于稀土元素添加后对 Nb 和 C 元素的固溶度和扩散行为产生了影响。研究表明[4,5]，合金元素之间的相互作用会影响其固溶度和化学势，也会对合金元素的分布和扩散行为产生影响。在讨论稀土元素与 Nb、C 合金元素交互作用之前，应首先对稀土元素在 Fe 基体中的扩散行为进行系统研究，以此为基础，进一步探究稀土元素对 NbC 析出动力学的影响机理。

4.2　扩散的理论基础

固体中发生的许多重要物理、化学过程都和扩散有关。固态时物质的输运只能靠原子或离子的迁移(扩散)完成。原子的迁移主要分为两类，第一类为化学扩散,即由于扩散物质在晶体中分布不均匀,在化学浓度梯度推动下产生的扩散。两种物质 A 和 B 结合后,若 A 与 B 能完全互溶,在 A 和 B 之间会出现 A(B)或 B(A)的固溶体,直至完全均匀,该过程的速率取决于个别原子或离子的扩散速率;若 A 与 B 之间形成新的化合物,则材料通过中间层连续扩散,称为反应扩散,过程的速率取决于反应速率。第二类为自扩散,是没有化学浓度梯度时,仅由热振动产生的扩散。除一些特殊情况外,一个成分不均匀的单相体系会趋向于变成成分均匀的体系。由热力学可知,一般情况下,这种体系同时也是平衡的体系。从不均匀体系到平衡体系是一个不可逆过程,也是体系熵增的过程。体系各处成分发生变化的过程都涉及物质的宏观输运,这些过程也是传质过程。

扩散的描述和研究大致可以归纳为两个方面[6]:宏观描述和微观描述。宏观描述是从宏观的角度按照不可逆过程热力学描述扩散流量(单位时间通过单位面积的物理量)和导致扩散流的热力学力之间的关系,这种关系是线性的,它们之间的比例系数称为唯象系数。在此基础上,根据物质守恒,还可以导出物质浓度随时间变化的微分方程。已知唯象系数,根据一定的边界条件可以解出某一瞬间的浓度场。微观描述主要是描述扩散过程的原子机制,即原子以何种方式从一个平衡位置跳到另一个平衡位置。显然,这里最重要的参数是这种原子跳动的频率。与唯象系数不同,这些参数都有明确的物理意义,而唯象系数只是一个比例系数。电子结构理论在材料微观机理的研究中具有明显的优势,本章主要从微观角度展开讨论。如果扩散机制很清楚,那么唯象系数最终可以用原子跳动频率以及有关参数来描述。

4.2.1　扩散机制

在晶体中,物质输运的基本过程是原子或离子从一个平衡位置到相邻另一个平衡位置的跳动。现在已知多种可能的跳动机制,其中最重要的有间隙机制与空位机制,下面分别讨论这些机制。

1. 间隙机制

图 4-1 为各种扩散机制的示意图。如图 4-1 中的 a 所示,在间隙位置的原子会从一个间隙位置跳到邻近另一个间隙位置上,间隙固溶体的溶质原子就是以这种机制穿过晶体点阵扩散的。对于置换式固溶体,因为间隙原子的形成能很高,并且间隙原子的平衡浓度很低,间隙机制对扩散的贡献可以忽略。但是,如果晶体处于非平衡态,例如,晶体经塑性变形或辐照后,间隙原子浓度大幅度增加,则间隙机制的贡献不可忽略。这里所说的间隙原子和间隙固溶体中的间隙溶质原子不同,间隙原子的原子半径和处于平衡位置的原子半径相当,它们很难像图 4-1 中的 a 那样从一个间隙位置挤到另一个间隙位置中,而往往是把相邻的一个原子

挤到相邻的间隙，自己进入平衡位置来完成一次移动，如图 4-1 中的 b 所示。在金属和合金中，间隙原子的中心往往并不正好处于间隙位置中心位置。例如，在低温经辐照后，间隙原子形成一种挤列结构，如图 4-1 中的 c 所示。这种挤列结构由排在一列的相邻几个原子构成，由 n 个原子挤占 $n-1$ 个原子的位置。当这一挤列向前推进很小的距离时，挤列的最后一个原子将回到平衡位置，把挤列前面一个原子纳入挤列，这相当于一个间隙原子在这个方向移动了一个原子间距。在高温时，这种间隙原子的挤列结构会转化为一种哑铃结构，即一个间隙原子迫使一个处于平衡位置的原子离位，这两个原子以原来平衡位置为中心，沿某一方向呈对称排列，形成一个哑铃形式的原子对。对于面心立方晶体，哑铃排列方向为 $\langle 100 \rangle$；对于体心立方晶体，哑铃排列方向为 $\langle 110 \rangle$。扩散时，哑铃原子对中的一个原子跳到邻近一个位置，使邻近一个原子离位，构成新的哑铃原子对，而原哑铃原子对的另一原子回复到平衡位置，这也相当于一个间隙原子跳动了一个原子间距。

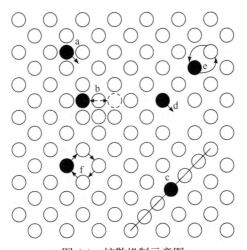

图 4-1　扩散机制示意图

a 为间隙机制；b 为间隙原子将相邻原子挤入相邻间隙位置；c 为间隙原子的挤列机制；
d 为空位机制；e 为直接换位机制；f 为回旋式换位机制

2. 空位机制

在一定温度下，金属和合金中存在一定的空位浓度。温度越高，平衡空位浓度越大，在接近熔点时，空位浓度达 $10^{-4} \sim 10^{-3}$ 位置分数。原子可以直接与空位交换位置而移动，如图 4-1 中的 d 所示，显然，空位使原子易于移动。在晶体中，除存在单空位外，还存在一些空位团，如双空位、三空位等。双空位与单空位数量的比值随温度增加而增加，故双空位对扩散的贡献也随温度增加而增加。在稀溶体中，溶质和空位通常会结合形成溶质原子-空位对，它们也对扩散有贡献。根据分子动力学计算，在高温时，原子跳动频率略有增大，先、后两次跳动之间有动力学相关作用，使空位移动可以超过一个原子距离，这种所谓空位双重跳动在高温时对扩散亦有相当的影响。

3. 换位机制

如图 4-1 中的 e 所示，两个相邻原子直接换位而达到原子迁移的效果，即为直接换位机制。在致密晶体中，因为这种直接换位过程使附近点阵产生很大的畸变，故需要很大的激活能，所以这种机制几乎不会发生。Zener 提出一种可以降低换位激活能的回旋式换位机制，即 n 个原子同时按一个方向回旋，以使原子迁移，如图 4-1 中的 f 所示，其中 $n=4$。虽然这样的换位方式可以降低换位激活能，但是需要一群原子同步移动也比较困难，所以这种机制难以发生。

4.2.2　扩散的微观理论

1. 原子跳跃与扩散系数

宏观扩散流是由大量原子无数次随机跳动组合而成的，假设原子向各个方向跳动是等概率的，则从统计角度看，从浓度高一侧跳到浓度低一侧的原子数比反向跳动时多，这就是浓度梯度引起宏观扩散流的原因。由此看出，扩散系数的大小由原子热运动的特性所决定。

设 d 为原子跳动一次的距离，考虑间距为 d 的两个平行原子面(图 4-2 中的 1 平面和 2 平面)的原子面密度(单位面积上的原子数)分别为 n_1、n_2，Γ 是单位时间内原子跳离其原来位置到邻近位置的次数，即原子迁移频率。在 Δt 时间内，从 1 平面跳到 2 平面上去的原子数目为 $\frac{1}{6}n_1\Gamma\Delta t$，而从 2 平面跳到 1 平面上去的原子数目为 $\frac{1}{6}n_2\Gamma\Delta t$。1/6 因子是考虑原子在空间 6 个指向(前、后、左、右、上、下)跳动的等概率性，即只有 1/6 的机会从 1 平面跳到 2 平面(或相反)。原子从 1 平面到 2 平面的实际扩散流量为

$$J = \frac{1}{6}(n_1 - n_2)\Gamma \tag{4-1}$$

1 平面和 2 平面的体积浓度为 $\frac{n_1}{d} = C_1$，$\frac{n_2}{d} = C_2$，则式(4-1)变为

$$J = \frac{1}{6}(C_1 - C_2)d\Gamma$$

因为 d 很短，所以 $\frac{\partial C}{\partial x} \approx \frac{C_2 - C_1}{d}$，代入上式得

$$J = -\frac{1}{6} \Gamma d^2 \frac{\partial C}{\partial x}$$

和菲克定律比较得

$$D = \frac{1}{6} d^2 \Gamma \tag{4-2}$$

导出上面的式子有两个假设：①原子跳动是随机的(事实上原子跳动并不完全随机，这将在后面的讨论中修正)；②各方向每一次跳动的距离 d 都是相同的(这只适用于立方晶系，对于非立方晶系晶体，不同方向的跳动距离和迁移频率都不相同，所以各个方向的扩散系数不同)。

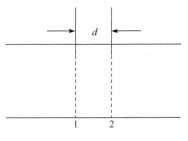

图4-2　两个间距为 d 的平行原子面

2. 随机行走与扩散距离

扩散过程中每个原子都是随机跳动的，因此可以用随机行走模型，即无规行走模型来讨论它。无规行走模型只关心自回避的无规行走，若每个原子跳动的距离为 r，跳动了 n 次(或 n 个原子跳动)后原子最终位置与原始位置距离平方的平均值 $\overline{R_n^2}$ 为

$$\overline{R_n^2} = nr^2 \left(1 + \frac{2}{n} \sum_{i=1}^{n-1} \sum_{j=1}^{n-1} \cos\theta_{i,i+j} \right) \tag{4-3}$$

由于原子跳动各方向都是等概率的，这样，任一个 $\cos\theta_{i,i+j}$ 正、负值出现的概率也是相等的。因此，式(4-3)中有关的余弦平均值为零，得

$$\sqrt{\overline{R_n^2}} = \sqrt{nr^2} \tag{4-4}$$

式中，$n = \Gamma t$，所以原子迁移的均方根距离与时间的平方根成正比 $\left(\propto \sqrt{t} \right)$，若把 $\sqrt{\overline{R_n^2}}$ 作为宏观扩散距离的量度，则原子真实迁移距离 nr 和宏观扩散距离的比为

$$\frac{nr}{\sqrt{nr^2}} = \sqrt{n} = \sqrt{\Gamma t} \tag{4-5}$$

Γ 是对温度非常敏感的函数，设在某一温度下 $\Gamma = 10^{10} \text{s}^{-1}$，经 1h 扩散后，原子真实迁移距离是宏观扩散距离的 $\sqrt{10^{10} \times 3600}$ 倍(6×10^6 倍)，也就是说，宏观扩散距离为 1mm，而每个原子平均迁移的总距离为几千米。

3. 相关效应

空位机制的扩散过程中，原子每次跳动都不是完全独立的，这里用一个二维密排堆垛结构的例子来说明这个问题。

如图 4-3 所示,一个示踪原子(初始位置 6)和邻近的空位(初始位置 7)换位后(示踪原子处在位置 7,空位处在位置 6),下一次的跳动去向可能是相邻的位置 1、2、3、4、5 或 6。若示踪原子返回位置 6,直接与空位换位即可;如果示踪原子要跳到位置 1,则需等待位置 1 的原子和空位交换位置后才有可能;若示踪原子要跳到位置 2,则要等待空位和其他原子换位若干次换到位置 2 时才有可能。这样看来,示踪原子第二次向邻近各位置跳动的难易程度不同。显然,跳回原位置的概率最大,其次是跳到位置 1 或 5,再次为位置 2 或 4,跳到位置 3 的概率最小,这表明原子每次跳动不是独立的,而是与上次跳动相关。对于简单的间隙扩散机制,每一个间隙到邻近间隙的跳动在所有方向上几乎概率相等,所以没有相关效应。然而,对于自间隙原子的扩散,无论是挤列式还是非挤列式机制,每次跳动都有一定程度的相关。原子跳动的相关性使真实扩散系数 D_{act} 和以原子完全随机跳动导出的扩散系数 D_{ran} 有差异,定义这两个扩散系数的比值 f_0 为相关系数:

$$f_0 = \frac{D_{act}}{D_{ran}} \tag{4-6}$$

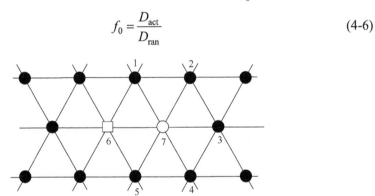

图 4-3　二维密排结构中示踪原子扩散移动相关性的说明

按空位和间隙自扩散机制计算几种晶体结构的相关系数 f_0,计算结果见表 4-1。

表 4-1　不同晶体结构中几种自扩散机制的相关系数 f_0

晶体结构	扩散机制	相关系数 f_0
金刚石结构	空位	0.5000
简单立方	空位	0.65311
体心立方	空位	0.72722
面心立方	空位	0.78121
密排立方	空位	0.78121

晶体结构	扩散机制	相关系数 f_0
简单立方	间隙：挤列式	0.8000
	非挤列式	0.96970
面心立方	间隙：挤列式	0.66666
	非挤列式	0.72740

Manning 指出，对于空位扩散机制，可用如下公式大致估算相关系数：

$$f_0 = \frac{1-\dfrac{1}{Z}}{1+\dfrac{1}{Z}} = \frac{Z-1}{Z+1} \tag{4-7}$$

式中，Z 是原子在晶体中的配位数。例如，简单立方、体心立方和面心立方的配位数分别为 6、8 和 12，用式(4-7)估算的 f_0 分别为 0.71、0.78 和 0.85，和表 4-1 的值比较，误差不超过 10%。

4. 扩散系数的微观意义

从式(4-2)可看出，扩散系数和原子每次跳动距离的平方 d^2 以及原子迁移频率 Γ 成正比，d 和晶体点阵类型以及晶格常数有关。对于典型的金属晶体，其原子倾向于密堆排列，所以 d 的差别不大。Γ 和邻近扩散原子的位置数 Z、邻近位置可以接纳扩散原子的概率 P 及扩散原子能跳离平衡位置的频率 w 有关，Γ 可表示为

$$\Gamma = ZPw \tag{4-8}$$

w 对温度非常敏感，对于空位扩散机制，P 对温度也敏感，因此 Γ 对温度是敏感的。虽然温度改变时热膨胀使 D 有所变化，但是 D 对温度的敏感特性主要源于温度对 Γ 的影响。

间隙固溶体中，间隙原子从一个间隙位置跳到邻近间隙位置时必须使点阵中溶剂原子挤开，如图 4-4 所示，即间隙原子通过两个间隙的中间位置时要克服能垒 ΔG_m，这个能垒称为迁移激活能。一个间隙原子能够获得这种跳动的机会取决于 ΔG_m 和原子平均能量 $k_B T$ 的比值，故 w 为

$$w = \nu \exp\left(-\frac{\Delta G_m}{k_B T}\right) \tag{4-9}$$

式中，ν 为原子的振动频率(德拜频率)。温度升高，原子平均动能加大，$\Delta G_m/(k_B T)$ 减小，扩散原子能跳入邻近间隙位置的概率增大。另外，由于间隙固溶体的饱和浓度都很低，可近似看作间隙原子周围的间隙位置都是空的，都可以让扩散原子

跳入，所以 $P{\approx}1$。显然原子跳动前后无相关性，$f_0=1$，故

$$D = \frac{1}{6}d^2 Z v \exp\left(-\frac{\Delta G_\mathrm{m}}{k_\mathrm{B}T}\right) \tag{4-10}$$

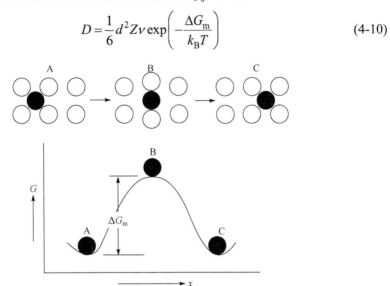

图 4-4　间隙原子从一个平衡位置(A)跳到相邻平衡位置(C)所经历的中间过程(B)
及需要克服的能垒示意图

把迁移激活能写成 $\Delta G_\mathrm{m}=\Delta H_\mathrm{m}-T\Delta S_\mathrm{m}$，其中 ΔH_m 是迁移激活焓，ΔS_m 是迁移激活熵，式(4-10)变为

$$D = \frac{1}{6}d^2 Z v \exp\left(\frac{\Delta S_\mathrm{m}}{k_\mathrm{B}}\right)\exp\left(-\frac{\Delta H_\mathrm{m}}{k_\mathrm{B}T}\right) \tag{4-11}$$

对于面心立方晶体，间隙位置的配位数 $Z=12$，$d = a\sqrt{2}/2$（a 是晶格常数）；而对于体心立方晶体，$Z=4$，$d=a/2$。

置换固溶体中，扩散原子以空位机制迁移时，也会使邻近原子发生位移，克服一个在过渡位置的能垒 ΔG_m，所以 w 的表达式也和式(4-9)相同。因为扩散原子要和空位换位，所以，邻近位置可以让扩散原子跳入的概率 $P=x_\mathrm{v}$，x_v 为空位浓度。故扩散系数为

$$D = \frac{1}{6}f_0 d^2 Z x_\mathrm{v} v \exp\left(-\frac{\Delta G_\mathrm{m}}{k_\mathrm{B}T}\right) \tag{4-12}$$

如果在扩散时空位保持平衡浓度，对于金属晶体，空位的平衡浓度为

$$x_\mathrm{v} = \exp\left(-\frac{\Delta G_\mathrm{f}}{k_\mathrm{B}T}\right) \tag{4-13}$$

式中，ΔG_f 为空位形成能，最后扩散系数为

$$D = \frac{1}{6} f_0 d^2 Z \nu \exp\left(-\frac{\Delta G_{\mathrm{m}} + \Delta G_{\mathrm{f}}}{k_{\mathrm{B}} T}\right) \quad (4\text{-}14)$$

其中，$\Delta G_{\mathrm{f}} = \Delta H_{\mathrm{f}} - T\Delta S_{\mathrm{f}}$，$\Delta H_{\mathrm{f}}$ 和 ΔS_{f} 分别是空位形成能和形成熵，故

$$D = \frac{1}{6} f_0 d^2 Z \nu \exp\left(\frac{\Delta S_{\mathrm{m}} + \Delta S_{\mathrm{f}}}{k_{\mathrm{B}}}\right) \exp\left(-\frac{\Delta H_{\mathrm{m}} + \Delta H_{\mathrm{f}}}{k_{\mathrm{B}} T}\right) \quad (4\text{-}15)$$

对于金属晶体，面心立方晶体 $Z=12$，$d = a\sqrt{2}/2$；体心立方晶体 $Z=8$，$d = a\sqrt{3}/2$。

如果扩散过程中空位浓度不是平衡浓度，则扩散系数不能采用式(4-15)，而要把真实的空位浓度代入式(4-12)。例如，一些材料在高温 T_2 保温后激冷到 T_1 温度，在 T_1 温度下进行扩散，若忽略了从 T_2 冷却到 T_1 过程消失的空位，在刚到达 T_1 时，空冷浓度仍保持 T_2 温度下的平衡浓度，这时的扩散系数应是

$$D = \frac{1}{6} f_0 \alpha^2 Z \nu \exp\left(-\frac{\Delta G_{\mathrm{f}}}{k_{\mathrm{B}} T_2}\right) \exp\left(-\frac{\Delta G_{\mathrm{m}}}{k_{\mathrm{B}} T_1}\right) \quad (4\text{-}16)$$

随着在 T_1 温度扩散时间的延长，空位浓度逐渐到达 T_1 温度的平衡浓度，式(4-16)的 T_2 应改回 T_1，即扩散系数回复到式(4-14)的形式。

扩散系数和温度间的指数关系已通过经验总结得到，扩散系数的经验表达式为

$$D = D_0 \exp\left(-\frac{Q}{k_{\mathrm{B}} T}\right) \quad (4\text{-}17)$$

式中，D_0 可近似看成不随温度变化的常数，称为指前因子；Q 称为扩散激活能。其中 Q 可以 eV 为单位，但也常以 kJ/mol 为单位，这时应把式(4-17)中的玻尔兹曼常数 k_{B} 换成摩尔气体常数 R。

对于间隙扩散机制，有

$$D_0 = \frac{1}{6} d^2 Z \nu \exp\left(\frac{\Delta S_{\mathrm{m}}}{k_{\mathrm{B}}}\right) \quad (4\text{-}18)$$

$$Q = \Delta H_{\mathrm{m}} \quad (4\text{-}19)$$

对于空位扩散机制，有

$$D_0 = \frac{1}{6} d^2 Z \nu \exp\left(\frac{\Delta S_{\mathrm{f}} + \Delta S_{\mathrm{m}}}{k_{\mathrm{B}}}\right) \quad (4\text{-}20)$$

$$Q = \Delta H_{\mathrm{f}} + \Delta H_{\mathrm{m}} \quad (4\text{-}21)$$

与间隙扩散机制不同，空位扩散机制的 D_0 还包括有关空位形成熵项，而且扩散激活能是空位形成能和迁移激活焓的总和。原子的扩散方式不同，需要的扩散激活能也不同。在间隙扩散机制中 $Q = \Delta H_{\mathrm{m}}$，在空位扩散机制中 $Q = \Delta H_{\mathrm{f}} + \Delta H_{\mathrm{m}}$。此外，沿位错扩散、晶界扩散和表面扩散的扩散激活能都不相同。因此，了解某种

扩散过程的激活能对于理解扩散的机制非常重要。

一般认为，D_0 和 Q 的值与温度无关，只是随扩散机制及材料的不同而不同。因此，对式(4-17)两边同时取对数，以 $\ln D$ 及 $1/T$ 作图就应该得到一条直线，其斜率就是 $-Q/k_B$。但是实验结果并不完全如此，主要原因有以下三点：①D_0 和 Q 都随温度变化，如体心立方金属锆和钛自扩散时；②扩散可能以多种机制同时进行，如在正常置换式固溶体中往往会有少量的间隙原子存在，于是扩散就可能以空位、间隙两种机制同时进行；③某些材料的扩散机制可能随温度而改变，如 Ge 元素在 Si-Ge 合金中，高温时以间隙机制扩散，低温时以空位机制扩散。表 4-2 中列出了一些常见金属元素的扩散数据。

表 4-2　一些常见金属元素的扩散数据

扩散元素	溶剂元素	指前因子 $D_0/(\text{m}^2/\text{s})$	激活能 Q		计算值	
			kJ/mol	eV/atom	$T/°C$	扩散系数 $D/(\text{m}^2/\text{s})$
Fe	α-Fe	2.8×10^{-4}	251	2.60	500 900	3.0×10^{-21} 1.8×10^{-15}
Fe	γ-Fe	5.0×10^{-5}	284	2.94	900 1100	1.1×10^{-17} 7.8×10^{-16}
C	α-Fe	6.2×10^{-7}	80	0.83	500 900	2.4×10^{-12} 1.7×10^{-10}
C	γ-Fe	2.3×10^{-5}	148	1.53	900 1100	5.9×10^{-12} 5.3×10^{-11}
Cu	Cu	7.8×10^{-5}	211	2.19	500	4.2×10^{-19}
Zn	Cu	2.4×10^{-5}	189	1.96	500	4.0×10^{-18}
Al	Al	2.3×10^{-4}	144	1.49	500	4.2×10^{-14}
Cu	Al	6.5×10^{-5}	136	1.41	500	4.1×10^{-14}
Mg	Al	1.2×10^{-4}	131	1.35	500	1.9×10^{-13}
Cu	Ni	2.7×10^{-5}	256	2.65	500	1.3×10^{-22}

以上讨论未考虑组元浓度不同对原子跳动的影响，因此只适用于纯组元的自扩散。对于间隙固溶体的简单间隙扩散机制，由于一般间隙原子浓度极低，以上讨论基本适用；对于置换固溶体，由于异类原子存在加大了扩散前后原子跳动的相关性，不同类型原子和空位换位的难易程度不同，情况非常复杂，到目前为止还未能找到合适的式子来估计相关系数。

4.2.3　化学成分对扩散的影响

1. 合金元素对碳扩散的影响

在钢中加入合金元素后，合金元素对碳的扩散有较大影响，不同合金元素的影响程度不同。同一元素随含量的不同，其作用程度也是有变化的。因此，合金钢中的扩散问题比较复杂[7]。Mehl 和 Wells 给出了 C 原子在 γ-Fe 和 α-Fe 中的扩散系数表达式：

$$D_C^\gamma = \left(0.07 + 0.06\% w_C\right)\exp\left(-\frac{Q}{RT}\right), \quad Q=133.76\text{kJ/mol} \tag{4-22}$$

$$D_C^\alpha = 0.0062\exp\left(-\frac{Q}{RT}\right), \quad Q=80.2\text{kJ/mol} \tag{4-23}$$

当钢中 Ni 元素含量增加到 3%～4%时，C 原子在奥氏体中的扩散系数变化较小；但是当 Ni 含量进一步增加时，C 原子在奥氏体中的扩散激活能降低，从而扩散系数略有增加。

Mn 元素的浓度较低时，对奥氏体中 C 原子扩散的影响不是很大，增加 Mn 含量，可以提高 C 在奥氏体中的扩散激活能，从而降低扩散系数。

Mo 和 W 元素均可增加 C 原子在奥氏体中的扩散激活能。如 560℃时，含 0.8%Mo、0.85%C 的钢中 C 的扩散系数是碳钢中扩散系数的 1/5，此时，C 原子的扩散激活能由 133.76kJ/mol 增加到 150.5kJ/mol，W 的作用与 Mo 相似。

Cr 元素同样可以减小 C 原子在奥氏体中的扩散系数。例如，含 0.4%C 与 2.5%Cr 的钢，C 在奥氏体中的扩散激活能为 155kJ/mol。

此外，加入 1%Si，可略微降低 1100℃以下温度的 C 扩散系数。Co 元素可使 C 在奥氏体中的扩散系数增加。例如，Co 含量增加到 4%时，C 原子的扩散系数几乎增加了 1 倍。

一般来说，用 Co、Ni 合金化时，C 原子在奥氏体中的扩散激活能为 117～121 kJ/mol，而用 Cr、Mo、W 合金化时，其扩散激活能则在 131.2～162.6kJ/mol 变化，见表 4-3。

表 4-3　合金元素对碳在奥氏体中扩散激活能的影响

合金元素	质量分数/%	Q/(kJ/mol)	合金元素	质量分数/%	Q/(kJ/mol)
Mo	0.9	141.3	Si	1.6	133.8
	1.55	143.8		2.55	134.2
W	0.5	131.2	Mn	1.0	132.1
	1.05	133.3		12	141.7
	1.95	139.2		18	150.9
Cr	1.0	143.4	Al	0.7	129.6
	2.5	154.7		1.7	132.5
	7.0	162.6		2.45	134.2

2. 合金元素对 Fe 原子自扩散的影响

用放射性同位素方法测得的 Fe 原子自扩散系数表达式有以下几种：

$$D_{\text{Fe}}^{\gamma} = 5.8\exp\left(-\frac{Q}{RT}\right), \quad Q = 310.1\text{kJ}/\text{mol} \tag{4-24}$$

$$D_{\text{Fe}}^{\gamma} = 0.7\exp\left(-\frac{Q}{RT}\right), \quad Q = 284.2\text{kJ}/\text{mol} \tag{4-25}$$

$$D_{\text{Fe}}^{\gamma} = 1.3\exp\left(-\frac{Q}{RT}\right), \quad Q = 280.1\text{kJ}/\text{mol} \tag{4-26}$$

在 800～1000℃ 温度范围内，Fe 原子自扩散迁移主要沿晶界进行，在 1200℃ 时，沿晶界扩散和晶内扩散的差异减小。实验测得的 Fe 原子沿晶界和晶内的扩散系数公式为

$$D(\text{晶界}) = 2.3\exp\left(-\frac{Q}{RT}\right), \quad Q = 127.9\text{kJ}/\text{mol} \tag{4-27}$$

$$D(\text{晶内}) = 0.16\times10^{-6}\exp\left(-\frac{Q}{RT}\right), \quad Q = 267.5\text{kJ}/\text{mol} \tag{4-28}$$

合金化时，Fe 原子的自扩散激活能会发生变化。例如，用 4%Cr 或 8%Cr 合金化，由于 Cr 元素使原子间的结合力增强，降低了 Fe 原子的活动性，使得 Fe 原子的扩散系数降低，Fe 原子在奥氏体中的自扩散激活能由 284.2kJ/mol 增加到 313.5kJ/mol 和 376.2kJ/mol。

从物理化学的角度看，合金元素的加入影响了奥氏体的活度，对碳元素而言，则是改变了 C 的活度。用碳化物形成元素进行合金化时，碳与固溶体的结合力增强，因此 C 原子的活度降低。其中，强碳化物形成元素 Ti、Nb、V 的影响非常显著，而 Mn 元素最弱。用 Ni 和 Si 合金化时，奥氏体中 C 的活度是增加的，C 与固溶体的结合力降低。因为 Si 与 Fe 原子之间的结合力要比 C 与 Fe 原子之间的结合力强，所以 Si 元素的作用比较特殊，Si 使 C 原子的活度增加，但却使 Fe 原子的活度降低，这就是含 Si 钢的奥氏体和马氏体分解时碳化物形成过程迟缓的原因。

3. 微量元素偏析对晶界扩散的影响

钢中常见的微量元素有 O、N、S、B、P、Se、Sb、Sn、RE(稀土元素)等。虽然在钢中的含量极少，但是对钢的质量和性能却有很大影响。结构钢的低温晶界裂纹、高温蠕变的晶界断裂、工具钢的脆性和沿晶断裂、合金钢的回火脆性等现象都与微量元素的作用有关。

一般，由于微量元素的晶界偏析，其他元素的晶界扩散与第二相的晶界析出会受到影响。例如，晶界析出是不均匀析出的一种，这是由于晶界的析出核心优先形成，控制形核速率的主要因素是晶界能，而晶界能又受微量元素偏析影响。B 元素在奥氏体中的吸附提高了淬透性，也是由于抑制了相变产物在晶界上的形核。耐热钢中加入 B 元素，既能提高蠕变强度又可以改善韧度，是因为 B 元素的

偏析阻止了析出物在晶界的生长，并使晶界扩散大为减慢。为阐明晶界能与晶界扩散之间的关系，就需要深入了解微量元素偏析对晶界扩散机制的影响。

　　元素的微观偏析有晶内偏析、晶界偏析、位错偏析、点缺陷偏析等，微量元素在晶体中发生偏析(或吸附)的作用过程可用式(4-29)表示：

$$C = C_0 \exp\left(-\frac{Q}{RT}\right) \tag{4-29}$$

式中，C 为溶质原子在缺陷处吸附的平衡浓度；C_0 为溶质原子在钢中的平均浓度；Q 为单位溶质原子在未畸变区和进入缺陷后引起的畸变能变化值。

　　不同微量元素的加入对晶界扩散有不同的影响，根据加入元素的作用可分为四类。

　　(1) 促进晶界扩散和体扩散。例如，铜合金中加入 Sb 或 Mg，促进了合金中 Ag 原子的扩散速率。

　　(2) 促进晶界扩散，对体扩散无影响。例如，在铜合金中加入 Fe，对合金中 Ag 原子的扩散有较大的影响。

　　(3) 促进晶界扩散，抑制体扩散。例如，同时加入 Be、Fe，对铜合金 Ag 原子扩散有一定的效果。

　　(4) 抑制体扩散和晶界扩散。微量元素的作用与它们在晶界上的偏析程度有密切关系，表 4-4 列出了一些微量元素对晶界扩散的影响。

表 4-4　微量元素对晶界扩散的影响

溶剂	扩散元素	微量元素	微量元素对扩散的影响	溶剂	扩散元素	微量元素	微量元素对扩散的影响
Cu	Ag	Mg	增强	Cu	Ag	Bi	减弱
		Fe	增强				
		Cd	增强		Zn	Be	减弱
		Ag	增强				
		Sb	增强	Cu-Zn	Zn	Sb	增强
Fe	Ag	Pb	增强	Cu-Ni	O	Mg	减弱
	Fe*	Mg	无影响	Al	Pb	残余杂质	减弱
		Sn、Mn	减弱	Ni	Fe*	残余杂质	减弱
	Fe*	Ni	无影响	Sn	Sn*	Zn	减弱
	O	P	增强	Zn	Zn*	Sn	减弱
	N	V	增强	Pb	Pb*	Sn	减弱

*为放射性示踪元素。

晶界扩散系数 D_g 与晶界能 E 的关系可用式(4-30)表示:

$$E = \frac{KT}{\alpha a^2} m \left(\ln \frac{\delta D_g}{\alpha D \lambda^a} - \ln m \right) \tag{4-30}$$

式中,m 为形成晶界的原子层数;a 为晶界中原子平衡位置之间的距离,δ 为晶界厚度;D 为体扩散系数;α 为常数(对于间隙扩散,$\alpha=1$,对空位机制引起的扩散,$\alpha=2$);λ 为近似于 1 的常数。

设 $m=1$,D_g 与 D 采用实验数据,这样计算的 E 值与实验值比较一致。一般情况下,随着杂质数量增多,α-Fe 和 γ-Fe 中晶界能将降低。因此,晶界能的变化,可以说明微量元素对晶界扩散的影响。

晶界扩散激活能 Q_g 一般在下列范围内:$0.5Q < Q_g < 0.8Q$,Q 为体扩散激活能。这里,最小极限值对应全部晶界能都属于空位的情况;最大极限值对应全部晶界能为晶格畸变的情况。当然,实际情况是晶界区域内既有空位,又有畸变。

4.3 理论与建模

4.3.1 自扩散理论与建模

材料的许多性质都与自扩散系数有关,如合金的蠕变和再结晶,以及锂离子电池材料的变形和断裂等。在长期的探索中,研究者总结了常见体系自扩散系数的半经验公式。通过实验测定自扩散系数非常耗时,且由于实验条件所限,测得数据往往出现偏差。在理论计算方面,利用第一性原理和分子动力学,或者两者的结合,可以得到较为精确的数值。本节将以体心立方结构金属为例,介绍第一性原理计算自扩散系数的相关理论,并总结较为常用的自扩散系数半经验公式。

在基于单空位机制自扩散计算中,假设自扩散为原子向最近邻空位跳跃,其扩散系数公式有如下形式[8, 9]:

$$D^{self} = f a^2 C_v w \tag{4-31}$$

式中,f 为关联因子(对 fcc 体取取 $f=0.7815$);a 为晶格常数;C_v 为平衡空位浓度;w 为振动频率。平衡空位浓度可由式(4-32)得出:

$$C_v = \exp\left(\frac{\Delta S_f^{vib}}{k_B}\right) \exp\left(-\frac{\Delta H_f^{vac}}{k_B T}\right) \tag{4-32}$$

式中,ΔS_f^{vib} 和 ΔH_f^{vac} 分别为空位形成熵和空位形成能;k_B 为玻尔兹曼常数;T 为热力学温度。在晶格动力学中采用谐波近似的高温极限,仅考虑振动(声子)对自由能的贡献,可把 ΔS_f^{vib} 和 ΔH_f^{vac} 当作独立于温度的常数。fcc 体相中的单空位形

成能为

$$\Delta H_f^{vac} = E\left(M_{n-1,vac}\right) - \frac{n-1}{n}E\left(M_n\right) \tag{4-33}$$

式中，$E\left(M_{n-1,vac}\right)$ 为含有 n 个原子的超晶胞中去掉 1 个原子形成单空位后的总能，$E\left(M_n\right)$ 为包含 n 个原子的超晶胞总能。单空位形成的振动熵 ΔS_f^{vib} 也可用相似的方法得到：

$$\Delta S_f^{vib} = S^{vib}\left(M_{n-1,vac}\right) - \frac{n-1}{n}S^{vib}\left(M_n\right) \tag{4-34}$$

式中，$S^{vib}\left(M_{n-1,vac}\right)$ 和 $S^{vib}\left(M_n\right)$ 分别为含有单空位超晶胞和纯超晶胞的振动熵。振动熵可通过简谐近似方法得到：

$$S^{vib} = k_B \int \left\{ \frac{h\nu}{2k_BT} \coth\left(\frac{h\nu}{2k_BT}\right) - \ln\left[2\sinh\left(\frac{h\nu}{2k_BT}\right)\right] \right\} g(\nu)\mathrm{d}\nu \tag{4-35}$$

振动频率 w 通过式(4-36)计算得到：

$$w = \nu^* \exp\left(\frac{\Delta H_m^{vac}}{k_BT}\right) \tag{4-36}$$

式中，ΔH_m^{vac} 为空位的迁移焓，即原子跳跃至最近邻空位所克服的能垒，可通过最小能量路径(minimum energy path，MEP)方法得到；ν^* 为有效频率，可通过过渡态理论(transition state theory，TST)得到：

$$\nu^* = \frac{\displaystyle\prod_{i=1}^{3n-3} \nu_i}{\displaystyle\prod_{i=1}^{3n-4} \nu_i'} \tag{4-37}$$

式中，ν_i 和 ν_i' 分别为原子在起始位置和鞍点位置时的声子频率，分母的乘积中不包括过渡态中不稳定情况下的负频率。

综合式(4-31)～式(4-37)，可得自扩散系数的公式为

$$D^{self} = fa^2 \frac{\displaystyle\prod_{i=1}^{3n-3} \nu_i}{\displaystyle\prod_{i=1}^{3n-4} \nu_i'} \exp\left(\frac{\Delta S_f^{vib}}{k_B}\right) \exp\left(-\frac{\Delta H_f^{vac} + \Delta H_m^{vac}}{k_BT}\right) \tag{4-38}$$

扩散系数的一般形式为

$$D^{self} = D_0 \exp\left(-\frac{Q}{k_BT}\right) \tag{4-39}$$

式中，D_0 为指前因子；Q 为扩散激活能。对比式(4-38)和式(4-39)可得

$$D_0 = fa^2 \frac{\prod\limits_{i=1}^{3n-3} \nu_i}{\prod\limits_{i=1}^{3n-4} \nu_i'} \exp\left(\frac{\Delta S_f^{\text{vib}}}{k_B}\right)$$

$$Q = \Delta H_f^{\text{vac}} + \Delta H_m^{\text{vac}} \tag{4-40}$$

为了确定 fcc 体相的自扩散中是否存在双空位机制，可计算双空位在体系中的结合能大小，双空位的结合能可由式(4-41)计算：

$$\Delta H_{f,x}^{\text{vac}} = 2E\left(M_{n-1,\text{vac}}\right) - E_x\left(M_{n-2,\text{vac2}}\right) \tag{4-41}$$

式中，$E\left(M_{n-1,\text{vac}}\right)$ 表示含有 $n-1$ 个 M 金属原子和 1 个空位的超晶胞总能；$E_x\left(M_{n-2,\text{vac2}}\right)$ 表示含有 $n-2$ 个 M 原子和 2 个空位的超晶胞总能；下角标 x 表示双空位之间为最近邻(1nn)或次近邻(2nn)的位置关系。

下面介绍几个现阶段仍广泛应用的半经验公式[9, 10]。

Askill 在 1970 年指出，自扩散激活能 Q 与材料的熔点之间存在以下关系：

$$Q = AT_m \tag{4-42}$$

式中，T_m 为材料的熔点；A 为常数，对于 fcc 结构取 38，bcc 结构取 32.5。

Sherby 等则认为 Q 与 T_m 存在以下关系：

$$Q = (K_0 + V)RT_m \tag{4-43}$$

式中，V 为价态，对于ⅣB 族的 Ti、Zr 和 Hf 取 1.5，对于ⅤB 族的 V、Nb 和 Ta 取 3.0，对于ⅥB 族 Cr、Mo、W 取 2.8，对于ⅦB 族 Mn 和 Re 取 2.6，其余过渡族元素均取 2.5。

Le Claire 给出了与上式相似的公式：

$$Q = (K + 1.5V)RT_m \tag{4-44}$$

式中，K 为常数，bcc 结构为 13，fcc 和 hcp 结构为 15.5，金刚石结构为 20。

以上 3 个公式均可用来计算自扩散激活能，指前因子可通过以下经验公式得出：

$$D_0 = 1.04 \times 10^{-3} Q a^2 \tag{4-45}$$

式中，Q 为自扩散激活能；a 为晶格常数。

除了以上公式，另一个公式也常被用来计算材料的自扩散系数：

$$D = 3.4 \times 10^{-5} T_m a^2 \exp(-17.0 T_m / T) \tag{4-46}$$

所有计算均采用 VASP 进行，为了对计算结果进行验证，计算中选择了局域密度度近似(LDA)和广域梯度近似(GGA)的 PW91 和 PBE 关联泛函。在计算基态 fcc Mg 结构时，采用的平面波截断能为 400eV。布里渊区积分采用 Monhkorst-Pack

特殊 k 网格点方法，计算选取了 $21\times21\times21$ 的 k 网格。计算中的能量收敛标准为能量小于 10^{-6}eV，每个原子的剩余力小于 0.001eV/Å。

利用 ATAT(Alloy Theoretic Automated Toolkit)软件包，采用冷冻声子法计算 fcc 体相的声子谱。为了验证振动的稳定性与超晶胞尺寸之间的关系，计算含有 8、16 和 32 个原子的 fcc Mg 超晶胞的声子谱。在超晶胞每个原子平衡位置施加 0.05Å 的位移，将计算出的力拟合得到力常数。最后通过力常数的傅里叶变换得到振动频率。超晶胞中每个原子的 k 点至少为 12000。

选取包含 32 个阵点($2\times2\times2$ fcc 单胞)的超晶胞，计算了体系的空位形成能和迁移能。计算选用的平面波截断能为 300eV，k 网格为 $11\times11\times11$。利用 VASP 中的微动弹性带(nudged elastic band，NEB)算法计算原子向空位跳跃的最小能量路径(MEP)，从而得到迁移能垒。为确定扩散中是否存在局域最小路径，在计算中分别选取 1、3 和 5 三种 image 设置。弹性系数选为 5.0eV/Å^2，所有原子的 image 收敛标准为剩余力小于 0.01eV/Å。

通过计算声子态密度和 Γ 点振动频率，得到空位形成熵和有效频率。需要注意的是，在这部分计算中，选取了三种构型：①完整构型——超晶胞中不含有空位；②初始构型——超晶胞含有一个空位，其余原子都在初始位置；③鞍点构型——扩散原子处于鞍点位置。fcc Mg 自扩散的鞍点通过 NEB 方法计算得到，具体方法为：将扩散的原子放在初始和最终状态之间的位置上，然后使用 quasi-Newton 算法进行结构优化直至满足收敛标准。利用冷冻声子方法计算此时的声子谱和相关热力学参数，力常数收敛标准为扰动位移 0.05Å。

4.3.2　溶质扩散理论与建模

在讨论了金属自扩散计算方法的基础上，本节以 bcc Fe 为例，介绍置换固溶的合金元素在基体中扩散系数的计算方法[11]。

通过在钢中加入合金元素，可以提高其热强性、抗腐蚀和抗疲劳性能。为了优化合金设计，需要研究各种合金元素在基体中的扩散行为，根据扩散快慢来选择合金元素作为备加元素，从而控制材料微观组织演变与最终使用性能。

图 4-5 列出了一些合金元素在 bcc Fe 中扩散的实验数据。图中所示为 1050K 温度下，各合金元素在 bcc Fe 中扩散系数与 bcc Fe 自扩散系数的比值。图中所列元素为 3d、4d 和 5d 元素，横坐标表示元素的价电子个数。除过渡元素外也包含几个非过渡元素。

可以看出，对于同一元素，不同的测量往往得到不同的结果，如 Mo 的差别超过 1 个数量级；此外，当前数据中没有 5d 过渡元素，即 5d 过渡元素在 bcc Fe 中扩散的研究较少；还有，在图中元素中，没有出现扩散系数比 Fe 自扩散系数小几个数量级的元素，即慢扩散元素。本节将利用密度泛函理论讨论溶质在 bcc Fe

中的扩散，并确定 bcc Fe 中的慢扩散元素。

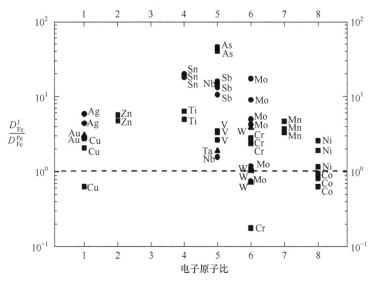

图 4-5　bcc Fe 中溶质扩散系数和 Fe 自扩散系数之比

基于 Le Claire 的 9-频率模型，利用密度泛函理论计算溶质在体心立方基体中的扩散系数。该模型可以很好地说明在 bcc 结构中，溶质和空位处于最近邻和次近邻位置时两者之间不同的跳跃频率。因此，本节将基于此模型计算鞍点位置、空位形成能、溶质-空位结合能和有序铁磁状态下的熵。在计算相关的跳跃频率时，利用与 4.3.1 节相同的谐波过渡态理论。对于置换溶质原子在 fcc 结构中的扩散，则一般采用 5-频率模型进行计算[12]，这里不做叙述。

在实验所测结果中，铁磁 bcc Fe 的自扩散和溶质扩散系数与温度的关系往往会偏离 Arrhenius 形式，这是由于体相的磁化强度(M)影响了扩散激活能(Q)，这种影响可由式(4-47)表达：

$$Q^{F}(T) = Q^{P}\left[1 + \alpha s(T)^{2}\right] \tag{4-47}$$

式中，Q^{P} 为顺磁态($M=0$)下的激活能；$s(T)=M(T)/M(T=0K)$，为在温度 T 时磁矩的减少量，在铁磁相中，该值在 1(0K 时)和 0(居里温度 1043K 时)之间不断变化，顺磁态下 $s(T)$ 在任何温度都为 0；α 为相关参数，用来量化磁化对激活能的作用程度。该式是基于铁磁材料中磁无序对扩散激活能影响的平均场分析得到的，此处利用二次方项 $s(T)$ 对激活能进行修正。对于参数 α，在完全有序铁磁状态，$Q_{0}^{F} \equiv Q^{F}$，在顺磁相内 $s(T)=0$，从而 $Q_{0}^{F} = Q^{P}(1+\alpha)$。

利用式(4-47)将第一性原理在温度为 0K 的计算拓展，以阐释在有限温度下磁无序的影响。所有基于密度泛函的计算都在完全有序的顺磁状态进行，扩散的指前因子和激活能通过谐波过渡态理论得到。为了引入磁无序的影响，式(4-47)中温度因变量 $s(T)$ 和参数 α 均采用文献报道的测量值，其中 Fe 自扩散时 α 为 0.156，溶质 W 和 Mo 原子扩散时 α 分别为 0.086 和 0.074。对于有的溶质元素缺少 α 值的情况，可通过第一性原理计算溶质引起的其周围 1nn 和 2nn 局域磁矩的变化，利用半经验的线性关系估计 α 值。

在较低温度时，合金元素的扩散以单空位机制为主，随着温度升高，双空位和三空位等机制逐渐主导扩散，本节以单空位扩散机制讨论溶质扩散系数的计算过程：

$$D = a^2 f_2 C_v \exp\left(\frac{-\Delta G_b}{k_B T}\right) w_2 \tag{4-48}$$

式中，f_2 为相关因子，主要由空位与不同位置相邻溶质原子间的跳跃率决定；ΔG_b 为空位与最近邻溶质间的结合自由能，结合自由能为负值表示相互吸引，为正值则表示相互排斥；w_2 为空位与最近邻溶质原子间交换位置的跳跃频率，与自扩散系数计算相同，可通过谐波过渡态理论计算得到。

结合自由能可以写为 $\Delta G_b = \Delta H_b - T\Delta S_b$，其中 ΔH_b 为结合焓，ΔS_b 为结合熵。在晶格动力学中采用谐波近似的高温极限，且仅考虑振动(声子)对自由能的贡献，可把 ΔH_b 和 ΔS_b 当作独立于温度的常数。从而，可通过第一性原理计算含有 N 个点阵的超晶胞中空位结合焓：$\Delta H_b = E(N-2,1,1) - E(N-1,1,0) - E(N-1,0,1) + E(N,0,0)$，其中 $E(N-i,j,k)$ 表示含有 $N-i$ 个 Fe 原子、j 个空位和 k 个溶质的超晶胞总能。结合熵则为

$$\Delta S_b = k_B \left[\sum_{i=1}^{3(N-1)} \ln(\nu_i^{\mathrm{vac}}/\nu_i^{\mathrm{vac,sol}}) + \sum_{i=1}^{3N} \ln(\nu_i^{\mathrm{sol}}/\nu_i^{\mathrm{bulkl}})\right] \tag{4-49}$$

式中，ν_i^{sol} 表示含有 $N-1$ 个 Fe 原子和 1 个溶质原子的超晶胞的 $3N$ 声子频率；$\nu_i^{\mathrm{vac,sol}}$ 则表示含有 $N-2$ 个 Fe 原子和 1 个溶质-空位原子对的超晶胞的 $3N-3$ 声子频率。

采用 Le Claire 的 9-频率模型来确定相关因子 f_2[13]。根据 9-频率模型，当空位在溶质原子 1nn 位置时，该空位可以向溶质原子的 2nn(w_3)、3nn(w_3') 和 5nn(w_3'') 跳跃，以及从溶质原子的 2nn 向 4nn 跳跃(w_5)。同时也考虑空位在不含溶质晶体中的跳跃(w_0)。9-频率模型如图 4-6 所示。

Le Claire 计算相关因子公式如下：

$$f_2 = \frac{1+t_1}{1-t_1} \tag{4-50}$$

式中，t_1 与图 4-6 中所示的跳跃频率有关：

$$t_1 = -\frac{w_2}{w_2 + 3w_3 + 3w_3' + w_3'' - \dfrac{w_3 w_4}{w_4 + Fw_5} - \dfrac{2w_3' w_4'}{w_4' + 3Fw_0} - \dfrac{w_3'' w_4''}{w_4'' + 7Fw_0}} \tag{4-51}$$

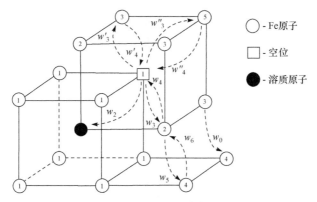

图 4-6　Le Claire 的 9-频率模型示意图

其中，F=0.512，而 w_i 则可通过式(4-52)得到：

$$w_i = \nu \exp\left(-\frac{\Delta H_i^{\text{mig}}}{k_{\text{B}} T}\right) \tag{4-52}$$

式中，ν 和 ΔH_i^{mig} 分别为尝试频率和迁移能。迁移能可通过计算最小能量路径获得。对于尝试频率，假设其在各跳跃中均为常数，则在 t_1 的计算中可约去。

　　通过后文的计算可以发现，在研究的温度范围内，W 和 Mo 的 f_2 受温度影响非常小，可以将其近似为一个常数。结合上面的公式，溶质在 bcc Fe 中的扩散系数可以写为

$$D = D_0 \exp\left[-Q_0^{\text{F}} \frac{\left(1 + \alpha s(T)^2\right)\big/(1 + \alpha)}{k_{\text{B}} T}\right] \tag{4-53}$$

式中，完全有序顺磁态的激活能为

$$Q_0^{\text{F}} = \Delta H_{\text{v}}^{\text{f}} + \Delta H_{\text{v}}^{\text{mig}} + \Delta H_{\text{b}} \tag{4-54}$$

指前因子为

$$D_0 = a^2 f_2 \exp\frac{\Delta S_{\text{v}}^{\text{f}} + \Delta S_{\text{b}}}{k_{\text{B}}} \times \frac{\prod\limits_{i=1}^{3N-3} \nu_i^{\text{vac,sol}}}{\prod\limits_{i=1}^{3N-4} \nu_i^{\text{sad}}} \tag{4-55}$$

　　空位形成能、迁移能、溶质-空位结合能，以及相关的振动频率，均基于密度泛函理论进行计算。使用 VASP 软件包，选择 PAW，交换关联泛函采用 GGA 的 PBE 方法，计算中选用自旋极化。在所有的计算中，都对结构进行全面结构优化。在计算空位形成能、迁移能、溶质-空位结合能过程中，使用含有 128 个阵点(4×4×4)的 bcc 结构超晶胞。

使用冷冻声子方法计算相关的振动频率时,使用含有 54 个阵点(3×3×3)的 bcc 结构超晶胞,通过动态矩阵对超晶胞的 $q=0$ 声子态进行计算。在确定每个跳跃的鞍点位置时,使用 NEB 算法计算原子向空位跳跃的最小能量路径(MEP)。

表 4-5 列出了 bcc Fe 中的空位形成能、迁移能和空位溶质结合能,以及顺磁和无磁体系的自扩散及溶质扩散激活能。空位形成能 ΔH_v^f、迁移能 ΔH_v^{mig} 和结合能 ΔH_b 在完全有序铁磁态下计算,并用来计算扩散激活能 Q_0^F。顺磁态下的扩散激活能 Q^P 通过 Q_0^F 和 α 之间的关系式计算得到。

表 4-5　bcc Fe 中自扩散和溶质扩散相关能量计算结果

名称	Fe	W	Mo	Ta	Hf
ΔH_v^f /eV	2.23	—	—	—	—
ΔH_b /eV	—	−0.14	−0.17	−0.32	−0.65
ΔH_v^{mig} /eV	0.64	0.71	0.54	0.44	0.18
α	0.156	0.086	0.074	0.057	0.047
Q_0^F /eV	2.87	2.80	2.60	2.35	1.75
Q^P /eV	2.48	2.58	2.42	2.00	1.67

从表 4-5 可以看出,溶质与最近邻空位间的结合能均为负值,表明它们之间为相互吸引。在以往的研究中,Fe 中置换溶质 Cr、Ni、Cu、P、Zn、Ti、Co、V、Sc 和 Mn 等原子与空位之间的结合能也为负值。其中,Cr、Ni、V 和 Co 与最近邻空位的结合能分别为−0.05eV、−0.07～−0.17eV、−0.04eV 和−0.1eV,吸引作用均比本节讨论的元素小;而 Cu、P、Sc、Ti、Mn、Zn、Si 和 S 原子与最近邻空位的结合能分别为−0.16～−0.24eV、−0.32～−0.36eV、−0.63eV、−0.22eV、−0.16eV、−0.33eV、−0.29eV 和−0.53eV,均比本次讨论的 W、Mo、Ta、Hf 原子大。与 W、Mo、Ta 原子相比,Hf-空位的结合能明显要大得多。

对于纯 bcc Fe 中的空位形成能和迁移能,与已报道的计算数据(ΔH_v^f =1.93～2.18eV, ΔH_v^{mig} =0.64～0.71eV)较为符合。在本节讨论的 4 个元素中,只有含 W 体系的迁移能大于纯 Fe 的自扩散,Hf 则具有最小的迁移能数值。将空位形成能、迁移能和结合能综合,利用上述公式计算铁磁态扩散激活能后发现,所有的溶质扩散激活能均小于 Fe 的自扩散激活能。

对于在高温区间 Fe 处于顺磁态的情况,扩散激活能 Q^P 可由 $Q^P=Q_0^F/(1+\alpha)$ 计算得到。其中,Fe、Mo 和 W 的参数 α 已知,Ta 和 Hf 的参数 α 则需要通过 α 与 $\Delta M_{1\text{-}2}$(溶质引起的 1nn 和 2nn Fe 原子之间局域磁矩的变化量)之间的半经验线性关联进行估算。

通过比较顺磁态下的扩散激活能可以看出，溶质 W 的激活能仍为最大值，Hf 保持为最小值，与铁磁态下的差异趋势相同。

下面讨论 W 和 Mo 溶质的扩散性质。通过计算相关的振动频率和迁移能，得到相关因子 f_2，从而可以计算出扩散的指前因子和激活能，并与实验数据进行比较。

表 4-6 给出了 W 和 Mo 在 800K、1000K 和 1200K 三个典型温度下的 f_2 值。W 的 f_2 值与纯 Fe 的相关因子(f_0=0.727)相近，而 Mo 的 f_2 则比 Fe 的小了 50%。如前所述，f_2 受温度的影响程度非常小。

表 4-6　bcc Fe 中溶质 Mo 和 W 扩散的相关因子 f_2

温度/K	W		Mo	
	f_2	f_2/f_0	f_2	f_2/f_0
800	0.77	1.06	0.22	0.30
1000	0.74	1.02	0.28	0.39
1200	0.73	1.00	0.33	0.46

表 4-7～表 4-9 列出了 bcc Fe 自扩散和溶质(W 和 Mo)扩散的激活能(Q^P 和 Q_0^F)和指前因子(D_0)。因为指前因子受温度影响非常小，所以表中列出了温度为 1050K 时的 D_0，同时给出已报道的实验测量数据作为比较。对于 Fe 原子的自扩散，计算所得的 Q_0^F 数值处于中间水平，而 Q^P 则小于报道数据范围。Fe 原子的自扩散指前因子在 $10^{-5} m^2/s$ 数量级，与实验值中大部分数值相近。然而，实验报道的数值中也有 2 个 $10^{-2} m^2/s$ 数量级，高出本次计算 3 个数量级。

对于溶质 W 的扩散，激活能 Q_0^F 和 Q^P 的计算结果都小于实验测量的数值。而这两个值在 Mo 溶质计算中都处于实验数据范围。同样，与 Fe 自扩散相仿，W 和 Mo 的扩散指前因子也在 $10^{-5} \sim 10^{-4} m^2/s$ 范围内，与部分实验值处于同一量级，同时也远小于部分实验结果。

表 4-7　bcc Fe 铁磁和顺磁态下的自扩散激活能和指前因子

名称	Q_0^F /(kJ/mol)	Q^P/(kJ/mol)	D_0/(m²/s)
计算结果	277	239	6.7×10^{-5}
实验值 1	289.7±5.1	250.6±3.8	2.8×10^{-4}
实验值 2	—	281.5	1.2×10^{-2}
实验值 3	—	281.6	1.2×10^{-2}
实验值 4	—	239.7	2.0×10^{-4}
实验值 5	—	240.6	2.0×10^{-4}

名称	Q_0^F /(kJ/mol)	Q^P/(kJ/mol)	D_0/(m²/s)
实验值 6	—	239.3	$1.9×10^{-4}$
实验值 7	283.7		$1.0×10^{-4}$
实验值 8	254.0	240.6	$2.0×10^{-4}$
实验值 9	284.7~299.1	248.0~258.6	$6.8×10^{-4}$~$12.3×10^{-4}$
实验值 10	—	261.5	$1.1×10^{-3}$

表 4-8 W 原子在 bcc Fe 中铁磁和顺磁态下的扩散激活能和指前因子

名称	Q_0^F /(kJ/mol)	Q^P/(kJ/mol)	D_0/(m²/s)
计算结果	270	249	$1.4×10^{-4}$
实验值 1	312.0±27.0	287.0±22.0	$1.5×10^{-2}$
实验值 2	—	246.2±3.2	$2.0×10^{-4}$
实验值 3	—	292.9	$3.8×10^{-1}$
实验值 4	—	243.5±7.1	$1.6×10^{-4}$
实验值 5	—	265.7	$6.9×10^{-3}$
实验值 6	298	—	$2.5×10^{-3}$

表 4-9 Mo 原子在 bcc Fe 中铁磁和顺磁态下的扩散激活能和指前因子

名称	Q_0^F /(kJ/mol)	Q^P/(kJ/mol)	D_0/(m²/s)
计算结果	251	234	$6.3×10^{-5}$
实验值 1	—	282.6±6.4	$1.5×10^{-2}$
实验值 2	—	216.3	$5.7×10^{-5}$
实验值 3	—	225.5±4.6	$7.9×10^{-5}$
实验值 4	—	205.0	$3.0×10^{-5}$
实验值 5	284.5±6.7	272.8±5.4	$3.1×10^{-3}$
实验值 6	238	—	$4.4×10^{-5}$

将本节计算和以往所测数据的扩散系数与温度的关系绘制于图 4-7。

图 4-7 中，实线表示本节所述方法的计算结果，其余各点为不同的实验结果。计算的温度范围为 0~1184K，1184K 为 Fe 的 $\alpha \rightarrow \gamma$ 转变温度。对于 Fe 原子的自

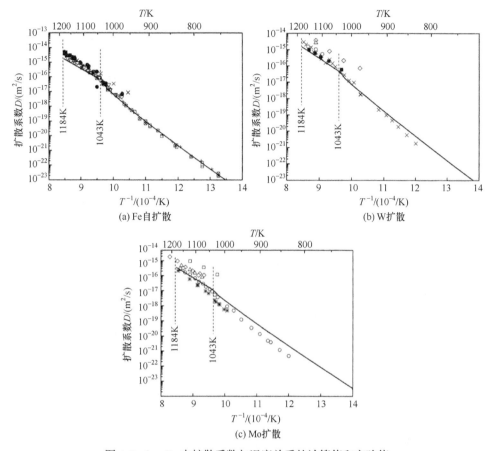

图 4-7　bcc Fe 中扩散系数与温度关系的计算值和实验值

扩散系数，在铁磁态下的计算结果与实验所测值相符，但是对于在较高温度区间的顺磁态，则激活能降低而使得自扩散系数有所降低。对 W 和 Mo 原子自扩散系数来说，计算值与其中部分实验值符合较好。

4.4　稀土元素在 bcc Fe 中的扩散系数

第一性原理能够研究原子尺度点缺陷的相关能量，已在扩散系数的研究中得到广泛应用，在实验数据缺乏情况下能够得到可靠的计算结果[14]。因此，本节将基于单空位扩散机制，利用第一性原理，结合过渡态理论和 Le Claire 频率模型，分析稀土元素在 α-Fe 和 γ-Fe 中的扩散行为。同时，基于 NbC 在奥氏体区析出动力学研究，计算 Nb 原子在 γ-Fe 中的扩散系数，为后面讨论 La 原子对 NbC 析出行为的影响机理提供理论基础。

4.4.1　理论和计算方法

1. 自扩散系数

从微观角度看，合金中扩散(自扩散和溶质扩散)过程的本质是原子的布朗运动。以空位扩散机制为例，晶体中一个原子向固定距离邻近空位的跳动所需时间约为德拜频率的倒数(约 10^{-3}s)，远小于原子在原始位置停留的时间。同时，应考虑这一原子在完成一次跳跃后，下一次跳跃的方向和发生频率。因此，原子扩散应包括以下物理量：跳动速度、跳动距离、前后跳跃的相关性和与温度相关的跳跃频率。

对于立方晶体结构，原子向各方向跳跃的距离均相同，扩散系数有如下表达形式：

$$D = \frac{1}{6} f_0 d^2 \varGamma \qquad (4\text{-}56)$$

对于空位和间隙机制的扩散行为，每一次原子的跳动均与前一次跳动相关，f_0 参数的加入体现出去除原子随机跳动后原子的真实扩散性。它表示原子第二次跳动返回原位的概率。对于体心立方晶体，f_0 为 0.727，而面心立方晶体 f_0 为 0.781。d 表示跳动距离，体心立方和面心立方的跳动距离分别为 $d = a\sqrt{3}/2$ 和 $d = a\sqrt{2}/2$。$\varGamma$ 表示跳动频率，与扩散原子跳离平衡位置的频率 w、原子相邻的位置的配位数 Z 和空位浓度 C_v 有关：

$$\varGamma = ZC_v w \qquad (4\text{-}57)$$

对于配位数 Z，体心立方和面心立方晶体分别为 8 和 12。

这样，自扩散系数的表达式则为

$$D_{\text{self}} = a^2 f_0 C_v w_0 \qquad (4\text{-}58)$$

平衡空位浓度 C_v 可通过下式得到：

$$C_v = \exp\left(\frac{\Delta S_f}{k_B}\right) \times \exp\left(-\frac{\Delta H_f}{k_B T}\right) \qquad (4\text{-}59)$$

式中，ΔS_f 和 ΔH_f 分别表示空位形成熵和形成焓；k_B 为玻尔兹曼常数；T 为温度。

根据 Eyring 反应速率理论(Eyring's reaction rate theory)[15]，Wert 和 Zener[16] 将固溶体中溶质原子与空位的交换频率表达为

$$w_0 = \frac{k_B T}{h} \exp\left(-\frac{\Delta G_{\text{mig}}}{k_B T}\right) \qquad (4\text{-}60)$$

式中，h 为普朗克常数；$\Delta G_{\text{mig}} = \Delta G_{\text{sad}} - \Delta G_{\text{vac}}$ 为溶质的迁移自由能垒，ΔG_{sad} 和 ΔG_{vac} 分别为体系在初始态和过渡态时的自由能。

按照 Vineyard[17]简谐过渡态理论,对于包含 N 个原子的 $3N$ 维构型空间,交换频率也可以表达为

$$w_0 = \left(\frac{\prod_{i=1}^{3N-3} \nu_i^{\text{vac}}}{\prod_{i=1}^{3N-4} \nu_i^{\text{sad}}} \right) \times \exp\left(-\frac{\Delta H_{\text{mig}}}{k_{\text{B}} T} \right) \tag{4-61}$$

式中, ν_i^{vac} 和 ν_i^{sad} 分别为体系在跳跃的起始和鞍点位置时的声子频率;在分母的乘积中不包括过渡态中不稳定模式所对应的频率;ΔH_{mig} 为迁移焓,即原子跳跃到最近邻空位所需克服的能垒,可通过计算原子在鞍点和起始位置时体系的能量之差得到。使用式(4-60)计算原子跳跃频率。

比较式(4-60)和式(4-61)可以看出:

$$\frac{k_{\text{B}} T}{h} \exp\left(\frac{\Delta S_{\text{mig}}}{k_{\text{B}}} \right) = \frac{\prod_{i=1}^{3N-3} \nu_i^{\text{vac}}}{\prod_{i=1}^{3N-4} \nu_i^{\text{sad}}} \tag{4-62}$$

式(4-62)称为尝试频率 ν^*。

扩散系数 D 与温度之间的 Arrhenius 形式为

$$D = D_0 \exp\left[-Q^{\text{F}} / (k_{\text{B}} T) \right] \tag{4-63}$$

式中, D_0 为指前因子;Q^{F} 为扩散激活能。根据式(4-58)~式(4-61)可得出满足 Arrhenius 形式的激活能和指前因子分别为

$$Q_0^{\text{F}} = \Delta H_{\text{f}} + \Delta H_{\text{mig}} \tag{4-64}$$

$$D_0 = a^2 f_0 \exp\left(\Delta S_{\text{f}} / k_{\text{B}} \right) \times \left[\prod_{i=1}^{3N-3} \nu_i^{\text{vac}} \middle/ \prod_{i=1}^{3N-4} \nu_i^{\text{sad}} \right] \tag{4-65}$$

2. 体心立方晶体中溶质的扩散系数

对于稀溶液固溶体中溶质原子的扩散系数,可认为溶质原子之间不存在相互作用,溶质的扩散系数与其向 1nn 空位的跳跃频率有关。然而,与自扩散不同的是,当纯体系中加入溶质原子后,位于该溶质原子周围溶剂原子的空位跳跃频率的对称性降低,这些溶剂原子向空位的跳跃频率,与没有溶质原子环境下向空位的跳跃频率会有所不同。此外,随着溶质原子的跳跃,其周围溶剂原子与溶质原子之间的相互作用发生改变,前者的跳跃频率也随之发生变化。这些位于空位附近溶剂原子不同的跳跃频率会对溶剂原子的扩散行为产生影响。为了描述溶质原子影响区域内溶剂原子跳跃频率的变化,以及由此对溶质原子扩散系数的影响,

Le Claire[18, 19]针对体心立方和面心立方结构分别提出了 9-频率和 5-频率模型理论。

图 4-8 给出了体心立方结构中的 9-频率模型示意图。在体心立方结构中，两个阵点在 1nn 和 2nn 的距离相差较小，约为 15%，空位与 2nn 原子之间的相互作用不能忽略，所以 9-频率模型考虑了空位在溶质原子 2nn 位置情况下，与溶剂原子之间的跳跃频率。当空位在溶质原子 1nn 位置时，该空位可以向溶质原子的 2nn(w_3)、3nn(w_3') 和 5nn(w_3'') 跳跃，以及从溶质的 2nn 向 4nn 的跳跃(w_5)。同时也考虑空位在不含溶质晶体中的跳跃(w_0)。

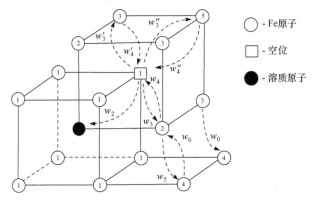

图 4-8　bcc Fe 中溶质原子近邻空位跳跃的 9-频率模型

图 4-8 中所示的每一个跳跃频率均可用式(4-61)所示的 Arrhenius 形式表达。如前所述，由于溶剂原子的出现，图中所示各溶质原子的跳跃频率会有所不同。

与自扩散相似，溶质在 bcc 点阵基于单空位机制的扩散系数表达式为

$$D=a^2 f_2 C_{\mathrm{v}} w_2 \exp[-\Delta G_{\mathrm{b}}/(k_{\mathrm{B}}T)] \tag{4-66}$$

式中，a 为晶格常数；f_2 为相关因子；w_2 为溶质与最近邻交换位置的频率；ΔG_{b} 为溶质与最近邻空位之间的结合自由能(binding free energy)，$\Delta G_{\mathrm{b}} = \Delta H_{\mathrm{b}} - T\Delta S_{\mathrm{b}}$。相关因子 f_2 可通过式(4-67)得到[20]：

$$f_2 = \frac{1+t_1}{1-t_1} \tag{4-67}$$

式中，

$$t_1 = -\cfrac{w_2}{w_2 + 3w_3 + 3w_3' + w'' - \cfrac{w_3 w_4}{w_4 + Fw_5} - \cfrac{2w_3' \, w_4'}{w_4' + 3Fw_0} - \cfrac{w_3'' \, w_4''}{w_4'' + 7Fw_0}} \tag{4-68}$$

式(4-68)中，$F=0.512$，跳跃频率 w_i 可通过式(4-62)得到。

这样，可得到 Arrhenius 形式中溶质在 bcc Fe 中扩散系数的激活能和指前因子公式：

$$Q_0^{\mathrm{F}} = \Delta H_{\mathrm{f}} + \Delta H_{\mathrm{mig}} + \Delta H_{\mathrm{b}} \tag{4-69}$$

$$D_0 = a^2 f_2 \exp\left[(\Delta S_{\mathrm{f}} + \Delta S_{\mathrm{b}})/k_{\mathrm{B}}\right] \times \left(\prod_{i=1}^{3N-3} v_i^{\mathrm{vac}} \Big/ \prod_{i=1}^{3N-4} v_i^{\mathrm{sad}}\right) \tag{4-70}$$

3. 磁矩对扩散系数的影响

对于 bcc Fe 中的自扩散和溶质的扩散，当体系处于居里温度以下时，铁磁相的磁矩会随着温度的变化发生改变，进而对扩散激活能 Q^{F} 产生影响，这使得在居里温度以下铁磁态的 bcc Fe 体系中，扩散系数偏离顺磁态时的 Arrhenius 关系[21]。因此，bcc Fe 中的扩散系数由如下形式表示：

$$D = D_0 \exp\left[-Q^{\mathrm{P}}(1+\alpha s^2)/k_{\mathrm{B}}T\right] \tag{4-71}$$

式中，Q^{P} 为顺磁态下的扩散激活能；s 为体系在温度 T 时的磁矩与 0K 时磁矩的比值[22]，在顺磁态时 $s=0$，完全铁磁态时 $s=1$；常数 α 表示磁矩变化对扩散影响的程度，对于 Fe 的自扩散，$\alpha=0.156$，La、Ce 和 Y 等溶质的 α 值，可通过线性拟合其掺杂后引起体相内局域磁矩的变化来得到。利用密度泛函理论可以得到 $T=0$K 时的扩散激活能 $Q^{\mathrm{F}}(0)$，则有

$$Q^{\mathrm{P}} = Q_0^{\mathrm{F}}/(1+\alpha) \tag{4-72}$$

4. 计算方法

本节采用基于 DFT 框架下的 VASP 软件包进行第一性原理计算。计算中，价电子与离子实之间的相互作用选择 PAW，交换关联泛函采用 GGA，截断能量为 350eV。布里渊区积分采用 Monhkorst-Pack 特殊 k 网格点方法，计算选取 6×6×6 的 k 网格。计算中的能量收敛标准为能量小于 10^{-5}eV，每个原子的剩余力小于 0.01eV/Å。计算中考虑自旋极化。选取包含 128 个原子的 4×4×4 超晶胞，计算空位形成能、空位-溶质结合能。在同样尺寸的超胞中，采用 NEB 方法计算原子跳跃的过渡态，并通过过渡态的鞍点和起始点构型能量之差确定原子的迁移能。

采用力常数方法计算体系在平衡态和过渡态时的声子频率，基于简谐近似计算声子频率对自由能的贡献。计算中采用与 VASP 计算相同的截断能和 k 网格尺寸。

4.4.2　扩散行为

在含有 N 个阵点的超晶胞中形成，1 个空位所需的空位形成能可利用式(4-73)计算得到：

$$\Delta H_f = E(N-1) - \frac{N-1}{N}E(N) \tag{4-73}$$

式中，$E(N-1)$ 和 $E(N)$ 分别为含有一个空位 Fe 超晶胞和纯 Fe 原子超晶胞的总能量。

溶质和空位的相互作用可通过溶质-空位的结合能来表示：

$$\Delta H_b = E(N-2, vac, sol) - E(N-1, vac) - E(N-1, sol) + E(N) \tag{4-74}$$

式中，$E(N-2, vac, sol)$ 为含有一个空位(vac)和一个溶质原子(sol)的超晶胞总能；$E(N-1, vac)$ 和 $E(N-1, sol)$ 分别为含有单个空位和单个溶质原子时体系的总能。结合能的数值越负，表明两个点缺陷之间的吸引作用越强。

根据式(4-73)和式(4-74)计算可得 bcc Fe 中的空位形成能和溶质-空位结合能(1nn)，利用 NEB 方法则可求出 Fe、La、Ce 和 Y 原子在 bcc Fe 中向 1nn 空位跳跃的迁移能，从而得出完全有序铁磁台下的扩散激活能 Q_0^F，然后利用式(4-72)计算出顺磁态下的扩散激活能 Q^P。在计算中，通过线性拟合掺杂溶质原子后引起局域磁矩的变化，得出常数 α。计算结果见表 4-10。

表 4-10　bcc Fe 中的空位形成能、溶质空位结合能、迁移能、扩散激活能及其磁矩影响参数

名称	Fe	Y	La	Ce
ΔH_f/eV	2.31	—	—	—
ΔH_b/eV	—	−0.69	−0.66	−0.43
ΔH_{mig}/eV	0.54	0.09	0.17	1.09
α	0.156	0.088	0.038	0.125
Q_0^F /eV	2.85	1.71	1.82	2.97
Q^P/eV	2.47	1.57	1.75	2.64

在纯 bcc Fe 中的空位形成能和迁移能分别为 2.31eV 和 0.54eV，与报道的 ΔH_f=2.16~2.23eV 和 ΔH_{mig}=0.55~0.64eV[23, 24] 较为符合。在完全有序铁磁态下，Y 与 1nn 空位结合能为−0.69eV，这与报道的计算结果−0.73eV[25]较为接近。表 4-10 列出的计算结果表明，Y 和 La 原子的扩散激活能小于 Fe 原子的自扩散激活能，而 Ce 原子的扩散激活能则大于 Fe 原子的自扩散激活能。

溶质-空位结合能对于理解原子在空位机制下的扩散行为具有重要意义。为了探究三种原子在 bcc Fe 中与空位的相互作用，进一步计算 Y、La 和 Ce 原子与 2nn 和 3nn 位置空位的结合能，见表 4-11。

由表 4-11 中可以看出，三种原子与 1nn 空位的结合能均为负值，其中 Y、La 原子与空位的结合能较为接近，而 Ce 原子与空位的结合能则明显较小。同时注意到，在分别对含有三种溶质-空位(1nn)构型的超晶胞进行结构弛豫后，Y、La 和 Ce 原子分别向空位偏移了 0.223a、0.196a 和 0.122a(a 为晶格常数)。三者与空

位在 2nn 位置上的结合能显著降低，其中 Ce-空位结合能为 0.10eV，即在 2nn 位置上，Ce 原子与空位之间存在轻微的排斥作用。三种稀土原子与 3nn 空位的结合能很小，表明三者与空位的结合能非常微弱。

表 4-11　溶质-空位在 1nn、2nn 和 3nn 构型下的结合能以及 1nn 结合能的分解

名称	Y	La	Ce
$\Delta H_b(1nn)/eV$	−0.69	−0.66	−0.43
$H_b^d (1nn)/eV$	−0.65	−0.64	−0.31
$H_b^e (1nn)/eV$	−0.04	−0.02	−0.12
$\Delta H_b(2nn)/eV$	−0.16	−0.21	0.10
$\Delta H_b(3nn)/eV$	−0.06	0.09	−0.05

为了进一步分析 1nn 溶质-空位之间的吸引作用，将结合能分解为变形结合能 H_b^d 和电子结合能 H_b^e 两部分[26]：

$$\Delta H_b = H_b^d + H_b^e \tag{4-75}$$

变形结合能表示溶质和空位形成溶质-空位对后，缓解基体点阵应变而减少的能量，可通过式(4-76)得到：

$$H_b^d = E_{tot}^{sol-vac}(Fe) + E_{tot}^{bulk} - E_{tot}^{sub}(Fe) - E_{tot}^{vac} \tag{4-76}$$

式中，$E_{tot}^{sol-vac}(Fe)$ 和 $E_{tot}^{sub}(Fe)$ 分别为含有溶质-空位对和溶质的 bcc Fe 超晶胞，在完全结构优化后，所有 Fe 原子的总能量；E_{tot}^{bulk} 为纯 bcc Fe 超晶胞的总能；E_{tot}^{vac} 为含有一个空位的超晶胞总能。在得到应变结合能后，可通过式(4-75)得到电子结合能。结合能的分解结果在表 4-11 中一并给出。

从表 4-11 可以看出，三种溶质原子与空位的变形结合能分别为−0.65eV、−0.64eV 和−0.31eV，远大于各自的电子结合能−0.04eV、−0.02eV 和−0.12eV。变形结合能占了结合能的主要部分，表明溶质原子与空位处于 1nn 位置时，应变释放效应贡献了结合能的大部分能量。

利用 NEB 方法计算了图 4-8 所示不同空位跳跃的迁移能，结果见表 4-12。Y 原子和 La 原子的迁移能分别为 0.09eV 和 0.17eV，明显小于 Fe 原子的自扩散迁移能 0.54eV，而 Ce 原子的迁移能则为 Fe 原子迁移能的 2 倍。对于 Y 原子与 1nn 空位的交换，文献[27]、[28]报道的迁移能分别为 0.03eV 和 0.02eV，表明本节的计算结果是合理的。结合表 4-11 列出的计算结果可知，溶质的迁移能与溶质-空位结合能有一定关联，溶质与空位之间若存在较大的吸引作用，则两者之间交换位置所需的迁移能较小。此外，当溶质原子与第一近邻空位之间存在较大的结合能时，会使这一空位离开该溶质原子的跳跃(w_3，w_3' 和 w_3'')变得困难，而相反的跳跃过程(w_4，w_4' 和 w_4'')则容易得多。相似的趋势也体现在 w_5 和 w_6 的计算结果中。

表 4-12　Y、La 和 Ce 原子在 bcc Fe 中向不同空位跳跃的迁移能　　　(单位：eV)

跳跃	Y	La	Ce
w_2	0.09	0.17	1.08
w_3	1.81	1.84	1.55
w_4	0.91	0.99	0.92
w_3'	0.93	1.23	1.07
w_4'	0.04	0.03	0.08
w_3''	0.86	0.92	0.87
w_4''	0.12	0.05	0.11
w_5	0.94	0.98	0.89
w_6	0.69	0.67	0.82

扩散的相关因子 f_2 反映了溶质跳跃回原始位置的概率。Y、La 和 Ce 原子的相关因子分别为 3.3×10^{-5}、2.4×10^{-6} 和 3.81×10^{-6}。Y 原子的相关因子为 3.3×10^{-5}，与 Murali 和 Claisse 等[27,28]的计算结果较为一致。在三种溶质中，Ce 的相关因子最高，La 原子的相关因子与 Y 原子较为接近。这表明，在本节研究的温度范围内，Ce 原子的第二次跳跃最难回到其起始位置。综合 Ce 原子与空位最小的结合能，最高的迁移能和相关因子，可以认为其扩散系数在三种溶质中处于较低水平。

通过前文讨论的能量结果和相关因子，可得出 Y、La 和 Ce 原子，以及 Fe 原子自扩散的激活能和指前因子，见表 4-13。计算结果表明，指前因子随着温度的升高发生轻微的变化，表中给出的指前因子为温度为 1050K 时的数值。由表 4-13 可以看出，Fe 原子在 bcc Fe 中的自扩散激活能和指前因子与文献报道的数值符合较好。对于完全有序磁态下，对 Y 原子在 bcc Fe 中扩散激活能的计算结果为 165.9kJ/mol，小于文献报道的数值，而指前因子则比文献报道值低 2 个数量级。在 La 和 Ce 原子扩散系数的研究方面，还未有相关的实验或理论计算的文献报道。实际上，根据前文的研究结果，由于稀土元素在 bcc Fe 中的固溶度极小，利用实验手段测量稀土元素的扩散行为较难实现，同时，稀土元素的偏聚、合金中的晶界和纯净度也均会对测量结果产生影响，亦会导致实验测量的结果与真实值之间存在较大的偏差。在理论计算方面，尽管分子动力学(molecular dynamics, MD)也可以对扩散系数进行研究，然而 MD 的计算需要体系中相关原子之间的势函数，到目前为止，还未有 Fe-La 和 Fe-Ce 等体系的相关系统数据报道。

表 4-13　Y、La 和 Ce 以及 Fe 原子在 bcc Fe 中的扩散激活能和指前因子

原子	参考文献	Q_0^F /(kJ/mol)	Q^P/(kJ/mol)	D_0/(m²/s)
Fe	本书工作	275.3	238.1	$2.99×10^{-5}$
	Ding 等[29]	277	239	$6.7×10^{-5}$
	Nitta 等[30]	289.7±5.1	250.6±3.8	$2.76×10^{-4}$
	Seeger[31]	280.7	242.8	$6.0×10^{-4}$
Y	本书工作	165.9	159.9	$1.09×10^{-9}$
	Murali 等[27]	218.1	—	$8.0×10^{-7}$
La	本书工作	175.6	169.2	$2.88×10^{-10}$
Ce	本书工作	286.3	275.8	$7.66×10^{-6}$

　　图 4-9 给出了本次计算的 Fe 和 Y 原子扩散系数及温度的关系曲线，以及与文献报道数值的比较结果。从图中可以看出，Fe 原子的自扩散系数与 Ding 和 Nitta 等[29, 30]报道的结果较为接近，小于 Seeger[31]的测量值。本节计算的 Y 原子的扩散系数，在 1043K 以上温度区域与文献报道符合较好，在较低温度下则与文献值出现偏差。这是由于本节在计算过程中考虑了磁矩变化，而文献中并未考虑这一因素。

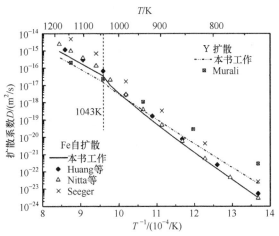

图 4-9　Fe 和 Y 原子在 bcc Fe 中扩散系数的计算值与文献报道的比较

　　图 4-10 给出了本节计算所得的 Y、La、Ce 和 Fe 原子在 bcc Fe 中扩散系数与温度的关系曲线。从图中可以看出，在研究的温度范围内，Y 原子的扩散系数与 Fe 原子自扩散系数较为接近。具体地说，以 970K 为分界点，在较低温度阶段 Y 原子的扩散系数高于 Fe 原子，在高温阶段则低于后者的扩散系数。两者在高温阶段的差异与文献[27]报道的趋势一致。该文献的实验检测表明，在高温阶段 Y 原

子的扩散系数比 Fe 原子低 2 个数量级。La 和 Ce 原子的扩散系数低于 Fe 原子的自扩散系数，其中 Ce 原子的扩散性最差。如前文所述，Ce 原子最低的扩散系数来自其与空位最小的结合能和最高的迁移能。

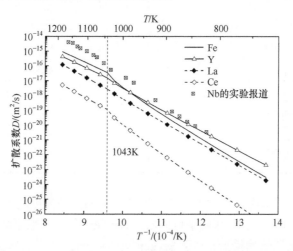

图 4-10　Y、La、Ce、Nb 和 Fe 原子在 bcc Fe 中的扩散系数

图 4-10 同时给出了 Oono 等[32]实验测得的 Nb 原子在 bcc Fe 中的扩散系数。通过对比可以发现，La 和 Ce 原子的扩散系数都明显小于 Nb 原子的扩散系数。

4.5　稀土元素在 fcc Fe 中的扩散系数

4.5.1　理论和计算方法

Fe 原子在 fcc Fe 中自扩散系数的表达式与式(4-58)相同：

$$D_{self}=a^2 f_0 C_v w_0 \tag{4-77}$$

对于 fcc 晶体结构，f_0=0.7815。

置换溶质原子在 fcc 点阵中的扩散系数也与式(4-66)相同：

$$D_{solute} = a^2 f_2 C_v w_2 \exp\left[-\Delta G_b/(k_B T)\right] \tag{4-78}$$

溶质原子跳跃至近邻的空位后，可能会发生向其起始位置的回跳。发生回跳的概率可以通过相关因子 f_2 来表示。Le Claire 等[33]认为，溶质在 fcc 结构中扩散的相关因子与 5 个跳跃频率有关，如图 4-11 所示。

图 4-11 中标示 1nn～4nn 的 Fe 原子分别为溶质原子的 1nn～4nn 溶剂原子，w_1 表示溶质原子 1nn 空位与溶质 1nn Fe 原子之间的位置交换，w_2 表示溶质原子与 1nn 空位之间的跳跃，w_3 表示空位远离溶质原子的跳跃，w_4 表示空位向溶质原

子 1nn 的跳跃。

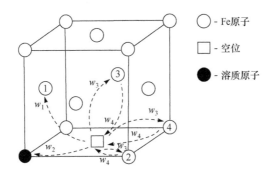

图 4-11　fcc Fe 中溶质原子近邻空位跳跃的 5-频率模型

fcc 晶格中溶质原子扩散的相关因子与 5 个跳跃之间的关系为

$$f_2 = \frac{2w_1 + 7w_3 F}{2w_1 + 2w_2 + 7w_3 F} \tag{4-79}$$

式中，F 与 w_4 和 w_0 之间存在如下关系：

$$F = 1 - \frac{10\xi^4 + 180.5\xi^3 + 927\xi^2 + 1341\xi}{7\left(2\xi^4 + 40.2\xi^3 + 254\xi^2 + 597\xi + 436\right)} \tag{4-80}$$

其中，$\xi = w_4/w_0$。

　　如前所述，在 5-频率模型中，所有空位离开溶质原子的跳跃为 w_4，而所有空位迁移向溶质原子的跳跃为 w_3。在 1nn 空位与溶质原子 2nn、3nn 和 4nn 的所有 w_3 和 w_4 中，都有各自相应的能垒。表 4-14 列出了空位跳离和跳近溶质原子的各路径相应的目标位置与溶质原子的距离，以及路径的等效数。在 5-频率模型中，根据每个跃迁路径的权重确定单个 w_3 和 w_4 的有效频率，用以确定扩散相关因子。

表 4-14　各跳跃终点位置与溶质原子的距离和跳跃的等效数

跳跃	近邻位置	与溶质的距离	跳跃等效数
w_{2nn}^3	2nn	a	2
w_{3nn}^3	3nn	$a\sqrt{6}/2$	4
w_{4nn}^3	4nn	$\sqrt{2}a$	1
w_{2nn}^4	2nn	a	2
w_{3nn}^4	3nn	$a\sqrt{6}/2$	4
w_{4nn}^4	4nn	$\sqrt{2}a$	1

从表 4-14 可知，对于跳离(或跳近)溶质原子的空位跃迁，有 2 个向溶质原子

2nn 的跳跃、4 个向 3nn 的跳跃，和 1 个向 4nn 的跳跃。可以认为这 7 个路径具有相同的频率，即可通过将 3 种不同跳跃相加来确定有效频率：

$$7w_{3(4)}^{\text{eff}} = 2w_{3(4)}^{2\text{nn}} + 4w_{3(4)}^{3\text{nn}} + w_{3(4)}^{4\text{nn}} \tag{4-81}$$

同样，也可以通过将前述的公式转换得到扩散系数的 Arrhenius 形式，从而确定指前因子 D_0 和扩散激活能 Q。

$$D = D_0 \exp\left(-\frac{Q}{k_{\text{B}}T}\right) \tag{4-82}$$

本节采用基于 DFT 框架下的 VASP 软件包进行第一性原理计算。计算中，价电子与离子实之间的相互作用选择 PAW，交换关联泛函采用 GGA，截断能量为 350eV。布里渊区积分采用 Monhkorst-Pack 特殊 k 网格点方法，计算选取了 6×6×6 的 k 网格。计算中的能量收敛标准为能量小于 10^{-5}eV，每个原子的剩余力小于 0.01eV/Å。选取包含 108 个原子的 3×3×3 超晶胞，计算空位形成能、溶质-空位结合能。在同样尺寸的超晶胞中，采用 NEB 方法计算原子跳跃的过渡态，并通过过渡态的鞍点和起始点构型能量之差确定原子的迁移能。采用力常数方法计算体系在平衡态和过渡态时的声子频率，基于简谐近似计算声子频率对自由能的贡献，计算中采用与 VASP 计算相同的截断能和 k 网格尺寸。

4.5.2　扩散行为

1. 空位形成能和结合能

本节分别构建包含空位和溶质-空位对构型的 fcc 超晶胞构型，在 VASP 中对各构型进行完全结构优化，然后根据以下公式计算空位在 fcc Fe 中的形成能和溶质-空位结合能：

$$\Delta H_{\text{f}} = E(N-1) - \frac{N-1}{N}E(N) \tag{4-83}$$

$$\Delta H_{\text{b}} = E(N-2,\text{vac},\text{sol}) - E(N-1,\text{vac}) - E(N-1,\text{sol}) + E(N) \tag{4-84}$$

对于含有溶质-空位对构型的超晶胞，采用 NEB 方法计算溶质原子相近邻空位跳跃的过渡态，通过计算获得的鞍点和起始点构型能量之差，可确定该溶质原子的迁移能。计算所得的空位形成能 ΔH_{f}、空位结合能 ΔH_{b} 和迁移能 ΔH_{m} 见表 4-15。

表 4-15　fcc Fe 中的空位形成能 ΔH_{f}、空位结合能 ΔH_{b} 和迁移能 ΔH_{m}

名称	Fe	La	Ce	Y	Nb
ΔH_{f}/eV	2.36	—	—	—	—
ΔH_{b}/eV	—	-2.07	-1.96	-1.62	-0.52
ΔH_{m}/eV	1.39	0.14	0.13	0.32	0.15

计算结果表明，在纯 fcc Fe 体系中的空位形成能为 2.36eV，与 Gopejenko 等[34]计算所得的 2.36eV 和 Shang 等[35]计算得到的 2.37eV 符合较好。Y 和 Nb 原子与空位的结合能分别为 –1.62eV 和 –0.52eV，也和文献报道的数值(–1.67eV[36] 和 –0.58eV[35])较为接近。Fe 原子自扩散的迁移能为 1.39eV，Nb 原子向近邻空位跳跃的迁移能为 0.15eV，都分别与文献报道的数值(1.42eV 和 0.12eV)[36]接近。

溶质-空位结合能在空位机制主导的溶质扩散过程中起着重要作用。由表 4-15 的计算结果可以看出，4 种溶质与空位的结合能均为负值，表明溶质与空位之间相互吸引。其中，La 和 Ce 原子与空位的吸引作用最强，结合能分别为 –2.07eV 和 –1.96eV；Y 与空位的结合能为 –1.62eV；而 Nb 与空位的结合性最弱，为 –0.52eV。

溶质与空位的相互作用受两个因素影响：应力松弛效应和电子结构效应。对合金中空位结合能的研究发现，溶质原子尺寸与溶质-空位结合能之间存在相关性，即较大的溶质原子会与近邻空位之间产生更为强烈的吸引作用[37, 38]。Saal 和 Wolverton[39]在研究 Mg 基合金中稀土原子与空位的结合能过程中，也发现类似的行为。为了进一步探究溶质与空位之间不同程度的吸引作用，将结合能分解为变形结合能 H_b^d 和电子结合能 H_b^e 两部分进行考虑。

通过进一步的分解计算，La、Ce 和 Y 原子与空位的变形结合能分别为 –1.52eV、–1.47eV 和 –1.43eV，而 Nb 原子与空位的变形结合能则为 –0.18eV。图 4-12 给出了溶质-空位结合能和各自的变形结合能。从图中可以看出，较大的原子尺寸，使得稀土原子与空位之间的吸引作用主要由应力松弛效应贡献，而 Nb 原子与空位之间的结合能主要由电子结构效应贡献。

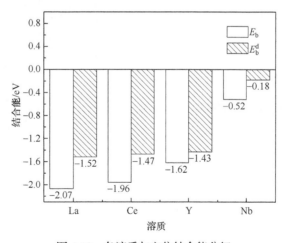

图 4-12　各溶质与空位结合能分解

关于电子结构对溶质与空位结合能的影响，可以通过研究溶质-空位对形成过程中电子的转移来阐明。为此，分别计算含有 La-空位、Ce-空位、Y-空位和 Nb-

空位对的 fcc Fe 超晶胞的差分电荷密度。差分电荷密度为含溶质体系的电荷密度
减去纯 Fe 体系及单溶质原子电荷密度的差值。

图 4-13(a)～(d)分别为结构优化后，La、Ce、Y 和 Nb 原子与 1nn 空位之间
的差分电荷密度分布。从图中可以看出，La、Ce、Y 与空位之间没有明显的电荷
转移，表明这三种稀土原子与 1nn 空位之间的电子结合能较弱。然而，图 4-13(d)
表明，Nb 原子与 1nn 空位之间发生了明显的电荷富集，表明两者之间有较强的电
子结合能。此外，从图中也可以看出，La、Ce 和 Y 原子在结构优化后，向空位
偏移了较长的距离，这与三种原子和空位之间较强的变形结合能有关。

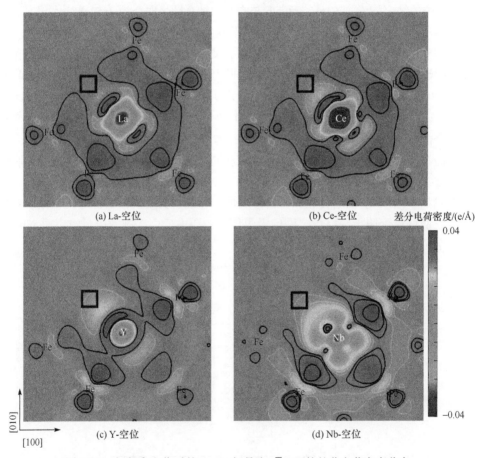

(a) La-空位　　　　　　　　　　　　　(b) Ce-空位　　　　差分电荷密度/(e/Å)

(c) Y-空位　　　　　　　　　　　　　(d) Nb-空位

图 4-13　含溶质-空位对的 fcc Fe 超晶胞($1\bar{1}0$)面的差分电荷密度分布

2. 迁移能和相关因子

利用 NEB 方法计算图 4-11 所示的模型中各原子跳跃路径的迁移能，结果见
表 4-16。由表中所列的计算结果可以看出，w_1 和 w_3 的迁移能都高于 Fe 原子自扩

散所需的迁移能，这是由于各溶质原子与其 1nn 空位之间具有较强的吸引作用，这使得该空位与相邻的 Fe 原子之间的位置交换变得困难。同时，溶质与空位之间较强的结合能也使 w_4 的迁移变得容易。此外，w_2 的迁移能都低于 Fe 原子自扩散的迁移能。

表 4-16　La、Ce、Y 和 Nb 原子在 fcc Fe 中向不同空位跳跃的迁移能　（单位：eV）

跳跃	La	Ce	Y	Nb
w_0	1.39	1.39	1.39	1.39
w_1	2.78	2.82	2.68	1.86
w_2	0.14	0.13	0.32	0.15
w_3	2.22	2.05	2.08	1.36
w_4	0.86	1.04	0.91	1.09

值得注意的是，尽管 Y 原子与其 1nn 空位之间具有相对较强的结合能，但在 4 种溶质原子中，Y 原子与空位之间的跳跃 w_2 迁移能最大为 0.32eV。溶质与 1nn 空位之间的迁移能大小与过渡态体系的电子结构有关。

图 4-14 分别给出了 La、Ce、Y 和 Nb 处于过渡态时体系的差分电荷密度分布。从图中可以看出，La、Ce 和 Nb 与周围近邻 Fe 原子之间没有明显的键合作用。然而，由图 4-14(c)可以看出，在超晶胞的[110]方向上，Y 原子与其相邻的 Fe 原子之间发生明显的电荷富集，最终形成哑铃状的电荷富集区域，这表明 Y 原子在鞍点位置附近与其相邻原子之间形成了明显的键合，从而使其迁移能升高。

相关因子 f_2 的数值在 0～1 范围内，数值大小与溶质原子跳跃回其先前位置的概率有关。La、Ce、Y 和 Nb 原子的相关因子分别为 2.67×10^{-8}、1.03×10^{-7}、2.88×10^{-7} 和 7.67×10^{-5}。根据扩散公式，较小的相关因子会有较强的相关效应，降低计算所得的扩散系数。较强的相关效应主要来源于溶质原子的迁移能和 Fe 原子迁移能之间较大的差值。相关效应与溶质原子置换入基体之后引起的体积变化有关，称为掺杂体积ΔV_X：

$$\Delta V_X = V(\mathrm{Fe}_{N-1}\mathrm{X}_1) - V(\mathrm{Fe}_N) \tag{4-85}$$

式中，$V(\mathrm{Fe}_{N-1}\mathrm{X}_1)$ 为含有 1 个溶质原子的 fcc Fe 超晶胞体积；$V(\mathrm{Fe}_N)$ 为掺杂前纯 fcc Fe 超晶胞体积。如果溶质原子具有较大的尺寸，在置换入基体后会引起错配应变，从而导致较大的ΔV_X，这会加大局部的自由空间从而降低溶质原子的迁移能。La、Ce、Y 和 Nb 的掺杂体积分别为 15.2Å³、12.26Å³、14.79Å³ 和 8.13Å³，其中 La、Ce 和 Y 的掺杂体积较大，三者的相关因子也相应更低。

3. 扩散系数

表 4-17 列出了 Fe 原子自扩散和溶质原子扩散的指前因子和激活能。本节计

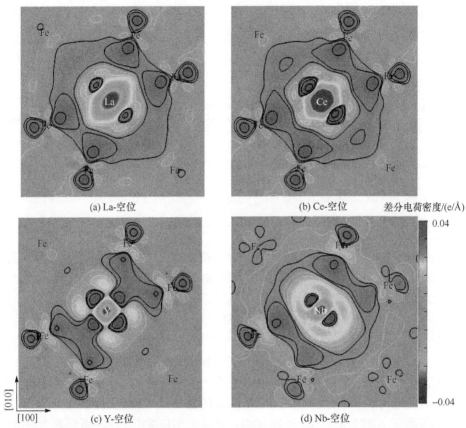

(a) La-空位

(b) Ce-空位

差分电荷密度/(e/Å)

0.04

(c) Y-空位

(d) Nb-空位

−0.04

[010]

[100]

图 4-14 fcc Fe 超晶胞溶质向空位跃迁过渡态构型在($1\bar{1}0$)面的差分电荷密度分布

算所得的 Fe 自扩散指前因子为 9.47×10^{-3}, 大于 Heiming 等[40]及 Heumann 和 Imm[41] 利用实验测得的数值, 但小于 Zhang[42]利用第一性原理的计算结果。Fe 原子的扩散激活能为 3.75eV, 与文献报道的数值范围相符(2.94~3.91eV)。本节计算所得的 Nb 的指前因子为 2.85×10^{-8}, 小于文献报道的 7.50×10^{-5}。Nb 的扩散激活能为 1.99eV, 也小于报道的实验值。对于三种稀土元素 La、Ce 和 Y 原子在 fcc Fe 中扩散的相关数据, 还未见系统报道。从计算结果可以看出, 三种稀土的指前因子和扩散激活能均小于 Nb 原子。

表 4-17 Fe 原子和 La、Ce、Y、Nb 原子在 fcc Fe 中扩散的指前因子和激活能

原子	参考文献	$D_0/(m^2/s)$	Q/eV
Fe	本书工作	9.47×10^{-3}	3.75
	Heiming 等[40]	1.50×10^{-4}	3.10
	Heumann 和 Imm[41]	4.90×10^{-5}	2.94
	Zhang[42]	2.77×10^{-2}	3.91

续表

元素	参考文献	$D_0/(\text{m}^2/\text{s})$	Q/eV
La	本书工作	8.5×10^{-15}	0.42
Ce	本书工作	4.61×10^{-13}	0.53
Y	本书工作	8.62×10^{-12}	1.06
Nb	本书工作	2.85×10^{-8}	1.99
	Kurokawa 等[43]	7.50×10^{-5}	2.74

将表 4-17 中所列的本节计算所得的指前因子和扩散激活能代入扩散系数的 Arrhenius 形式，可得到 Fe、La、Ce、Y 和 Nb 原子在 fcc Fe 中的扩散系数随温度的变化规律。图 4-15 给出了 Fe 原子的自扩散系数和 Nb 原子的扩散系数随温度的变化线，同时也给出了文献报道的相关数据。

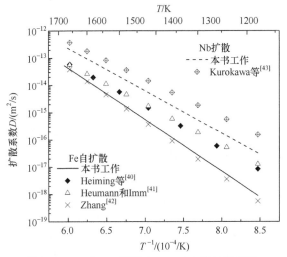

图 4-15　Fe 和 Nb 原子在 fcc Fe 中的扩散系数

根据扩散系数的 Arrhenius 形式，图 4-15 中扩散系数变化直线的斜率与相应原子扩散激活能的大小相关，而直线与纵坐标的交点则与扩散的指前因子有关。从图中可以看出，本节计算的 Fe 原子自扩散系数与 Zhang[42]的计算结果较为一致，但小于 Heiming 等[40]、Heumann 和 Imm[41]的实验数值。同时，因为计算所得的 Fe 扩散激活能大于实验值，所以本节计算结果的直线斜率大于实验值，使得两者在较高温度相交。对于 Nb 原子的扩散系数，本节计算结果虽然稍小于实验报道值，但两者仍处于同一数量级。

为方便对计算结果进行比较，将 La、Ce、Y、Nb 和 Fe 原子在 fcc Fe 中的扩散系数与温度的关系绘制在一起，如图 4-16 所示。

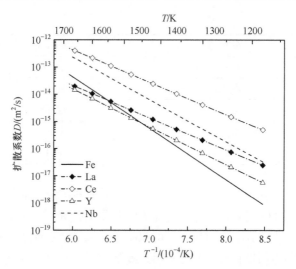

图 4-16　La、Ce、Y、Nb 和 Fe 原子在 fcc Fe 中的扩散系数

由图 4-16 所示的各原子扩散系数可以看出，Ce 原子的扩散系数最高，Nb 原子的扩散系数低于 Ce 原子。La 原子的扩散系数直线与 Fe 原子的自扩散系数所在直线在 1554K 相交，在低于 1554K 温度范围内前者高于后者。Y 原子与 Fe 原子在 1449K 处的扩散系数相同，在低于该温度时，Y 原子的扩散系数更高。

稀土元素在钢中的扩散系数研究，对深刻理解稀土相关的微观相变机理和由此引起的性能变化有着重要意义。一般情况下，实验手段仅能获得高温阶段扩散性，然后在假设指前因子和扩散激活能为常数的前提下，通过拟合 Arrhenius 表达式外推到低温区域。由于稀土元素在钢中的固溶度极低，以及实验材料的纯净度、缺陷等因素，常规实验手段根本无法精确测量出其扩散系数。从本节的研究过程可以看出，通过第一性原理可以揭示溶质与空位之间的相互作用，以及两者交换位置的难易程度。经过系统的推理和计算，能够准确地确定扩散的指前因子和激活能，减少了实验结果的不确定性，预测整个温度范围内溶质的扩散系数。

在扩散型相变的模拟方面，人们开发出基于 CALPHAD 框架的 DICTRA (Diffusion Controlled Transformation)软件。基于清晰界面和局域平衡假设，该软件能够利用基础数据模拟多元合金中发生的扩散型相变。在模拟过程中，该软件需要完善的热力学和动力学数据库，以及原子迁移率数据库。其中，原子迁移率 M_i 与扩散系数 D_i^* 存在 Einstein 关系[44]：

$$D_i^* = RTM_i \tag{4-86}$$

进一步，在二元体系中，可以通过溶质和溶剂原子的扩散系数及相关热力学参数得到互扩散系数：

$$\tilde{D} = (x_A D_B^* + x_B D_A^*)\varphi \tag{4-87}$$

式中，φ 为热力学因子，与体系的自由能、成分和活度有关：

$$\varphi = 1 + \frac{\mathrm{d}\ln\gamma_i}{\mathrm{d}x_i} = \frac{x_i}{RT}\frac{\partial\mu_i}{\partial x_i} = \frac{x_i(1-x_i)}{RT}\frac{\mathrm{d}^2 G_m}{\mathrm{d}x_i^2} \tag{4-88}$$

通过本节研究，得出了 Y、La 和 Ce 原子在 fcc Fe 中扩散系数的基础数据，使利用热力学手段预测稀土微合金钢相变能够得到更为准确的结果，从而为稀土钢的成分设计与开发提供理论依据。

4.6　稀土元素对 Nb 在 bcc Fe 中扩散行为的影响

本节将以 Fe-Nb 与 FeLa-Nb 合金为扩散偶，采用热模拟机进行扩散焊实验，结合扫描电子显微镜(scanning electron microscope，SEM)显微组织观察与成分能谱分析，得到 La 作用下 Nb 在 bcc-Fe 基体中的扩散系数。

4.6.1　扩散系数计算方法

一定条件下，合金元素在基体中的扩散系数为常数。在此前提下，利用扩散偶实验确定扩散系数时，认为研究对象元素在基体中的扩散相当于在半无限长杆中的一维扩散，如图 4-17 所示。

在扩散开始时，图 4-17 左端和右端的目标研究元素的浓度分别为 C_0 和 0，随着扩散时间的延长，目标元素逐渐由左端向右端扩散。图 4-17 所示的扩散时间 $t_2 > t_1$，由于左端试样中 Nb 的浓度远高于右端，随着扩散时间的推移，目标原子将从界面不断向右端试样中扩散。设目标元素在左端试样中的浓度为 C_0，则在扩散界面上的浓度为 $C_0/2$。

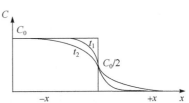

图 4-17　扩散偶浓度分布示意图

对于 D 为常数的扩散系数，可通过误差函数解得到：

$$C(x,t) = \frac{C_0}{2}\left[1 - \mathrm{erf}\left(\frac{x}{2\sqrt{Dt}}\right)\right] \tag{4-89}$$

式中，t 为扩散时间。

由式(4-89)可得到

$$\mathrm{erf}\left(\frac{x}{2\sqrt{Dt}}\right)=1-\frac{2C(x,t)}{C_0} \tag{4-90}$$

令 $\beta=\dfrac{x}{2\sqrt{Dt}}$，通过成分分析可检测到一定扩散时间下某位置 x 的浓度 $C(x,t)$，从而可得出式(4-90)右边的数值，利用误差函数表可查出等式左边括号里的 β 值，进而可通过式(4-91)求出扩散系数：

$$D=\frac{x^2}{4\beta^2 t} \tag{4-91}$$

扩散系数 D 与温度 T 之间的关系可用 Arrhenius 方程表示：

$$D=D_0\exp\left(-\frac{Q}{RT}\right) \tag{4-92}$$

式中，D_0 为指前因子，单位为 m²/s；Q 为扩散激活能，单位为 kJ/mol；R 为摩尔气体常数。

D_0 与 Q 为和温度无关的常数，只与扩散机制以及元素性质有关。基于扩散系数的这一性质，可对式(4-92)两边同时取对数：

$$\ln D=\ln D_0-\frac{Q}{RT} \tag{4-93}$$

由式(4-93)可以看出，$\ln D$ 与 $1/T$ 为线性关系。在扩散偶实验中，利用式(4-91)～式(4-93)计算出不同温度 T 所对应的扩散系数 D，通过拟合线性关系，可得出直线斜率 $\left(-\dfrac{Q}{R}\right)$ 和截距 $\ln D_0$。

4.6.2　扩散偶实验设计

根据 Fe-La、Nb-La 与 Fe-Nb 二元相图[45]，Fe 和 La 不形成化合物，900℃时 La 在 α-Fe 中的固溶度(原子分数)不大于 0.2%；此外，La 在 Nb 中也不形成化合物，室温下 La 在 Nb 中的固溶度约为 0.3%，Nb(27%～38%)在 Fe 中会形成 Fe₂Nb(ε) 相，由此设计扩散偶实验。

对于本次研究，扩散偶左端为 Fe 基含 Nb 试样 B(或 D)，右端为纯 Fe 基试样 A(或含 La 纯 Fe 试样 C)，主要研究 Nb 原子从 A 到 B 的扩散过程。图中所示的扩散时间 $t_2>t_1$，由于左端试样中 Nb 的浓度远高于右端，随着扩散时间的推移，Nb 原子将从界面不断向纯 Fe 试样中扩散。设 Nb 在 B 试样中的浓度为 C_0，则在扩散界面上的浓度为 $C_0/2$。

扩散偶实验材料的化学成分见表 4-18。

表 4-18	实验材料化学成分(质量分数)					(单位：%)	
实验材料	C	Si	P	S	La	Nb	Fe
A	0.002	0.001	0.005	0.006		0	余量
B	0.002	0.001	0.005	0.005		40.14	余量
C	0.002	0.002	0.005	0.005	0.0052	0	余量
D	0.002	0.001	0.004	0.005	0.0048	40.35	余量

表 4-18 中 A 为高纯 Fe 基合金，B 为在合金 A 基础上加入 Nb 的 Fe-Nb 合金。同时，熔炼了高纯铁基 Fe-La 合金 C，与在合金 C 基础上加入 Nb 的 Fe-Nb-La 合金 D 进行比照，分析 La 添加前后 Nb 扩散系数的变化趋势。

实验用合金在 70g 高频悬浮炉中熔炼而成，为消除成分偏析，同时考虑扩散过程中晶界对扩散行为的影响，应使晶粒充分长大，因此将纽扣锭在真空石英管中进行均匀化退火，退火温度为 1050℃，保温 2h。

从退火处理后的纽扣锭上切取 8mm×8mm×6mm 的扩散试样，经打磨后使其表面光洁度达到要求水平，用于扩散偶组装连接。在 Gleeble-1500D 热模拟试验机上完成扩散焊接实验，焊接时真空度高于 10^{-3}Pa，对扩散偶两端施加 1MPa 压力，实验温度分别为 840℃、855℃、870℃和 885℃，保温时间为 0.5h，焊接后快冷至室温，之后将试样分别封装于真空石英管中，继续在相应的扩散温度 840℃、855℃、870℃和 885℃保温 1.5h，每个扩散偶的扩散总时间为 2h，以保证充分扩散。

扩散焊实验结束后，采用钼丝切割机沿平行于扩散偶纵向切开，对切面进行磨制、抛光处理后，采用 JXA-8100 型电子探针对扩散偶界面进行成分分析。

4.6.3　Nb 在 α-Fe 中的扩散系数

对 A-B 以及 C-D 合金组成的扩散偶分别在 840℃、855℃、870℃和 885℃进行 1h 充分扩散处理后，利用电子探针检测界面向高纯 Fe 试样不同深度的 Nb 含量，见表 4-19 与表 4-20。通过比较可以看出，在含 La 的扩散偶中，相同时间内，Nb 在扩散至 Fe 侧相同距离时，其浓度更高。

表 4-19	NbFe-Fe 扩散偶中 Fe 侧 Nb 成分分布(原子分数)			(单位：%)
扩散距离/μm	扩散温度/℃			
	840	855	870	885
3	0.112	0.122	0.129	0.139
6	0.066	0.065	0.083	0.189
9	0.029	0.033	0.046	0.066
12	0.008	0.019	0.022	0.035

表 4-20　NbFeLa-FeLa 扩散偶中 FeLa 侧 Nb 成分分布(原子分数)　　　(单位：%)

扩散距离/μm	扩散温度/℃			
	840	855	870	885
3	0.126	0.131	0.124	0.135
6	0.059	0.083	0.095	0.110
9	0.032	0.049	0.063	0.068
12	0.015	0.024	0.041	0.051

　　根据菲克第二定律，若扩散系数为与浓度无关的常数，则可用浓度范围内的扩散系数平均值近似作为扩散系数。菲克定律 $\dfrac{\partial C}{\partial t} = D\dfrac{\partial^2 C}{\partial x}$ 表明，在扩散过程中，某点的浓度 C 与其扩散距离存在二次方关系。

　　对表 4-19 和表 4-20 所示的两种扩散偶在不同温度下 Fe 侧 Nb 元素分布状况进行二次函数拟合，如图 4-18 与图 4-19 所示。

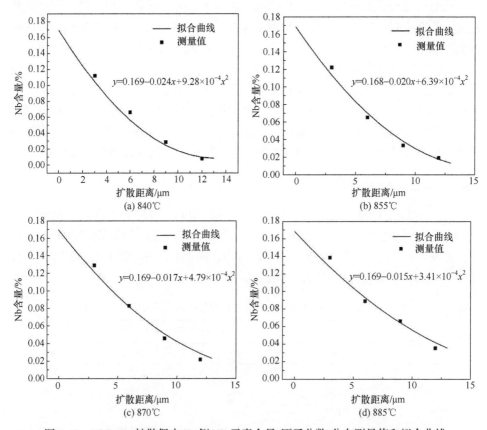

图 4-18　NbFe-Fe 扩散偶中 Fe 侧 Nb 元素含量(原子分数)分布测量值和拟合曲线

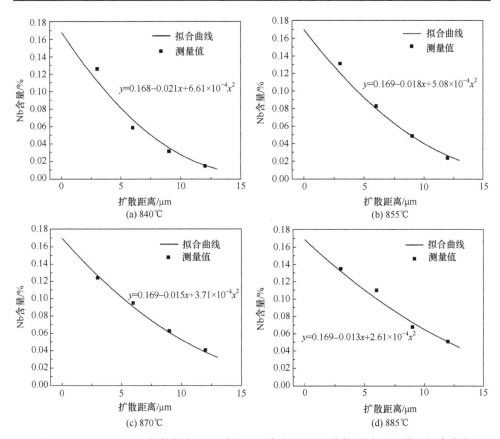

图 4-19 NbFeLa-FeLa 扩散偶中 FeLa 侧 Nb 元素含量(原子分数)分布测量值和拟合曲线

可以看出,测量值与拟合曲线符合较好。随着温度升高,在测量范围内含量分布曲线有向直线过渡的趋势。这是由于随温度升高 Nb 原子的扩散系数不断增大,在相同时间内能够扩散至更深的距离,在实验中测量的较短扩散距离内,浓度的分布趋势已不能够反映其二次曲线的整体变化趋势。

利用表 4-19 和表 4-20 中的 Nb 浓度分布,根据式(4-89)~式(4-93)可以计算出不同温度下不同扩散距离含量所对应的扩散系数,相同温度下所获得的 4 个扩散系数取平均值,即为该温度下 Nb 原子在 Fe 或含 La Fe 中的扩散系数,计算结果见表 4-21。结果表明,La 的存在能够提高 Nb 原子在 α-Fe 中的扩散系数。

表 4-21 不同温度下 Nb 原子在纯 Fe 和含 La Fe 中的扩散系数 D (单位:m²/s)

条件	温度/℃			
	840	855	870	885
Nb 在纯 Fe 中	2.76×10^{-15}	3.91×10^{-15}	5.49×10^{-15}	7.65×10^{-15}
Nb 在含 La Fe 中	3.73×10^{-15}	5.16×10^{-15}	7.09×10^{-15}	1.30×10^{-14}

根据表 4-21 绘制不同温度的倒数 $1/T$ 时对应的 $\ln D$,并按线性关系进行拟合,如图 4-20 所示。拟合得到的扩散系数方程分别如下。

Nb 在纯 Fe 中的扩散系数为

$$D = 7.1 \times 10^{-4} \exp\left(-\frac{243143}{RT}\right)$$

La 作用下 Nb 在 Fe 中的扩散系数为

$$D = 1.63 \times 10^{-4} \exp\left(-\frac{226740}{RT}\right)$$

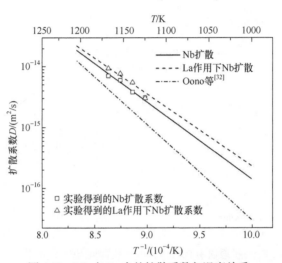

图 4-20　Nb 在 Fe 中的扩散系数与温度关系

实验结果表明,在 La 作用下,Nb 在 α-Fe 中的扩散系数有所提高。图 4-20 中同时也给出了 Oono 等[32]测量的 Nb 在 α-Fe 中的扩散系数。从图中可以看出,本次测量的扩散系数比文献报道数值稍大,但在同一数量级之内,结果较为合理。

4.7　稀土元素对 Nb、C 在 fcc Fe 中扩散行为的影响

NbC 第二相在热变形过程中的析出行为,主要受 Nb 和 C 在奥氏体的固溶度,以及 Nb 在奥氏体中的扩散系数两方面因素的制约。Wang 等[46]对 NbC 在铁素体区的系统研究表明,加入稀土元素 La 后,Nb 在铁素体中的扩散系数增大,促进了 NbC 的析出。此外,C 在 Fe 中的扩散行为也受其他合金元素的影响[47]。在第 3 章中,已经利用 DFT 就 La 和 Nb 各自在 Fe 中的扩散系数进行了分析,本章将进一步采用分子动力学研究 La 在奥氏体区对 Nb 与 C 扩散系数的影响机理。

分子动力学假定分子(或原子)在体系中的运动服从某一确定的描述,这种描述可以通过牛顿运动方程、哈密顿方程或拉格朗日方程来确定。通过求解分子(或原子)的运动方程,再根据统计物理规律,得出粒子的微观物理量(如坐标和速度)和宏观物理量(如温度、压力、弹性模量和压力等)之间的关系。利用分子动力学,可以在原子尺度上模拟更大体系($10^4 \sim 10^6$ 个原子)材料的物性,这也为研究 La 对 Nb 和 C 扩散行为的影响提供了手段。

分子间的相互作用是决定体系中分子运动的根本因素,也进一步决定了材料的相关性质,这种作用由势函数来描述。势函数的选取决定着计算模型与真实系统的近似程度,从而对模拟结果的合理与否产生重要影响。目前,在稀土含 Nb 钢的研究中,还缺乏有关 Fe-Nb-La 和 Fe-C-La 势函数的相关数据报道。

本节首先利用 force-matching 方法[48]分别构建 Fe-Nb-La 和 Fe-C-La 势函数,使之能够反映 Fe 基稀溶液固溶体中 Fe、La 与 Nb、C 之间的相互作用,再利用所得势函数研究 La 在 fcc Fe 中对 Nb、C 扩散行为的影响。

4.7.1　嵌入原子势拟合原理

1. 嵌入原子势

势函数分为对势(pair potential)和多体势(many body potential)函数。其中对势具有较久的使用历史,可广泛应用于无机化合物等计算模拟领域。在过渡金属的研究中,由于体系中含有一定的共价键,对势已经无法很好地表征相关原子的相互作用。因此,研究者提出了考虑多体相互作用的多体势函数,如嵌入原子势(embedded atom method,EAM)[49]和 Finnis-Sinclair 势[50]。

对势一般由排斥项和吸引项两部分组成,排斥项由原子间电子云重叠引起,吸引项由原子间共用电子或电偶极矩的相互作用所致。对势主要有 Lennard-Jones(LJ)势、Morse 势和 Born-Mayer 势等。其中 LJ 势的表达形式为[51]

$$\phi(r) = 4\varepsilon \left[\left(\frac{n}{m-n} \right) \left(\frac{\sigma}{r} \right)^m - \left(\frac{n}{m-n} \right) \left(\frac{\sigma}{r} \right)^n \right] \tag{4-94}$$

式中,m、n、ε 和 σ 为势参数;r 为原子间的距离。

Morse 势的表达形式为[52]

$$\phi(r) = D_e \left[1 - \exp(-a(r - r_e)) \right]^2 - 1 \tag{4-95}$$

式中,D_e、a 和 r_e 为势参数。

EAM 的表达形式为

$$E_{\text{tot}} = \frac{1}{2} \sum_{i \neq j} \phi_{ij}(r_{ij}) + \sum_i F_i(\rho_i) \tag{4-96}$$

$$\rho_i = \sum_j \rho(r_{ij}) \tag{4-97}$$

式中，$\phi_{ij}(r_{ij})$ 为距离为 $r_{ij}=\left|r_j-r_i\right|$ 的原子 i 和 j 之间的对势，可用 LJ 势或 Morse 势等表达；$F_i(\rho_i)$ 为将原子 i 嵌入电子密度为 n_i 的位置所需能量；$\rho(r_{ij})$ 为原子 j 的传递函数，表示原子 j 在 i 处贡献的电子密度。

嵌入势通常通过几个分析函数来描述原子间的相互作用[53]。为了将参数的数量保持在可控范围之内，一般在给定的分析框架内假设函数的形式，这些参数通常通过拟合实验数据来确定，实验数据大多为基于理想晶体的晶格常数、内聚能和弹性常数。

2. 势函数拟合方法

第一性原理可以对体系的物理量进行精确预测，因此在构建势函数时，将第一性原理的计算结果作为输入数据将有利于提高拟合结果的准确性。基于这一考虑，Ercolessi 和 Adams 等[48]提出了 force-matching 方法，该方法借助大量第一性原理计算结果来得到经验势。通过包括不同原子构型和温度的计算信息，可以构建一个势函数来再现密度泛函理论计算得到的结果，从而改进势函数的通用性。目前，force-matching 方法构建的势函数已广泛应用于材料研究领域并取得合理的预测结果[54, 55]。

本节将基于 force-matching 方法，利用第一性原理的计算结果，通过 Potfit 软件包[56, 57]构建 Fe 基稀溶液固溶体的 Fe-Nb-La 三元系嵌入原子势。构建过程包括两部分。

第一部分，建立参考结构数据库。建立一系列参考结构，包括纯 Fe，不同浓度的 Fe-La、Fe-Nb 和 Fe-Nb-La 体系，利用第一性原理计算多个温度下参考结构的原子力、能量和应力。

第二部分，拟合并优化嵌入原子势。通过 Potfit 软件包将参考数据库拟合得到原子势，并最小化原子力、能量和应力与第一性原理计算结果的差异。利用所得原子势，在 LAMMPS 软件中计算一系列体系的原子力、能量和应力，若利用新原子势计算得到的结果与第一性原理相差较大，则重新进行拟合。

3. Potfit 的拟合原理

经典分子动力学模拟需要有效的势函数，对简单材料来说，这些势函数可通过系统的实验获得。然而，对于较为复杂的体系，往往需要确定更多的参数来得到势函数，使用实验测量已无法满足对数据的需求。在获得材料固相或液相有效势函数的方法中，force-matching 方法不依赖任何实验数据，仅需要从头计算的参考数据，使用大量的第一性原理计算来代替很少的实验数据，通过使用大量不同参考构型得到的势函数，往往比实验手段得到的势函数更为可靠。

在应用 force-matching 方法时，需确定一个势函数模型以将作用势映射到一组离散数据点，常见的势函数模型为列表模型和分析模型。列表势通过 n 个参数 α_1，α_2，$\cdots$，α_n 表示在一定距离内作用势的变化，也就是对作用势变化进行采样；分析势通过定义作用势变化过程中的控制参数来表达作用势。图 4-21 所示为利用两种模型表达的 LJ 对势曲线。

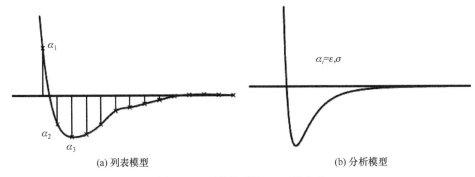

(a) 列表模型　　　　　　　　　　　　　　(b) 分析模型

图 4-21　两种模型的 LJ 对势曲线

Potfit 通过调整势函数模型的参数 ξ，来再现第一性原理的计算结果，最终通过最小化第一性原理的参考值(如力、能量和应力)与势函数计算数值之间的方差来实现目标势函数的优化。拟合过程中需要最小化的目标方程为

$$Z(\xi) = Z_F(\xi) + Z_C(\xi) \tag{4-98}$$

式中，

$$Z_F(\xi) = \sum_{i=1}^{N_a} \sum_{\alpha=x,y,z} W_i \frac{\left(F_{i\alpha}^{EAM}(\xi) - F_{i\alpha}^{DFT} \right)^2}{\left(F_{i\alpha}^{DFT} \right)^2 + \varepsilon_i} \tag{4-99}$$

$$Z_C(\xi) = \sum_{i=1}^{N_c} W_i \frac{\left(A_i^{EAM}(\xi) - A_i^{DFT} \right)^2}{\left(A_i^{DFT} \right)^2 + \varepsilon_i} \tag{4-100}$$

式(4-99)描述了通过目标势函数计算得到的参考构型的力 $F_{i\alpha}^{EAM}$ 与第一性原理结果 $F_{i\alpha}^{DFT}$ 的偏差，式(4-100)表达了使用目标势函数计算得到给定参考构型的能量或应力张量与第一性原理对应结果的偏差。N_a 表示给定体系中的原子数量，N_c 表示能量或者应力的数量，ε_i 为设定数值以防止出现分母为零的情况，W_i 为权重值。

force-matching 软件优化计算的目的是找到一套参数 ξ 来得到最小的目标函数 $Z(\xi)$。在计算目标函数各部分过程中，计算资源消耗较大，因此所使用的优化算法必须尽量高效。目标函数 $Z(\xi)$ 连续变量的函数，具有许多局部最小值。对优化算法的要求之一是该算法能够以有效的方式保留局部最小值，同时能够最大化地覆盖参数空间。在 Potfit 的初步优化中，有两种算法可选：模拟退火算法和差分演化算法，本节选择的是模拟退火算法。在初步优化之后，使用共轭梯度算法进行最小化处理。

4.7.2　Fe-Nb-La 势函数拟合

1. 参考结构数据

在拟合势函数之前，需要建立一系列参考构型，利用第一性原理对这些参考构型进行计算。建立的参考构型应为 Potfit 提供纯 Fe 结构，含有不同浓度的 La、Nb 以及 La-Nb 混合的 Fe 基体系，并考虑空位的影响。

表 4-22 列出了本节建立的参考结构和计算温度。参考结构包括纯 bcc Fe 和 fcc Fe、Fe-Nb 和 Fe-La 二元系及 Fe-Nb-La 三元系。对于 bcc 结构，计算温度选择 0K、600K、800 K 和 2000K；对于 fcc 结构，计算温度选择为 0K、1250K 和 1500K。在构建二元和三元体系时，分别将 2～4 个 Fe 原子替换为溶质原子。此外，参考构型也包括含有空位的合金体系。表 4-22 中 V_0 表示体系的原始体积，V 表示施加一定应变后的体积。本节拟合势函数的目的是描述 Fe-Nb-La 体系在奥氏体区域的特性，因此使用了较多的 fcc Fe 体系在高温区的参考构型。

表 4-22　拟合 Fe-Nb-La EAM 函数所用的参考构型

结构	结构数量	原子数量	体积(V/V_0)	温度/K
Fe, bcc	12	128	0.85～1.15	0, 600, 800, 2000
Fe-vac, bcc	3	127	1	0, 600, 800
Fe-Nb, bcc	4	128	1	0, 600, 800, 2000
Fe-La, bcc	4	128	1	0, 600, 800, 2000
Fe-Nb-vac, bcc	3	127	1	0, 600, 800
Fe-La-vac, bcc	3	127	1	0, 600, 800
Fe-Nb-La, bcc	12	128	1	0, 600, 800, 2000
Fe, fcc	9	108	0.85～1.15	0, 1250, 1500
Fe-Nb, fcc	12	108	1	0, 1250, 1500
Fe-La, fcc	12	108	1	0, 1250, 1500
Fe-Nb-vac, fcc	3	107	1	0, 1250, 1500
Fe-La-vac, fcc	3	107	1	0, 1250, 1500
Fe-Nb-La, fcc	12	108	1	0, 1250, 1500

在建立构型后，使用 VASP 软件包计算参考构型数据(力、能量和应力)。计

算中，价电子与离子实之间的相互作用选择 PAW，交换关联泛函采用 GGA，截断能量为 350eV。布里渊区积分采用 Monhkorst-Pack 特殊 k 网格点方法，计算选取了 2×2×2 的 k 网格。计算中考虑单反铁磁性(single-layer antiferromagnetic, AFM1)状态。计算中的能量收敛标准为能量小于 10^{-5}eV，每个原子的剩余力小于 0.01eV/Å。参考数据库共包括 92 个构型，10506 个原子、31518 个力、92 个能量和 552 个应力。

2. 势函数参数

利用 Potfit 将表 4-22 所列的参考结构在 VASP 中计算后，对所得结果信息进行拟合。在拟合过程中处理了 12 个函数，具体包括 6 个对势函数 $\varphi_{\alpha\beta}$，3 个嵌入函数 F_α，3 个电子密度函数 ρ_α。其中对势函数使用式(4-95)的 Morse 势表达，嵌入函数采用式(4-101)表达[58]：

$$F(\rho) = F_0(1 - \gamma \ln \rho)\rho^\gamma + F_1\rho \tag{4-101}$$

式中，F_0、γ 和 F_1 为势参数；ρ 为电子密度，使用式(4-102)表达[59]：

$$\rho(r) = \frac{1 + a_1 \cos(\alpha r + \varphi)}{r^\beta} \tag{4-102}$$

其中，a_1、α、φ 和 β 为势参数。

拟合得到的 6 个对势的各参数、3 个嵌入函数的参数和 3 个电子密度函数的参数，分别见表 4-23～表 4-25。

表 4-23　对势参数

参数	Fe-Fe	Fe-Nb	Fe-La	Nb-Nb	Nb-La	La-La
D_e	0.14370562	0.99706521	0.25380775	0.98238625	0.90718956	0.19979408
a	2.00961697	0.99997722	1.00215156	2.23470635	1.27625157	2.32947621
r_e	2.57785909	2.75747717	3.32536789	2.93812290	3.09968338	3.74932218

表 4-24　嵌入函数参数

参数	Fe	Nb	La
F_0	−8.02217492	−9.99847497	−2.16403592
γ	1.99420102	0.20104033	1.45676557
F_1	0.99925237	0.99884835	0.99895893

表 4-25　电子密度函数参数

参数	Fe	Nb	La
a_1	1.08237458	–0.48464116	–1.29865603
α	0.99977257	1.00765762	1.00641393
φ	0.66252820	4.04696058	3.77751436
β	3.04990690	1.30588513	2.63896561

　　拟合得到的各函数曲线如图 4-22 所示。由图可以看出,本次拟合的结果表明,在 La 和 Nb 的间距超过 2.6Å 时,两者均存在相互吸引的作用,这与前文第一性原理计算结果较为一致。根据第一性原理的计算结果,在 fcc Fe 中,Nb 和 La 在 2nn～6nn 范围内均为相互吸引。

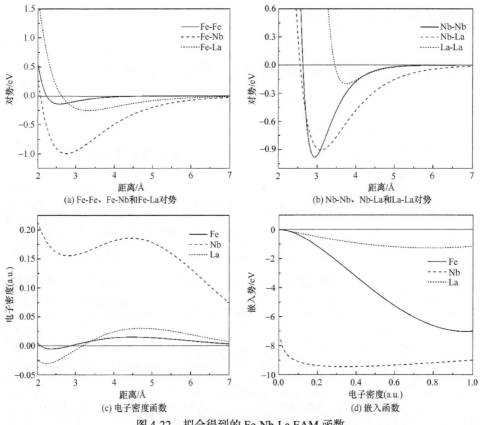

图 4-22　拟合得到的 Fe-Nb-La EAM 函数

　　在势函数拟合完成后,需要对其准确性进行测试。一般可使用参考构型的能量、应力和力的散点图来对优化的可靠性进行整体评价。在优化结束后,将各参考构型对应的势函数计算值和第一性原理计算值放在二维坐标中,如果两者之间较为一致，则所有的散点会落在坐标的对角线上。

图 4-23 为利用本节 EAM 函数计算各参考构型后，得到的能量、应力和力与对应的 VASP 计算结果的散点分布。其中，纵坐标表示第一性原理计算结果的数值，横坐标表示利用 EAM 函数计算的结果数值。由图可以看出，大部分数据点都落在对角线范围内，表明本次拟合得到的势函数，可以很好地再现第一性原理计算的参考构型数据。

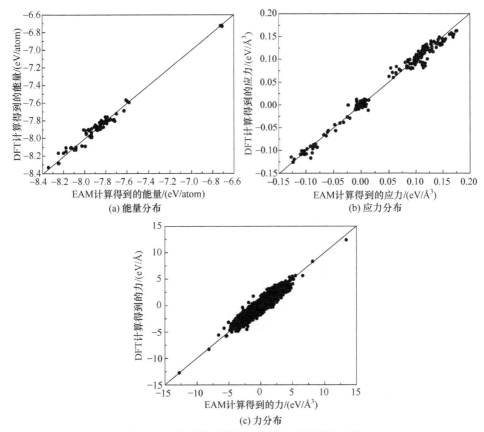

图 4-23　参考构型能量、应力和力的散点分布

利用得到的 EAM 函数计算纯 Fe 的晶格常数和弹性常数，结果见表 4-26。同时，表中也列出了文献报道的第一性原理计算值[60]与实验结果[61]。此外，利用 Sa 和 Lee[62]报道的 Fe-Nb 的改进嵌入原子势(modified embeded atom method，MEAM)进行相同的计算，结果也一并列入表 4-26 中。

由表 4-26 中的计算结果和文献报道结果比较可以看出，利用本节拟合的势函数计算得到的 Fe 晶格常数和弹性常数，与文献报道的第一性原理计算结果符合较好。本节 EAM 函数计算得到的 bcc Fe 晶格常数和弹性常数与文献的 MEAM 计算结果符合较好；在对 fcc Fe 的计算中发现，EAM 函数得到的晶格常数、C_{11} 和 C_{12} 与 MEAM 较为接近，但得到的 C_{44} 则远大于后者。实际上，利用文献 MEAM 得到的 fcc Fe 的 C_{44} 也远小于报道的计算和实验值，这可能是由于拟合势函数过程中，对目标势函数应用场合的侧重点有所不同。

表 4-26　利用 EAM 函数计算得到的纯 Fe 晶格常数和弹性常数

结构	名称	本节 EAM 结果	第一性原理结果[60]	实验结果[61]	MEAM 结果[62]
bcc Fe	a	2.729	2.757	2.897	2.762
	C_{11}	218	230	192	241
	C_{12}	159	127	124	137
	C_{44}	141	157	171	121
fcc Fe	a	3.455	3.449	3.662	3.522
	C_{11}	248	210	154	193
	C_{12}	133	138	77	161
	C_{44}	148	161	122	81

4.7.3　Fe-C-La 势函数拟合

1. 参考数据库

本节同样采用 force-matching 方法拟合 Fe-C-La 的 EAM 函数。在拟合势函数之前，需要建立一系列参考构型，利用第一性原理对这些参考构型进行计算。建立的参考构型应为 Potfit 提供纯 Fe 结构，含有不同浓度的 La、C 以及 La-C 混合的 Fe 基体系。在构建模型过程中，La 原子占据置换位置，C 原子置于间隙位置。

表 4-27 列出了本次拟合所建立的参考构型和计算温度。参考结构包括纯 bcc 和 fcc Fe、Fe-C 和 Fe-La 二元系及 Fe-C-La 三元系。对于 bcc 结构，计算温度选择 0K、600K、800K 和 2000K；对于 fcc 结构，计算温度则选择 0K、1250K 和 1500K。在构建过程中，将 La 和 C 原子分别设置为置换和间隙原子。本节拟合势函数的目的是描述 Fe-Nb-La 体系在奥氏体区间的特性，因此使用了较多的 fcc Fe 体系在高温区的参考构型。

在建立构型后，使用 VASP 软件包计算各参考构型数据(力、能量和应力)。计算中，价电子与离子实之间的相互作用选择 PAW，交换关联泛函采用 GGA，截断能量为 350eV。布里渊区积分采用 Monhkorst-Pack 特殊 k 网格点方法，计算选取了 2×2×2 的 k 网格。计算中的能量收敛标准为能量小于 10^{-5}eV，每个原子的剩余力小于 0.01eV/Å。参考数据库共包括 112 个构型、12257 个原子、36771 个力、112 个能量和 672 个应力。

表 4-27　拟合 Fe-C-La EAM 函数所用的参考构型

结构	结构数量	原子数量	体积(V/V_0)	温度/K
Fe, bcc	12	128	0.85~1.15	0, 600, 800, 2000
Fe-C, bcc	8	129~132	1	0, 600, 800, 2000
Fe-La, bcc	4	128	1	0, 600, 800, 2000
Fe-C-La, bcc	16	129~132	1	0, 600, 800, 2000
Fe, fcc	12	108	0.85~1.15	0, 1250, 1500
Fe-C, fcc	24	109~112	1	0, 1250, 1500
Fe-La, fcc	12	108	1	0, 1250, 1500
Fe-C-La, fcc	24	109~112	1	0, 1250, 1500

2. 势函数参数

利用 Potfit 将表 4-27 所列的参考结构在 VASP 中计算后，将所得结果信息进行拟合。拟合后 6 个对势的参数、3 个嵌入函数的参数、3 个电子密度函数的参数分别见表 4-28~表 4-30。

表 4-28　对势参数

参数	Fe-Fe	Fe-C	Fe-La	C-C	C-La	La-La
D_e	0.26790898	1.00002228	0.34710949	0.99509302	0.99997493	0.33265070
a	1.96973938	1.90893296	0.99989793	1.51164192	1.51493560	1.00619496
r_e	2.41332918	1.85148583	3.15122363	2.59257618	2.61678952	3.74516954

表 4-29　嵌入函数参数

参数	Fe	C	La
F_0	−6.77467286	−9.99842107	−2.64043258
γ	0.77397010	0.42335557	0.10576410
F_1	0.99895666	0.99923989	0.99890729

表 4-30　电子密度函数参数

参数	Fe	C	La
a_1	1.97979936	−1.76909936	1.44903653
α	1.35770737	1.02239999	1.17934878
φ	3.32149742	2.52599905	4.50637952
β	3.94790389	3.05772631	2.51219065

　　图 4-24 为利用本节 EAM 函数计算各参考构型后，得到的能量、应力和力与对应 VASP 计算结果的散点分布。其中，纵坐标表示第一性原理计算结果的数值，横坐标表示利用 EAM 函数的计算结果数值。从图中可以看出，大部分数据点都落在对角线范围内，表明本次拟合得到的势函数可以很好地再现第一性原理计算的参考构型数据。

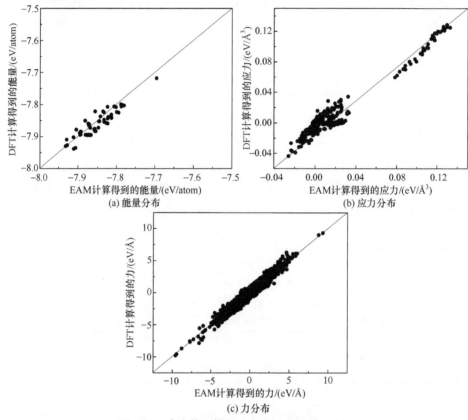

图 4-24　参考构型能量、应力和力的散点分布

　　利用得到的 EAM 函数，计算纯 Fe 的晶格常数和弹性常数，见表 4-31。在表中也列出了文献报道的第一性原理计算值。通过对比可以看出，利用本节拟合的势函数计算得到的 Fe 晶格常数和弹性常数，与文献报道的计算值符合较好。

表 4-31　利用 EAM 函数计算得到的纯 Fe 晶格常数和弹性常数

结构	名称	本节 EAM 结果	第一性原理结果[60]
	a	2.725	2.757
bcc Fe	C_{11}	257	230
	C_{12}	123	127

结构	名称	本节 EAM 结果	第一性原理结果[60]
bcc Fe	C_{44}	153	157
fcc Fe	a	3.445	3.449
	C_{11}	198	210
	C_{12}	119	138
	C_{44}	114	161

4.7.4 La 对 Nb 在 fcc Fe 中扩散系数的影响

1. 计算方法

利用分子动力学方法研究扩散系数，是通过在有限温度下跟踪特定原子在一段时间内的运动轨迹，来计算出其均方位移(mean square displacement，MSD)：

$$\text{MSD} = \overline{R_n^2} = \frac{1}{N}\sum_{i=1}^{N}\left[r_i(t) - r_i(0)\right]^2 \tag{4-103}$$

式中，R_n 为扩散原子跳动 n 次的总位移；$r_i(t)$ 为扩散原子在 t 时刻所处的位置；$r_i(0)$ 为扩散原子的初始位置；N 表示体系中的扩散原子的数量。

特定扩散原子的扩散系数 D 与 MSD 之间有以下关系[63]：

$$D = \frac{\overline{R_n^2}}{2dt} \tag{4-104}$$

式中，d 为体系的维数，本节中 $d=3$。

应用本节得到的 Fe-Nb-La EAM，在 LAMMPS 软件包中模拟 Nb 在 fcc Fe 中的扩散。建立了尺寸为 $16 \times 16 \times 16\, a_0^3$ 的超晶胞，a_0 为 fcc Fe 的晶格常数。在 x、y、z 三个方向上均选用周期性边界条件。在此基础上构建 Fe-1%Nb 和 Fe-1%Nb-0.2%La(原子分数)模型，并在体系中设置 0.1%(原子分数)的空位，Nb、La 和空位随机占据模拟盒子的阵点位置。建立的 Fe-1%Nb 构型中，包括 16204 个 Fe 原子和 164 个 Nb 原子，Fe-1%Nb-0.2%La 构型包括 16171 个 Fe 原子，164 个 Nb 原子和 33 个 La 原子。建立的 Fe-1%Nb 和 Fe-1%Nb-0.2%La 模型如图 4-25 所示，其中，图 4-25(a)为 Fe-1%Nb 体系，图 4-25(b)为 Fe-1%Nb-0.2%La 体系。图中，灰色圆球代表 Fe 原子，白色圆球代表 Nb 原子，黑色圆球代表 La 原子。

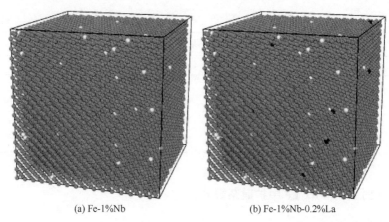

(a) Fe-1%Nb　　　　　　　　(b) Fe-1%Nb-0.2%La

图 4-25　Nb 原子在 fcc Fe 中扩散的分子动力学模拟体系

模拟中首先采用共轭梯度方法进行能量最小化，之后采用等温等压(NPT)系综分别在 900℃、950℃、1000℃和 1050℃及零压条件下弛豫 50ps。对弛豫优化后的构型在以上 4 个温度，以及相同压力条件下采用正则(NVT)系综等温处理 10ns。模拟时间步长为 1fs。

2. La 对 Nb 扩散行为的影响

对 Fe-1%Nb 和 Fe-1%Nb-0.2%La 体系进行 900℃、950℃、1000℃和 1050℃等温处理，计算得到体系中 Nb 原子的 MSD 随时间的变化曲线，如图 4-26 所示。

从图 4-26 中可以看出，均方位移的变化呈线性趋势随保温时间的延长不断增加。对于图 4-26(a)中的 Fe-1%Nb 合金，随着温度的升高，Nb 原子的扩散加快，在 900℃保温 10ns 后，MSD 增加到 5.2Å²；在 1050℃保温 10ns 后，MSD 增加到 8.4Å²。图 4-26(b)表明，添加 La 之后，合金在 900℃保温 10ns 后，MSD 为 1.7Å²；在 1050℃

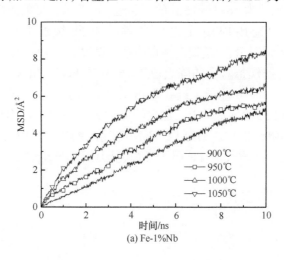

(a) Fe-1%Nb

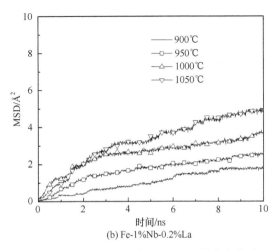

图 4-26　合金在不同温度下 Nb 原子的均方位移

保温 10ns 后，MSD 增加到 5.1Å²。可以看出，添加 La 后，相同条件下 Nb 在 fcc Fe 中的均方位移较低。

利用式(4-104)可以计算得到不同温度下 Nb 原子的扩散系数。扩散系数 D 与温度 T 之间的 Arrhenius 关系为

$$D = D_0 \exp\left(-\frac{Q}{RT}\right) \tag{4-105}$$

式中，D_0 为指前因子，单位为 m²/s；Q 为扩散激活能，单位为 kJ/mol；R 为摩尔气体常数。在扩散系数公式中，认为指前因子 D_0 和扩散激活能 Q 只与扩散机制和元素性质有关，而与温度无关。因此，可对式(4-105)两边同时取对数：

$$\ln D = \ln D_0 - \frac{Q}{RT} \tag{4-106}$$

由式(4-106)可以看出，$\ln D$ 和 $1/T$ 满足线性关系。在本节的研究中，可以将分子动力学计算得到的不同温度下的扩散系数进行线性拟合，拟合后的直线斜率为 $\left(-\dfrac{Q}{R}\right)$，截距为 $\ln D_0$。通过以上方法，确定 Nb 在 fcc Fe 中的扩散系数如图 4-27 所示。拟合得到的扩散系数方程分别如下。

Nb 在 fcc Fe 中的扩散系数为

$$D = 3.62 \times 10^{-11} \exp\left(-\frac{36394}{RT}\right)$$

La 作用下 Nb 在 fcc Fe 中的扩散系数为

$$D = 2.03 \times 10^{-9} \exp\left(-\frac{85792}{RT}\right)$$

可以看出，加入 La 后，Nb 在 fcc Fe 中扩散的指前因子和扩散激活能均有增加。扩散激活能的大幅增加，正是 Nb 扩散变慢的主要原因。

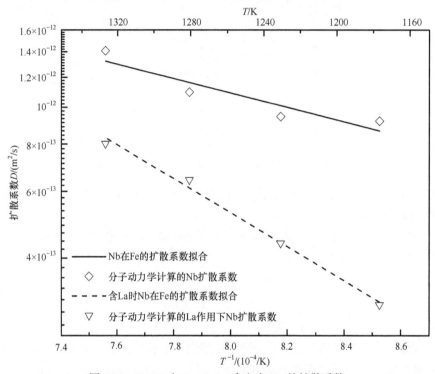

图 4-27　Fe-Nb 和 Fe-Nb-La 合金中 Nb 的扩散系数

Nb 在钢中的扩散主要为空位主导机制，该机制作用下原子的扩散行为可以分为两个过程：近邻空位的形成，以及溶质与空位之间的位置交换。溶质原子以空位机制在合金中的扩散激活能可通过式(4-107)表达[64]：

$$Q = E_f^V + E_m^{Nb} \tag{4-107}$$

式中，E_f^V 为体系中单个空位的形成能；E_m^{Nb} 为 Nb 原子向 1nn 空位跳跃所需克服的迁移能。为了探究 La 添加对 Nb 扩散行为的影响，需计算 Nb 原子在 Fe-Nb 体系和 Fe-Nb-La 体系中的扩散激活能。

含有溶质 Nb 原子的体系中空位的形成能可通过式(4-108)计算：

$$E_f^V = E(Fe_{N-2}, Nb, V) - E(Fe_{N-1}, Nb) + \frac{1}{N}E(Fe_N) \tag{4-108}$$

式中，N 为纯 fcc Fe 超晶胞体系中的原子数；$E(Fe_{N-2}, Nb, V)$ 为含有 N–2 个 Fe 原子、1 个 Nb 原子和 1 个空位的超晶胞能量；$E(Fe_{N-1}, Nb)$ 为含有 N–1 个 Fe 原

子和 1 个 Nb 原子的超晶胞能量；$E(Fe_N)$ 为含有 N 个 Fe 原子的纯 fcc Fe 超晶胞能量。

　　本节建立了尺寸为 3×3×3 含有 108 个原子的 fcc Fe 超晶胞，如图 4-28 所示。利用 VASP 对超晶胞进行完全结构优化后，计算了式(4-107)和式(4-108)中所需的能量，计算中所选参数与前文相同。

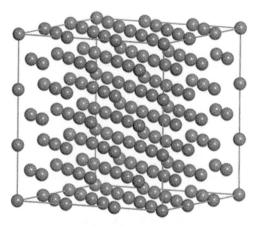

图 4-28　fcc Fe(3×3×3)超晶胞示意图

　　在计算 La 添加情况下 Nb 原子向其 1nn 空位跃迁的迁移能时，分别考虑 Nb 原子处于 La 原子的 1nn 和 2nn 的两种构型，如图 4-29 所示。本节对于 1nn 构型 La-Nb，选择位于 La 原子 1nn 和 2nn 的阵点位置作为空位；对于 2nn 构型 La-Nb，选择位于 La 原子 1nn 和 3nn 的阵点位置作为空位。利用 NEB 方法计算 Nb 原子分别向这两个空位扩散的迁移能，在图中用 w_A 和 w_B 表示。

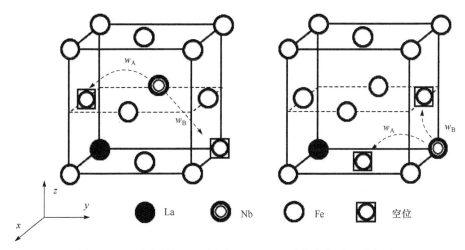

图 4-29　Nb 原子处于 La 原子 1nn 和 2nn 时的空位跃迁示意图

表 4-32 列出了计算得到的空位形成能、Nb 原子的扩散迁移能和扩散激活能。

表 4-32　La 加入前后 Nb 原子近邻的空位形成能、扩散迁移能和激活能

名称	空位形成能/eV	迁移能/eV	激活能/eV
Nb	1.63	0.15	1.78
Nb-La(1nn)-w_A	1.16	2.55	3.71
Nb -La(1nn)-w_B	2.28	0.13	2.41
Nb -La(2nn)-w_A	0.41	1.74	2.15
Nb -La(2nn)-w_B	1.65	0.46	2.11

由表 4-32 可以看出，在 Fe-Nb 体系中，Nb 原子 1nn 的空位形成能为 1.63eV，Nb 原子向近邻空位跳跃的迁移能为 0.15eV，扩散激活能为 1.78eV。需要注意的是，为了研究溶质原子 La 对 Nb 扩散激活能的影响，本次讨论中的空位形成能是考虑了空位与溶质原子处于近邻的情况下计算得到的，且激活能计算未考虑 Nb 与空位的结合能，因此计算所得的激活能与前文中基于 5-频率模型的结果有所不同。对于 La-Nb 处于 1nn 的构型，所讨论的两种跳跃(w_A 和 w_B)目标的空位形成能分别为 1.16eV 和 2.28eV，迁移能分别为 2.25eV 和 0.13eV；对于 La-Nb 处于 2nn 的构型，两种跳跃的空位形成能分别为 0.41eV 和 1.65eV，迁移能分别为 1.74eV 和 0.46eV。

在 La 与 Nb 处于近邻时，会在 fcc Fe 基体产生局部区域的应变。在这种情况下，如果在溶质原子附近引入空位，溶质原子就会向空位偏移以缓解应变，表现为对空位的捕获作用。对于图 4-29 所示的情况，在 Nb 原子以 w_A 向 La 的 1nn 近邻空位跳跃时，在克服 La 与 Nb 原子已形成键合的同时，也需要克服 La 原子与空位之间的结合能。根据前文对 La 和 Nb 分别与 1nn 空位的结合能，La-空位结合能为–2.07eV，Nb-空位结合能为–0.52eV，La 对近邻空位的束缚作用远大于 Nb，这就使 w_A 的迁移能升高。如果 Nb 以 w_B 向 La 的 2nn 和 3nn 空位跳跃，由于在 fcc Fe 中 La 对较远距离空位的结合能较小，且 La 对 Nb 的束缚作用也小于 Nb-空位的结合能，同时 Nb 完成这一跳跃可延长与 La 的距离从而降低应变，因此迁移能垒明显降低。

根据式(4-107)，Nb 原子的扩散激活能包括空位形成能和迁移能。表 4-32 表明，Fe-Nb-La 体系中 Nb 原子向各方向扩散所需的激活能都有不同程度的升高。因此，在 fcc Fe 中添加 La 后，会降低 Nb 在基体的扩散系数。

4.7.5　La 对 C 在 fcc Fe 中扩散系数的影响

1. 计算方法

基于前文利用 force-matching 方法得到的 Fe-C-La 嵌入原子势，可以利用分子

动力学方法模拟 fcc Fe-C-La 体系中 C 原子在给定温度下的 MSD，从而得到 C 原子的扩散系数。

本节建立了尺寸为 $16×16×16\,a_0^3$ 的超晶胞，a_0 为 fcc Fe 的晶格常数，在 x、y、z 三个方向上均选用周期性边界条件，在此基础上构建 Fe-1%C 和 Fe-1%C-0.2%La(原子分数)模型，C 原子占据体系的间隙位置，La 原子占据置换位置，C 和 La 原子随机分布。建立的 Fe-1%C 构型中，包括 16548 个 Fe 原子和 164 个 C 原子；Fe-1%C-0.2%La 构型包括 16351 个 Fe 原子，164 个 C 原子和 33 个 La 原子。建立的 Fe-1%C 和 Fe-1%C-0.2%La 模型如图 4-30 所示。图中，灰色圆球代表 Fe 原子，白色圆球代表 C 原子，黑色圆球代表 La 原子。

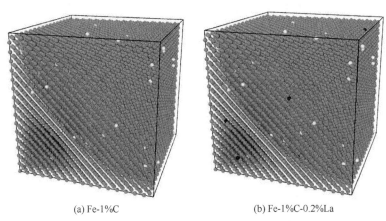

(a) Fe-1%C　　　　　　　　　　(b) Fe-1%C-0.2%La

图 4-30　C 原子在 fcc Fe 中扩散的分子动力学模拟体系

模拟中首先采用共轭梯度方法进行能量最小化，之后采用 NPT 系综分别在 900℃、950℃、1000℃和 1050℃，以及零压条件下弛豫 50ps。对弛豫优化后的构型在以上 4 个温度，以及相同压力条件下采用 NVT 系综等温处理 10ns。模拟时间步长为 1fs。

2. La 对 C 扩散行为的影响

对 Fe-1%C 和 Fe-1%C-0.2%La 体系进行 900℃、950℃、1000℃和 1050℃等温处理，计算得到体系中 Nb 原子的 MSD 随时间的变化曲线，如图 4-31 所示。从图中可以看出，MSD 的变化呈线性趋势随保温时间的延长不断增加。对于 Fe-1%C 合金，随着温度的升高，C 原子的扩散加快，在 900℃保温 10ns 后，MSD 增加到 33.2Å²；在 1050℃保温 10ns 后，MSD 增加到 90.0Å²。在添加 La 之后，合金在 900℃保温 10ns 后，MSD 为 47.1Å²；在 1050℃保温 10ns 后，MSD 增加到 112.9Å²。可以看出，添加 La 后，相同条件下 C 在 fcc Fe 中的 MSD 有所增加。

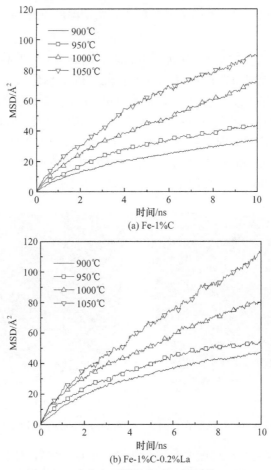

图 4-31　合金在不同温度下 C 原子的 MSD

同样，根据计算所得的各 MSD 值可得到 C 原子在相应温度下的扩散系数，通过 $\ln D$ 和 $1/T$ 之间的线性关系，将不同温度对应的扩散系数进行拟合，拟合后的直线斜率为 $\left(-\dfrac{Q}{R}\right)$，截距为 $\ln D_0$。通过以上方法，确定 C 原子在 fcc Fe 中的扩散系数，如图 4-32 所示。拟合得到的扩散系数方程分别如下。

C 原子在 fcc Fe 中的扩散系数为

$$D = 5.25 \times 10^{-8} \exp\left(-\frac{89446}{RT}\right)$$

La 作用下 C 原子在 fcc Fe 中的扩散系数为

$$D = 1.51 \times 10^{-8} \exp\left(-\frac{74209}{RT}\right)$$

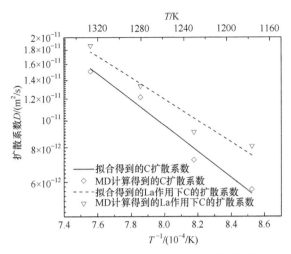

图 4-32　Fe-C 和 Fe-C-La 合金中 C 的扩散系数

可以看出，在 La 作用下，C 原子在 fcc Fe 中的扩散系数有所升高。拟合出的扩散系数公式表明，La 可使 C 原子的扩散激活能降低，但是与提高 Nb 原子扩散激活能的相对变化量相比，La 使 C 原子扩散激活能的降幅较小。在 Fe-C-La 体系中，La 原子以置换方式占据 Fe 原子阵点位置，C 原子占据八面体间隙位置。在保温过程中，C 原子通过四面体间隙来完成在两个相邻八面体位置之间的扩散跃迁[65]。在这一过程中，La 原子并未对 C 原子的扩散通道产生影响。Yan 和 Liu[66]在对 20CrMnTi 表面渗碳处理中发现，La 元素会促进 C 原子的扩散过程。吴业琼[67]的第一性原理计算结果表明，在 fcc Fe 中引入 La 后，会使 La 原子周围 C 原子的扩散激活能降低，从而加快 C 原子的扩散。

参 考 文 献

[1] Birks L S, Seebold R E. Diffusion of Nb with Cr, Fe, Ni, Mo, and stainless steel[J]. Journal of Nuclear Materials, 1961, 3(3): 249-259.

[2] Herzig C, Geise J, Divinski S V. Niobium bulk and grain boundary diffusion in alpha-iron[J]. Zeitschrift für Metallkunde, 2002, 93(12): 1180-1187.

[3] Perrard F, Deschamps A, Maugis P. Modelling the precipitation of NbC on dislocations in α-Fe [J]. Acta Materialia, 2007, 55(4): 1255-1266.

[4] Sampath S, Rementeria R, Huang X, et al. The role of silicon, vacancies, and strain in carbon distribution in low temperature bainite[J]. Journal of Alloys and Compounds, 2016, 673: 289-294.

[5] Sawada H, Kawakami K, Sugiyama M. Interaction between substitutional and interstitial elements in α iron studied by first-principles calculation[J]. Materials Transactions, 2005, 46(6): 1140-1147.

[6] 余永宁. 材料科学基础[M]. 北京: 高等教育出版社, 2006.

[7] 程晓农, 戴起勋, 邵红红. 材料固态相变与扩散[M]. 北京: 化学工业出版社, 2006.

[8] Mantina M, Wang Y, Arroyave R, et al. First-principles calculation of self-diffusion

coefficients[J]. Physical Review Letters, 2008, 100(21): 215901.

[9] Zhao D D, Kong Y, Wang A J, et al. Self-diffusion coefficient of fcc Mg: First-principles calculations and semi-empirical predictions[J]. Journal of Phase Equilibria and Diffusion, 2011, 32: 128-137.

[10] Sherby O D, Simnad M T. Prediction of atomic mobility in metallic systems[J]. Transactions of the American Society Metals, 1961, 54: 227-240.

[11] Versteylen C D, Dijk N, Sluiter M. First-principles analysis of solute diffusion in dilute bcc Fe-X alloys[J]. Physical Review B, 2017, 96(9): 094105.

[12] Mantina M, Wang Y, Chen L Q, et al. First principles impurity diffusion coefficients[J]. Acta Materialia, 2009, 57: 4102-4108.

[13] Ramunni V P, Rivas A M F. Diffusion behavior of Cr diluted in bcc and fcc Fe: Classical and quantum simulation methods[J]. Materials Chemistry and Physics, 2015, 162: 659-670.

[14] Wimmer E, Wolf W, Sticht J, et al. Temperature-dependent diffusion coefficients from ab initio computations: Hydrogen, deuterium, and tritium in nickel[J]. Physical Review B, 2008, 77(13): 134305.

[15] Eyring H. The activated complex in chemical reactions[J]. The Journal of Chemical Physics, 1935, 3(2): 107-115.

[16] Wert C, Zener C. Interstitial atomic diffusion coefficients[J]. Physical Review, 1949, 76(8): 1169.

[17] Vineyard G H. Frequency factors and isotope effects in solid state rate processes[J]. Journal of Physics and Chemistry of Solids, 1957, 3(1): 121-127.

[18] Le Claire A D. On the theory of impurity diffusion in metals[J]. Philosophical Magazine, 1962, 7(73): 141-167.

[19] Le Claire A D. Solvent self-diffusion in dilute b. c. c. solid solutions[J]. Philosophical Magazine, 1970, 21(172): 819-832.

[20] Eyring H, Henderson D, Jost W. Physical Chemistry: An Advanced Treatise[M]. New York: Academic Press, 1970.

[21] Takemoto S, Nitta H, Ijima Y, et al. Diffusion of tungsten in α-iron[J]. Philosophical Magazine, 2007, 87(11): 1619-1629.

[22] Goodman J C M. The magnetization of pure iron and nickel[J]. Proceedings of the Royal Society of London. Series A, Mathematical and Physical Sciences, 1971, 321(1547): 477-491.

[23] Huang S, Worthington D L, Asta M, et al. Calculation of impurity diffusivities in α-Fe using first-principles methods[J]. Acta Materialia, 2010, 58: 1982-1993.

[24] Zhang C, Fu J, Li R H, et al. Solute/impurity diffusivities in bcc Fe: A first-principles study[J]. Journal of Nuclear materials, 2014, 455: 354-359.

[25] Gorbatov O I, Korzhavyi P A, Ruban A V, et al. Vacancy-solute interactions in ferromagnetic and paramagnetic bcc iron: Ab initio calculations[J]. Journal of Nuclear Materials, 2011, 419: 248-255.

[26] Kong X S, Wu X B, You Y W, et al. First-principles calculations of transition metal-solute interactions with point defects in tungsten[J]. Acta Materialia, 2014, 66: 172-183.

[27] Murali D, Panigrahi B K, Valsakumar M C, et al. Diffusion of Y and Ti/Zr in bcc iron: A first

principles study[J]. Journal of Nuclear Materials, 2011, 419(1-3): 208-212.

[28] Claisse A, Olsson P. First-principles calculations of (Y, Ti, O) cluster formation in body centred cubic iron-chromium[J]. Nuclear Instruments and Methods in Physics Research Section B: Beam Interactions with Materials and Atoms, 2013, 303: 18-22.

[29] Ding H, Huang S, Ghosh G, et al. A computational study of impurity diffusivities for 5d transition metal solutes in α-Fe[J]. Scripta Materialia, 2012, 67(7-8): 732-735.

[30] Nitta H, Yamamoto T, Kanno R, et al. Diffusion of molybdenum in α-iron[J]. Acta Materialia, 2002, 50: 4117-4125.

[31] Seeger A. Lattice vacancies in high-purity α-iron[J]. Physica Status Solidi(a), 1998, 167: 289-311.

[32] Oono N, Nitta H, Iijima Y. Diffusion of niobium in α-iron[J]. Materials Transactions, 2003, 44(10): 2078-2083.

[33] Le Claire A D, Lidiard A B. Correlation effects in diffusion in crystals[J]. Philosophical magazine, 1956, 1(6): 518-527.

[34] Gopejenko A, Zhukovskii Y F, Vladimirov P V, et al. Ab initio simulation of yttrium oxide nanocluster formation on fcc Fe lattice[J]. Journal of Nuclear Materials, 2010, 406(3): 345-350.

[35] Shang S L, Zhou B C, Wang W Y, et al. A comprehensive first-principles study of pure elements: Vacancy formation and migration energies and self-diffusion coefficients[J]. Acta Materialia, 2016, 109: 128-141.

[36] Tsuru T, Kaji Y. First-principles thermodynamic calculations of diffusion characteristics of impurities in γ-iron[J]. Journal of Nuclear Materials, 2013, 442(1): S684-S687.

[37] Olsson P, Klaver T P C, Domain C. Ab initio study of solute transition-metal interactions with point defects in bcc Fe[J]. Physical Review B, 2010, 81(5): 054102.

[38] Wolverton C. Solute-vacancy binding in aluminum[J]. Acta Materialia, 2007, 55(17): 5867-5872.

[39] Saal J E, Wolverton C. Solute-vacancy binding of the rare earths in magnesium from first principles[J]. Acta Materialia, 2012, 60(13-14): 5151-5159.

[40] Heiming A, Steinmetz K H, Vogl G, et al. Mossbauer studies on self-diffusion in pure iron[J]. Journal of Physics F: Metal Physics, 1988, 18(7): 1491-1503.

[41] Heumann T, Imm R. Self-diffusion and isotope effect in γ-iron[J]. Journal of Physics and Chemistry of Solids, 1968, 29(9): 1613-1621.

[42] Zhang B. Calculation of self-diffusion coefficients in iron[J]. AIP Advances, 2014, 4(1): 017128.

[43] Kurokawa S, Ruzzante J E, Hey A M, et al. Diffusion of Nb in Fe and Fe alloys[J]. Metal Science, 1983, 17(9): 433-438.

[44] Liu X J, Shangguan N, Wang C P. Assessment of the diffusional mobilities in the face-centred cubic Ag-Zn alloys[J]. Calphad, 2011, 35(2): 155-159.

[45] 梁基谢夫 H П. 金属二元系相图手册[M]. 北京: 化学工业出版社, 2009.

[46] Wang H Y, Gao X Y, Mao W M, et al. Effect of lanthanum on the precipitation of NbC in ferritic steels[J]. ISIJ International, 2016, 56(9): 1646-1651.

[47] Golovin I S, Blanter M S, Magalas L B. Interactions of dissolved atoms and carbon diffusion in Fe-Cr and Fe-Al alloys[J]. Defect & Diffusion Forum, 2001, 194-199: 73-78.

[48] Ercolessi F, Adams J B. Interatomic potentials from first-principles calculations: The force-matching method[J]. Europhysics Letters, 1994, 26(8): 583.

[49] Daw M S, Baskes M I. Embedded-atom method: Derivation and application to impurities, surfaces, and other defects in metals[J]. Physical Review B, 1984, 29(12): 6443.

[50] Finnis M W, Sinclair J E. A simple empirical N-body potential for transition metals[J]. Philosophical Magazine A, 1984, 50(1): 45-55.

[51] Zhen S, Davies G J. Calculation of the Lennard-Jones n-m potential energy parameters for metals[J]. Physica Status Solidi, 1983, 78(2): 595-605.

[52] Morse P M. Diatomic molecules according to the wave mechanics. II. Vibrational levels[J]. Physical Review, 1929, 33(6): 932-947.

[53] Li Y, Siegel D J, Adams J B, et al. Embedded-atom-method tantalum potential developed by the force-matching method[J]. Physical Review B, 2003, 67(12): 181-183.

[54] Hansen U, Vogl P, Fiorentini V. Quasi-harmonic vs. "exact" surface free energies of Al: A systematic study employing a classical interatomic potential[J]. Physical Review B, 1999, 60(7): 5055-5064.

[55] Lenosky T J, Sadigh B, Alonso E, et al. Highly optimized empirical potential model of silicon[J]. Modelling and Simulation in Materials Science and Engineering, 2000, 8(6): 825.

[56] Brommer P, Gähler F. Potfit: Effective potentials from ab initio data[J]. Modelling and Simulation in Materials Science and Engineering, 2007, 15(3): 295-304.

[57] Brommer P, Gähler F. Effective potentials for quasicrystals from ab-initio data[J]. Philosophical Magazine, 2006, 86(6-8): 753-758.

[58] Banerjea A, Smith J R. Origins of the universal binding-energy relation[J]. Physical Review B, 1988, 37(12): 6632.

[59] Chantasiriwan S, Milstein F. Higher-order elasticity of cubic metals in the embedded-atom method[J]. Physical Review B, 1996, 53(21): 14080-14088.

[60] Leonov I, Poteryaev A I, Anisimov V I, et al. Calculated phonon spectra of paramagnetic iron at the α-γ phase transition[J]. Physical Review B, 2012, 85(2): 020401.

[61] Zarestky J, Stassis C. Lattice dynamics of γ-Fe[J]. Physical Review B, 1987, 35(9): 4500.

[62] Sa I, Lee B J. Modified embedded-atom method interatomic potentials for the Fe-Nb and Fe-Ti binary systems[J]. Scripta Materialia, 2008, 59(6): 595-598.

[63] Marian J, Wirth B D, Odette G R, et al. Cu diffusion in α-Fe: Determination of solute diffusivities using atomic-scale simulations[J]. Computational Materials Science, 2004, 31(3): 347-367.

[64] Wang Y F, Gao H Y, Wang J, et al. First-principles calculations of Ag addition on the diffusion mechanisms of Cu-Fe alloys[J]. Solid State Communications, 2014, 183: 60-63.

[65] Jiang D E, Carter E A. Carbon dissolution and diffusion in ferrite and austenite from first principles[J]. Physical Review B, 2003, 67(21): 214103.

[66] Yan M F, Liu Z R. Study on microstructure and microhardness in surface layer of 20CrMnTi steel carburised at 880℃ with and without RE[J]. Materials Chemistry and Physics, 2001, 72(1): 97-100.

[67] 吴业琼. 20CrMnTi 稀土渗碳研究及稀土对碳扩散影响的第一性原理计算[D]. 哈尔滨: 哈尔滨工业大学, 2007.

第5章　稀土元素对碳化铌在奥氏体区
析出行为的影响

5.1　引　　言

在热变形过程中，含 Nb 微合金钢会发生 NbC 粒子的应变诱导析出，析出相的形核方式与析出动力学决定了第二相的分布形态[1, 2]。研究表明，稀土元素在钢中会延缓微合金碳氮化物在奥氏体区的析出，这必然会影响钢中的再结晶与组织转变，并对最终的力学性能产生影响。此外，稀土元素还可提高含 Nb 微合金钢的奥氏体再结晶温度，从而使后续热变形过程有较大的精轧工艺窗口，有利于在低能耗下获得理想的热轧成品[3-5]。因此，完善稀土元素作用下 NbC 粒子形核与析出的相关理论，对稀土微合金钢的组织与性能调控具有重要意义。然而，由于目前尚没有足够的证据能够精确表征稀土元素的存在形式，稀土原子与 Nb 微合金原子在奥氏体区的交互作用规律、对 NbC 第二相析出行为的影响，以及其析出动力学模型还缺乏系统深入研究。

本章将通过奥氏体区的应变诱导析出实验，结合 SEM 与 TEM 观察以及物理化学相分析，对添加稀土元素前后钢中 NbC 的析出行为进行定量定性表征。根据 DSC 曲线中第二相析出峰的变化，利用 JMA(Johnson-Mehl-Avrami)模型讨论稀土元素对微合金钢中 NbC 析出动力学的影响。在上述基础上，讨论稀土原子固溶于钢的体相后，对其作用范围内 Nb 原子的影响规律，进而解释 NbC 在钢中的析出倾向，从电子层次揭示稀土元素对 NbC 析出行为的影响机理。此外，基于经典形核理论，建立 NbC 在奥氏体中的析出动力学模型。

5.2　奥氏体区 NbC 的等温析出行为

5.2.1　应变诱导析出实验

含 Nb 微合金钢中，NbC 的应变诱导析出对提高未再结晶温度有明显作用，也是确定热机轧制工艺的重要依据。本节将利用应力松弛法，分别确定三种实验钢在应变诱导后等温过程中第二相析出的开始与终止时间，从而研究稀土元素对含铌钢应变诱导析出动力学的影响。实验钢的成分见表 5-1。

表 5-1　实验微合金钢的化学成分(质量分数)　　　　(单位：%)

编号	C	Si	Mn	P	S	Als	N	Nb	Ti	RE
Q1	0.061	0.19	1.88	0.012	0.005	0.03	0.0012	0.061	0.012	0
Q2	0.064	0.24	1.93	0.012	0.002	0.03	0.0012	0.067	0.010	0.0026
Q3	0.064	0.20	2.02	0.016	0.004	0.03	0.0012	0.065	0.009	0.0080

应力松弛试验在 Gleeble-1500D 热模拟试验机上进行。试样以 10℃/s 加热到 1250℃保温 5min，然后以 10℃/s 分别冷却至 925℃、950℃、975℃、1000℃等不同变形温度保温 30s 后进行压缩变形(应变 0.3，应变速率 1s⁻¹)，变形结束后保温 1000s，水冷，其热模拟工艺如图 5-1 所示。

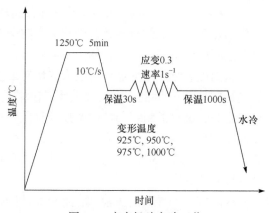

图 5-1　应力松弛实验工艺

图 5-2 为在 925℃、950℃、975℃、1000℃等不同变形温度下实验钢的应力松弛曲线。应力松弛曲线上应力下降趋势变缓所对应的拐点可认为是应变诱导析出的开始点 P_s，而应力重新进入较快下降趋势的拐点则为析出的结束点 P_t。

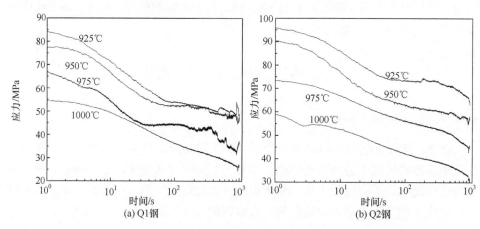

(a) Q1钢

(b) Q2钢

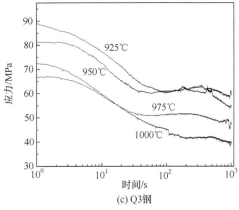

(c) Q3钢

图 5-2　实验钢的应力松弛曲线

应力松弛曲线能够反映出变形试样在保温过程中，回复再结晶的软化与应变诱导析出的硬化作用间此消彼长的变化关系，即应变诱导析出与静态再结晶为争夺形变储存能而相互竞争的关系。

在较高变形温度下，回复与再结晶过程会先于第二相析出进行。由图 5-2 可以看出，应力-应变曲线的总体趋势表现为，应力在起初经过短暂的缓慢下降后，发生静态再结晶导致应力迅速下降。当析出开始或再结晶基本结束时，应力的下降趋势得到缓解。直到析出结束，应力又表现为较快的下降趋势。在较低变形温度下，应变诱导的第二相析出会较早发生。在这种情况下，析出发生之前仅有回复发生，或回复和部分再结晶发生。此后第二相颗粒开始析出，应力则在经过短暂的下降后得到抑制，应力-应变曲线上则表现出较为平缓的"平台"区。随着保温时间的延长，析出结束，应力重新加速下降，应力-应变曲线"平台"演变期结束。当然，由于 Gleeble 设备自身误差，收得的曲线存在一些波动，但整体趋势是合理的。

根据实验钢在不同温度等温的应力松弛曲线确定 P_s 和 P_t 后，绘制析出量-温度-时间(precipitation amount-time-temperature，PTT)曲线，如图 5-3 所示。

从图中可以看出，三种实验钢的应变诱导等温析出曲线均呈现 C 形。Q1 钢 PTT 曲线的鼻尖 P_s 所对应的温度约为 968℃，Q3 的鼻尖温度与 Q1 相当，而 Q2 的鼻尖温度约为 950℃。根据鼻尖所对应的时间可以看出，Q1 钢应变诱导析出所需的孕育期为 29s，Q2 钢的孕育期为 42s，Q3 钢的孕育期为 37s。可以看出，稀土元素加入后，可以延长 NbC 的孕育期，延缓第二相颗粒的析出行为。

5.2.2　显微组织观察与分析

在图 5-1 所示的应力松弛实验中，将 Q1 与 Q2 实验钢试样在 950℃压缩变形后保温 10s 后急冷取样，采用 4%的硝酸酒精溶液进行侵蚀，借助光学显微镜和

ZEISS Supra-55 型场发射扫描电子显微镜观察试样的显微组织如图 5-4 所示。

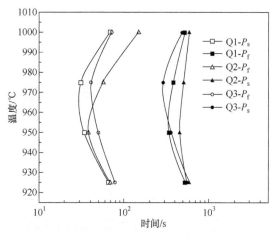

图 5-3　实验钢的 PTT 曲线

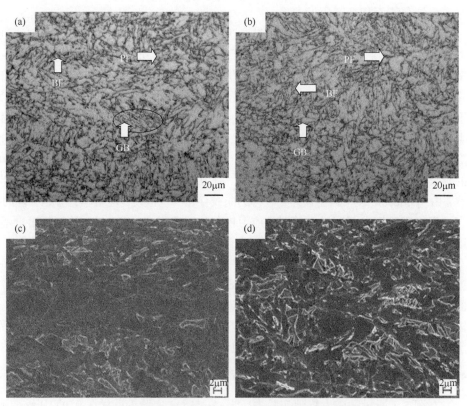

图 5-4　950℃压缩变形后保温 10s 后急冷的热轧板显微组织

(a)(c) Q1，未加烯土元素；(b)(d) Q2，添加烯土元素

由图 5-4(a)与(b)可以看出,Q1 与 Q2 钢的金相组织均主要为针状铁素体(AF),其由粒状贝氏体(GB)及贝氏体铁素体(BF)组成,局部区域还分布有少量准多边形铁素体组织(PF)。

在光学显微镜下,准多边形铁素体组织形貌不规则,晶界模糊、粗糙、不连续,粒状贝氏体的形貌表现为不规则的块状,亮白色的贝氏体铁素体则呈条束状平行排布。此外,还可看到在亮白色的粒状贝氏体块状组织的内部和边界处,以及贝氏体铁素体的板条束间分布着马奥(M-A)岛组织。实验钢在终轧后,组织应为大量变形带的纤维状奥氏体晶粒,在随后的冷却过程中,铁素体在变形带及晶界处形核长大,形成块状的准多边形晶粒。由于准多边形铁素体是以界面长大的方式形成的,其边界呈现界面控制无规律的锯齿状[6]。准多边形铁素体在长大过程中逾越原奥氏体晶界,使原奥氏体的晶界形貌被淹没。相比而言,在相同轧制条件下,Q2 钢与 Q1 钢的晶粒度相差不大,但其组织均匀性相对较好。以上分析表明,稀土元素加入后对组织的细化作用不明显,但添加稀土元素促进了粒状贝氏体与针状铁素体,即条片状贝氏体的形成,而 Q1 钢中多边形铁素体占多数。实验钢在未再结晶奥氏体区轧制,奥氏体晶粒沿变形方向拉长,同时奥氏体晶粒内部出现大量变形带。热轧后的急冷过程中,奥氏体发生相变,会得到细小的粒状贝氏体与条片状贝氏体。

图 5-4(c)与(d)表明,相对于 Q1 钢,Q2 钢的显微组织中粒状贝氏体所占比例较多,且贝氏体铁素体晶粒细小、分布均匀。这是由于稀土元素加入后,会趋于偏聚在晶界,降低界面能和界面张力,使界面迁移速率减小,从而阻碍准多边形铁素体的形成与长大,抑制先共析铁素体的形成,有利于获得韧性良好的贝氏体组织。在冷却或等温过程中,铁素体将在奥氏体晶界及晶内贫碳区形成核心并长大,碳原子则排向邻近的奥氏体中,成为富碳奥氏体,富碳奥氏体连续冷却至相变温度以下,将转变为残余奥氏体,在铁素体基体中呈岛状分布,这些均匀分布的粒状贝氏体,有利于材料力学性能的提高[7]。

此外,还可以看出,Q1 钢与 Q2 钢中存在不同程度的带状组织。图 5-4(c)显示,其显微组织沿热变形方向大致平行交替排列,带状组织特征明显,在同一轧向的不同区域出现贫碳区与富碳区。其中,碳含量高的地方呈黑色,碳含量低的位置呈白亮色。相比之下,图 5-4(d)中的组织整体较均匀,带状组织不明显,碳分布也相对均匀。以上分析表明,在钢中加入稀土元素,其轧态带状组织会得到一定程度的减弱,从而降低钢的力学性能各向异性倾向。其原因是,在 γ-Fe 向 α-Fe 转变过程中,先共析 α-Fe 形成时会向未发生相变的 γ-Fe 中进行碳扩散,造成邻近的 γ-Fe 富碳,产生富碳区。当稀土元素加入钢中后,会降低碳的活性,提高 α-Fe 的溶碳能力,而溶碳能力的提高会减弱 γ-Fe 区的局部贫碳,促进 α-Fe 转变。因此,在 γ-Fe 向 α-Fe 转变过程中先共析铁素体碳含量增加,产生富碳区的可能性会减小，因此添加稀土元素的实验钢中无明显富碳区，不会出现明显带状组织，这有利于钢材低温韧性的提高，尤其是横向冲击韧性和抗疲劳性[8, 9]。

将已经处理过的热模拟试样通过机械方法减薄至 50μm，再用双喷电解液减薄，双喷电解液为 5%的高氯酸乙醇溶液，电压为 12V，温度为–30℃，然后在 TEM 下观察研究实验钢中的位错与亚结构。

图 5-5 为 Q2 钢贝氏体的 TEM 精细组织。可以看出，其显微组织由贝氏体铁素体亚片条、亚单元、超细亚单元组成，并伴有较高的位错密度。此外，如图 5-5 中圆圈所标区域所示，贝氏体亚单元清晰可见，其在已经形成的铁素体端部附近形核，通过纵向生长的方式重复形核长大，形成贝氏体铁素体。研究表明[10]，亚单元可由更细的超亚单元组成，尺寸从十几纳米到几十纳米不等。

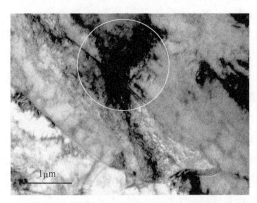

图 5-5　Q2 钢贝氏体精细结构与微观组织

在热轧过程中，高温变形会使微合金钢铁素体内的位错密度和储存能上升，因而动态再结晶的驱动力也会增加；同时，热变形过程位错密度的升高可为 NbC 析出提供有利的形核位置，促进 NbC 粒子更弥散地析出，可有效促进奥氏体的晶粒细化和铁素体的沉淀强化效应，获得较高的强度和良好的综合性能[11]。因此，以 NbC 为主的细小第二相粒子在热变形过程的弥散析出对微合金钢的微观组织与力学性能控制起着重要作用。

5.2.3　热变形过程 NbC 析出形态与分布

按照图 5-1 的应变诱导工艺，将 Q1 钢与 Q2 钢在 950℃压缩变形，保温 1000s 后急冷，采用 AA 溶液(成分为 10%乙酰丙酮+1%四甲基氯化铵+89%甲醇)对试样进行电解腐蚀，电解电压为 18V，电解时间为 10s，借助 ZEISS Supra-55 型场发射扫描电子显微镜观察各试样内的析出粒子分布，来研究稀土元素对 NbC 粒子尺寸分布的影响。

对多个视场下的析出物进行统计，如图 5-6 所示，NbC 粒子呈等轴状弥散分布于晶内和晶界，粒子尺寸为 20～40nm。上述工艺下，NbC 应主要由奥氏体区析出，该过程中铁素体区可能会有极少量析出，可以忽略不计。可以看出，对于含稀土元素的 Q2 钢(图 5-6(e)～(h))，其析出物密度明显低于不含稀土的 Q1 钢(图 5-6(a)～(d))。

进一步地，采用酸溶方法提取第二相，再利用砂芯抽滤器收集富集第二相，最后利用 X 射线小角度衍射法直接测定 NbC 粒子尺寸。两种钢中 NbC 析出相粒度分析结果见表 5-2。可以看出，Q1 钢中小于 10nm 的析出颗粒为 18.3%，而 Q2 钢中小于 10nm 的颗粒为 25.6%。

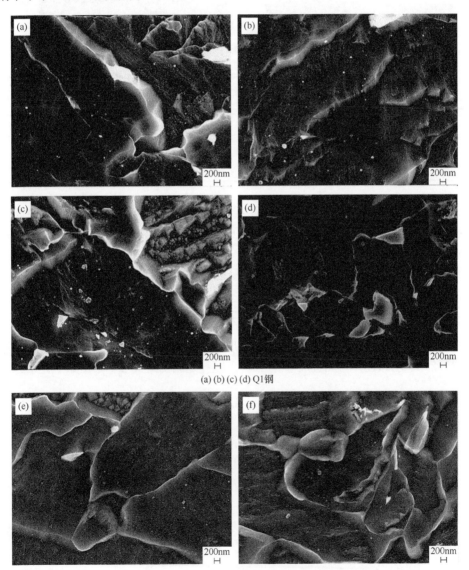

(a) (b) (c) (d) Q1钢

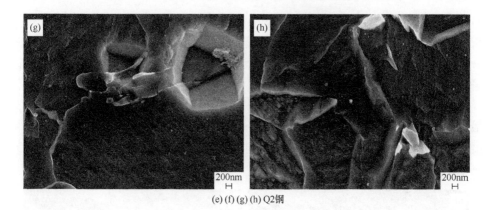

(e)(f)(g)(h)Q2钢

图 5-6　SEM,不同视场下 NbC 析出颗粒观察

表 5-2　NbC 析出相中不同尺寸粒子占总析出量的质量分数　　　　　（单位：%）

实验钢	尺寸范围/nm					
	1～5	5～10	10～18	18～36	36～60	60～96
Q1 钢	7.9	10.4	49.6	16.9	9.8	5.4
Q2 钢	10.3	15.3	45.9	13.2	11.7	3.6

　　以上析出相统计与物相定量分析结果表明,含稀土元素的 Q2 钢中 NbC 析出数量较少,但析出相中小于 10nm 的粒子质量分数高于 Q1 钢,表明其长大速率小于形核速率。

　　在压缩变形过程中,位错密度 ρ 的累积与应变 ε 之间的关系为

$$\frac{\mathrm{d}\rho}{M \cdot \mathrm{d}\varepsilon} = \frac{1}{\lambda \cdot b} - f \cdot \rho \tag{5-1}$$

式中,M 为泰勒因子;b 为位错的伯格斯矢量;f 为拟合参数;λ 为位错移动的平均路径。平均路径 λ 与晶粒尺寸 d_g 和析出颗粒之间的距离 d_{pre} 存在如下关系:

$$\frac{1}{\lambda} = \frac{1}{d_g} + k\sqrt{\rho} + \frac{1}{d_{pre}} \tag{5-2}$$

　　由式(5-2)可以看出,应变诱导析出的第二相颗粒会阻碍位错运动,从而产生应变强化。在压缩过程中,NbC 在析出初期尺寸很小,使用实验手段较难检测。因此,以下将通过压缩过程中的应力-应变曲线来判断压缩过程中细小颗粒的析出行为。

　　图 5-7 为 Q1 钢与 Q2 钢按图 5-1 所示热加工工艺,在 925℃压缩变形过程中的应力-应变曲线。

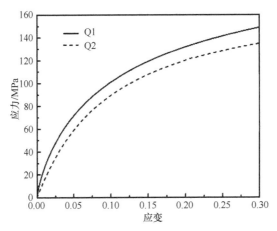

图 5-7　Q1 钢与 Q2 钢在 925℃压缩的应力-应变曲线

　　由图 5-7 可以看出，Q1 钢与 Q2 钢的流变应力分别为 149MPa 与 136MPa。除稀土元素之外，两种实验钢的成分均处于相同水平。由此可知，Q2 钢在热变形过程中析出的 NbC 第二相相对较少，即在奥氏体区，相同条件下含稀土元素 Q2 钢中的 NbC 析出行为会有所延缓。

　　图 5-8 为 Q1 钢在 925℃压缩并保温 10s 后急冷的 TEM 显微组织。由图 5-8(a) 可以看出，在热压缩实验后，Q1 钢试样内晶粒被压扁伸长，晶粒宽度为 0.2～1.0μm，晶粒内部包含大量亚晶。此外，图 5-8(b)与(c)显示，在晶内和晶界区域均可见析出颗粒，其尺寸范围为 5～20nm，位错线上可见较多细小析出物，如图 5-8 中圆圈标记所示。这是由于，在经历变形后，基体内部出现大量位错，变形储存能以位错形式保留在材料内部，会成为 NbC 应变诱导析出的主要位置。对析出颗粒进行 TEM-EDX 测定，其成分见表 5-3。

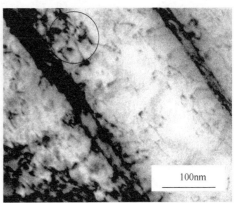

(a) 变形晶粒及亚晶　　　　　　　　　　(b) NbC颗粒，位错处析出

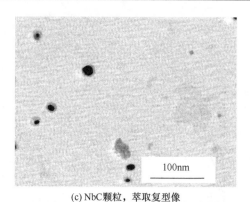

(c) NbC 颗粒，萃取复型像

图 5-8　Q1 钢在 925℃压缩并保温 10s 后水冷的 TEM 图

表 5-3　Q1 钢热变形后析出颗粒的 EDX 成分

元素	质量分数/%	原子分数/%
C	15.55	55.95
Ti	8.10	7.31
Fe	4.02	3.11
Nb	72.30	33.63

　　为进一步确认析出物，对 Q1 钢中的析出颗粒进行衍射标定，如图 5-9(a)与(b)所示，图中 NbC 和 α-Fe 衍射斑的晶带轴分别为 $[\bar{1}14]$ 与 $[\bar{1}11]$。NbC 为 NaCl 结构，其在奥氏体中析出时，与基体之间为平行的位向关系：$(111)_{NbC}//(111)_{\gamma\text{-Fe}}$，$[110]_{NbC}//[110]_{\gamma\text{-Fe}}$；在铁素体中析出时，与基体的位向关系为 Baker-Nutting 关系：$(001)_{NbC}//(001)_{\alpha\text{-Fe}}$，$[010]_{NbC}//[110]_{\alpha\text{-Fe}}$。由图中的标定结果来看，析出相和基体之间不符合与铁素体的位向关系，表明 NbC 由奥氏体中析出。

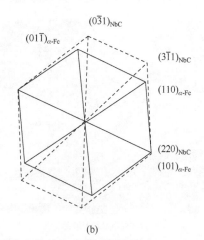

(a)　　　　　　　　　　　　　　(b)

图 5-9　Q1 钢在 925℃压缩并保温 10s 后水冷的 TEM 衍射花样及标定

Q2 钢试样在 925℃压缩并保温 10s 后水冷后的变形组织中，也发现相似的 NbC 应变诱导析出行为，如图 5-10 所示。与图 5-8 相似，图 5-10(a)中热压缩后的显微组织显示，晶粒被压扁拉长，其平均宽度约为 0.4μm，变形晶粒内亚晶清晰可见，并伴有高密度位错。图 5-10(b)显示，晶内、晶界、位错处均存在 NbC 沉淀析出相。与图 5-8 中 Q1 钢的 NbC 析出颗粒相比，Q2 钢中的细小粒子居多，且整体分布较为均匀弥散，颗粒尺寸范围为 5~10nm，如图 5-8(b)与(c)所示。此外，Q2 钢在经历变形后，基体内部也存在大量位错，变形储存能以位错形式保留在材料内部，成为 NbC 应变诱导析出的主要位置

(a) 变形晶粒及亚晶

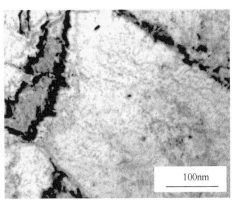

(b) NbC 颗粒，位错处析出

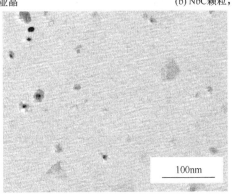

(c) NbC 颗粒，萃取复型像

图 5-10 Q2 钢在 925℃压缩并保温 10s 后水冷的 TEM 图

图 5-11(a)所示为 NbC 在位错结点处的析出行为。此外，图 5-11(b)表明，在 Q2 钢的 TEM 观察中，发现 NbC 依附于 MnS 夹渣形核并生长的现象。经 EDX 测定，图 5-11(b)中两处虚线圆圈标示的颗粒中，右下方为 MnS，与该颗粒连接的左上方颗粒为 NbC。夹杂物与基体界面之间基本不存在严格的位向关系与共格关系，因此该区域比一般的位错、晶界和空位等的能量都低，因而析出物能够快速

形核并长大，在短时间内达到较大的尺寸。

 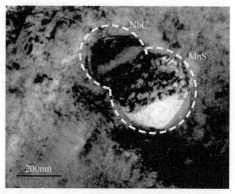

(a) NbC 的形核与析出　　　　　　　　　　(b) NbC 在位错结点处的析出行为

图 5-11　NbC 的形核与析出，NbC 在位错结点处的析出行为，
NbC 依附于 MnS 夹渣形核并生长的 TEM 图

需要注意的是，由于 TEM 和 SEM 观察精度的限制，在基体中未发现尺寸在 5nm 以下的析出颗粒，但并不表示基体中不存在这一尺寸范围的析出物。下面将对该情况进行讨论。

相关文献表明[12]，在经过压缩与等温后，基体中发生应变诱导析出的形核行为时，其临界形核尺寸 R_c 可通过式(5-3)计算：

$$R_c = -\frac{2\gamma_{NbC}}{\Delta G_v} \tag{5-3}$$

式中，γ_{NbC} 为 NbC 与奥氏体之间的界面能，其值为 0.5J/m^2；ΔG_v 为析出自由能，析出自由能 ΔG_v 可通过式(5-4)计算得到：

$$\Delta G_v = -\frac{RT}{V_m}\ln\left(\frac{[Nb]_{sol}\cdot[C]_{sol}}{[Nb]_{sol,eq(T)}\cdot[C]_{sol,eq(T)}}\right) \tag{5-4}$$

式中，R 为摩尔气体常数；T 为热力学温度；V_m 为 NbC 的摩尔体积，1.28×10^{-5}m^3/mol。$[Nb]_{sol}$ 和 $[C]_{sol}$ 分别为特定温度 T 时基体中固溶的 Nb 和 C(质量分数)，单位为%。$[Nb]_{sol,eq(T)}$ 和 $[C]_{sol,eq(T)}$ 分别为该温度下 Nb 和 C 在体系中的平衡固溶度，NbC 的固溶度积为

Q1 钢：lg[Nb][C]=2.2979–6923.94/T (5-5)

虽然加入稀土元素后会对 NbC 的固溶度积有所影响，但是仍可以通过以上公式对 NbC 析出的临界形核尺寸进行估算。经计算，在 925℃时 Q1 钢和 Q2 钢中 NbC 析出的临界形核尺寸分别为 1.32nm。

NbC 在形核后，其长大规律遵循[13]

$$\frac{\mathrm{d}R}{\mathrm{d}t} = \frac{D}{R} \frac{[C]_{\mathrm{Nb}} - [C]_{\mathrm{Nb}}^{\mathrm{eq}} \exp\left(\dfrac{R_0}{R}\right)}{1 - [C]_{\mathrm{Nb}}^{\mathrm{eq}} \exp\left(\dfrac{R_0}{R}\right)} \tag{5-6}$$

式中，D 为 Nb 在体相内的扩散系数，$D=1.4\times10^{-4}[270/(RT)]$；参数 $R_0 = \dfrac{2\gamma_{\mathrm{NbC}}V_{\mathrm{m}}}{RT}$。根据式(5-5)得到 925℃时 Nb 在基体的平衡固溶度为 0.043%(质量分数)。

假设部分析出物在变形结束后的等温过程中形核并长大，按照式(5-6)描述的长大行为，Q1 钢和 Q2 钢试样中可能存在尺寸为 1.32～5.69nm 的析出物，而利用 SEM、TEM 和电感耦合等离子体(inductively coupled phasma，ICP)等手段，均无法观测到这一尺度的析出颗粒。实际观察到的 NbC 析出物尺寸一般为 20～50nm，此处仅讨论这种形核长大机制下可能出现的 NbC 析出相尺寸。

5.3　稀土元素对 NbC 在奥氏体区析出动力学的影响

差示扫描量热法(differential scanning calorimetry，DSC)可以测量材料内部与热转变相关的温度、热流的关系。金属材料在升温、降温或等温过程中，发生相变的同时往往伴随着潜热的吸收或释放，在 DSC 曲线上会出现相应的吸热峰或放热峰。利用 DSC 曲线的这一特点，可以根据试样在 DSC 中测得的曲线峰型确定特定相变过程的动力学参数。有研究者[14,15]利用 DSC 确定了汽车用铝合金 GP 区和 β'' 相的溶解及析出激活能，并建立了相关的动力学方程；也有学者[16,17]应用 DSC，结合 JMA(Johnson-Mehl-Avrami)模型研究了非晶合金的结晶动力学；Colombo 等[18]利用等温 DSC 曲线研究了 Ag-Cu 合金中 β 相的析出动力学；张正延等[19]采用 DSC 对升温过程中 Nb 和 Nb-Mo 微合金化钢中碳化物的析出行为进行了探讨；Guo 等[20]则利用 DSC 研究了马氏体时效钢的相变动力学。

本节将对 Q1 钢和 Q2 钢充分奥氏体化后，在 NETZSCH STA 449C 热分析仪上进行等温实验，根据 DSC 曲线中第二相析出峰的变化，利用 JMA 模型讨论稀土元素对微合金钢 NbC 析出动力学的影响。

5.3.1　NbC 在奥氏体区析出的动力学模型与实验

相变动力学可用 JMA 方程表述：

$$Y = \frac{f(T)}{f_{\mathrm{eq}}} = 1 - \exp(-kt^n) \tag{5-7}$$

式中，Y 为时间 t 内相转变的体积分数；n 为常数，与形核类型和长大方式有关；$f(T)$ 为升温到特定温度下，相变的完成量；f_{eq} 为相转变完成后的总量；k 为反应速

率常数,可表述为

$$k = k_0 \exp\left(-\frac{Q}{RT}\right) \tag{5-8}$$

其中,k_0 为指前因子;R 为摩尔气体常数;Q 为激活能;T 为热力学温度。

对式(5-7)两边求导可得到非等温过程体积分数转变率的表达式:

$$\frac{\mathrm{d}Y}{\mathrm{d}t} = kf(Y) \tag{5-9}$$

等式右边的 $f(Y)$ 为 Y 的隐函数,结合式(5-7)和式(5-9),可将 $f(Y)$ 近似表示为 n 级动力学模型。

$$f(Y) = n(1-Y)\left[-\ln(1-Y)\right]^{(n-1)/n} \tag{5-10}$$

连续加热过程中,体积分数转变速率 $\dfrac{\mathrm{d}Y}{\mathrm{d}t}$ 则为

$$\frac{\mathrm{d}Y}{\mathrm{d}t} = \left(\frac{\mathrm{d}Y}{\mathrm{d}T}\right)\left(\frac{\mathrm{d}T}{\mathrm{d}t}\right) = \phi\left(\frac{\mathrm{d}Y}{\mathrm{d}T}\right) \tag{5-11}$$

式中,ϕ 为加热速率,本实验为 10K/min。结合式(5-8)、式(5-9)和式(5-11)可得到转变速率与激活能的关系:

$$\ln\left[\left(\frac{\mathrm{d}Y}{\mathrm{d}T}\right)\frac{\phi}{f(Y)}\right] = \ln k_0 - \frac{Q}{R}\frac{1}{T} \tag{5-12}$$

从式(5-12)中可以看出,等式左端的 $\ln\left[\left(\dfrac{\mathrm{d}Y}{\mathrm{d}T}\right)\dfrac{\phi}{f(Y)}\right]$ 与右端的 $\dfrac{1}{T}$ 呈线性关系。

按照上述方法可以计算出 $\dfrac{\mathrm{d}Y}{\mathrm{d}T}$ 和 $f(Y)$,并已知升温(或降温)速率 ϕ,从而可得出

相转变过程中,不同的 $\dfrac{1}{T}$ 所对应的 $\ln\left[\left(\dfrac{\mathrm{d}Y}{\mathrm{d}T}\right)\dfrac{\phi}{f(Y)}\right]$,通过拟合线性关系,可得出

直线斜率 $-\left(\dfrac{Q}{R}\right)$ 和截距 $\ln k_0$。

式(5-10)中,n 可按生长机制选取[21],见表 5-4。

表 5-4 JMA 模型在长程扩散控制型生长转变机制中的 n

条件	n
由小尺寸开始生长,成核率增加	>5/2
由小尺寸开始生长,成核率不变	5/2
由小尺寸开始生长,成核率减少	3/2~5/2

续表

条件	n
由小尺寸开始生长，成核率为零	3/2
初始尺寸较大颗粒的生长	1～3/2
稀疏有限尺寸针状、片状沉淀生长	1
长圆柱状沉淀加粗	1
大片状沉淀增厚	1/2
位错线上沉淀	2/3

为了验证 n 的可靠性，按照 n 分别为 0.5、1、1.5、2、2.5 和 3 代入式(5-10)，验证 $\ln\left[\left(\dfrac{\mathrm{d}Y}{\mathrm{d}T}\right)\dfrac{\phi}{f(Y)}\right]$ 与 $\dfrac{1}{T}$ 的线性关系；同时，也将 $f(Y)$ 分别等于 $(1-Y)/2$、$(1-Y)2/3$、$(1-Y)/3$ 和 1 代入计算过程，来验证式(5-12)的线性关系。

根据等温形核和长大的 JMA 模型，等温相变完成的相转变分数 $Y(t)$ 与等温时间 t 之间的关系为

$$Y(t) = 1 - \exp\left[-k(t-\tau)^n\right] \tag{5-13}$$

式中，n 为与相变机制相关的 Avrami 指数；k 为与温度有关的反应速率常数；τ 为孕育时间，具体为等温开始到完成 1%转变体积分数时所需的时间。

对(5-13)式两边取两次对数后，有

$$\ln\left\{\ln\left[1/(1-Y)\right]\right\} = n\ln k + n\ln(t-\tau) \tag{5-14}$$

在 NbC 析出体积分数 0.15%<Y<0.85%范围内，作某等温温度下 $\ln\left\{\ln\left[1/(1-Y)\right]\right\}$ 与 $\ln(t-\tau)$ 之间的关系曲线，该关系曲线接近直线，其斜率为 Avrami 指数 n，进一步可求得常数 k 的值。

从实验钢上制取尺寸为 3mm×1mm 的圆片试样，采用 NETZSCH STA 449C 热分析仪进行 DSC 测量。将 Q1 钢与 Q2 钢以 20℃/min 的加热速率升温到 1250℃后保温 10min，之后以 50℃/min 的冷却速率分别降至 925℃、950℃、970℃和 990℃做等温析出实验。图 5-12 为两种实验钢在 950℃等温过程中的 DSC 曲线。

图中，A 峰为试样从 1250℃降温到 950℃过程中的放热峰，B 峰为 950℃等温开始后 NbC 的析出峰。可以看出，在降温放热后，在 3～5min 发生 NbC 析出，出现 B 峰。

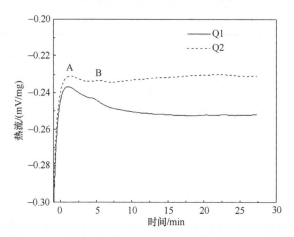

图 5-12　Q1 钢与 Q2 钢在 950℃等温过程中的 DSC 曲线

图 5-13 为两种试样在等温析出过程中，体积分数 Y 与转变时间 t 之间的关系曲线。从图中可以看出，NbC 析出体积分数 Y 与时间 t 之间的关系曲线呈 S 形变化。添加稀土元素后，实验钢析出 NbC 的孕育时间变长。

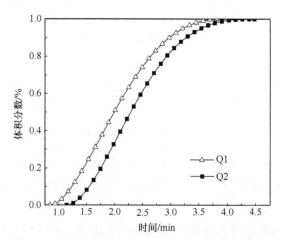

图 5-13　950℃等温析出的 NbC 体积分数与时间的关系

需要说明的是，图 5-12 中，时间起始点直接使用 DSC 实验数据的时间，而图 5-13 中则以析出开始时间点为 0，做了归零处理，因此两个图的横坐标有所差别。

两种实验钢在等温过程中，$\ln\{\ln[1/(1-Y)]\}$ 与 $\ln(t-\tau)$ 之间的 JMA 关系如图 5-14 所示。可以看出，两者的 JMA 关系曲线都近似直线，表明其中 NbC 的析出过程可用 JMA 模型来解释。通过对图 5-14 中的两条关系曲线进行直线拟合，得到其斜率即 Avrami 指数 n 分别为 1.81(Q1 钢)和 1.84(Q2 钢)，以及反应速率常

数 k 分别为 0.71(Q1 钢)和 0.72(Q2 钢)。可以看出，添加稀土元素会对 NbC 形核长大机制有所影响。

根据扩散控制长大理论，Avrami 指数 n=1.5 表示新相由小尺寸长大，形核率接近 0；1.5<n<2.5 范围时，表明新相由小尺寸长大，NbC 析出相长大的同时，其形核率也不断降低；n=2.5 表示新相由小尺寸长大，且形核率为恒定值；n>2.5 表示新相由小尺寸长大，且形核率不断增加。

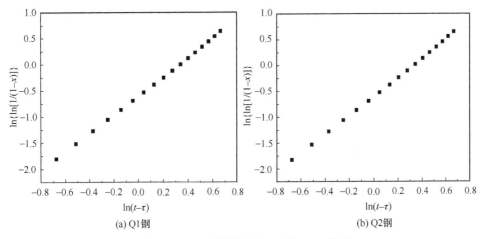

(a) Q1钢　　　　　　　　　　(b) Q2钢

图 5-14　950℃等温析出 NbC 的 JMA 关系

根据不同等温析出 DSC 曲线所得的 k 值与其对应的温度，由 Arrhenius 关系 $k(T)=k_0\exp[-Q/(RT)]$ 进行拟合，可得到 $\ln k$ 与 $1/T$ 之间的线性关系，如图 5-15 所示。

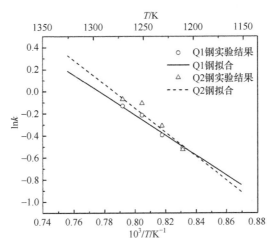

图 5-15　NbC 在 γ-Fe 等温析出 $\ln k$ 与温度的线性关系

由图 5-15 中拟合所得直线可知，Q1 钢与 Q2 钢中 NbC 在奥氏体区的析出激活能分别为 75.32kJ/mol 和 90.15kJ/mol。由此可知，添加稀土元素后，可使 NbC 在奥氏体中的析出激活能升高。

5.3.2 NbC 在奥氏体区析出的经典形核长大理论

根据析出的经典形核和长大理论[22]，第二相在析出过程中的形核率为

$$I(t) = A \cdot \rho(t) \cdot D_X \cdot C_X(t) \cdot \gamma_P^{0.5} \cdot V_P \cdot (k_B T)^{-0.5} \cdot L_\gamma^{-4} \cdot \exp(-\Delta G^* / k_B T) \quad (5\text{-}15)$$

式中，A 为常数；ρ 为某时刻 t 的位错密度；D_X 和 C_X 分别为溶质 Nb 的扩散系数和浓度；γ_P 为析出相与奥氏体之间的界面能；V_P 为析出相的摩尔体积；L_γ 为奥氏体的晶格常数；k_B 为玻尔兹曼常数；T 为温度；ΔG^* 为核胚的临界形核功：

$$\Delta G^* = \frac{16\pi\gamma_P^3}{3(\Delta G_v + \Delta G_\varepsilon)} \quad (5\text{-}16)$$

其中，ΔG_v 为相变自由能，与第二相的固溶度积有关；ΔG_ε 为弹性形变能，与奥氏体剪切模量、伯格斯矢量以及位错核心半径有关。

析出相的长大速率为

$$r(t) = \alpha\sqrt{(t - t_0)} \quad (5\text{-}17)$$

$$\alpha = \sqrt{2 \cdot D_X \frac{C_E - C_\gamma}{C_P - C_\gamma}} \quad (5\text{-}18)$$

式中，C_E 为合金元素的平衡浓度；C_γ 和 C_P 分别为界面两侧奥氏体和析出物中合金元素的浓度。

析出相的体积分数则可以通过式(5-19)表达：

$$X(t) = 1 - \exp\left[-\frac{4}{3}\pi \int_0^t I(\tau) \cdot \alpha(\tau)^3 \cdot (t - \tau)^{2/3} \,d\tau \right] \quad (5\text{-}19)$$

通过式(5-15)～式(5-19)可以看出，对于某成分的微合金钢，在一定温度下经历变形量后，影响第二相析出动力学的主要因素为溶质的固溶度和扩散系数。

应变诱导析出实验表明，加入 La 会延缓 NbC 在奥氏体区的析出。这可能是由于 La 的加入影响了 Nb、C 的固溶度和扩散系数。吴夜明和杜挺[23]对部分稀土元素在铁液中与常用合金元素的相互作用系数进行了研究，得到了稀土元素与 Mn、Nb、C 之间的相互作用系数：

$$e_C^{Mn} = -5070/T, \quad e_{Nb}^{Mn} = 203.57 - 305033/T, \quad e_C^{Ce} = -150.0/T + 0.05,$$

$$e_{Nb}^{Ce} = -6230/T + 2.67, \quad e_C^{La} = -341.4/T + 0.044$$

将合金元素在铁液中的相互作用系数引入固溶度积公式，可以推断某合金元素 j 对第二相 MC 固溶度积的影响：

$$\lg\{[M][C]\} = A - B/T - \sum_{j=1}^{n} \frac{A_{Fe}}{100A_j\ln10}e_M^j w_j - \sum_{j=1}^{n} \frac{A_{Fe}}{100A_j\ln10}e_C^j w_j \qquad (5\text{-}20)$$

式中，[M]和[C]为固溶度；A 和 B 为常数；A_j 和 w_j 分别为其溶质 j 的原子量和含量；e_M^j 和 e_C^j 分别为 j 元素对 M 和 C 的相互作用系数。结合已报道的相互作用系数可以看出，Ce 会增大 NbC 在奥氏体中的固溶度积。

　　然而，由于熔融态和奥氏体结构下体系中各原子的性状有较大区别，合金元素在铁液中的相互作用与其在奥氏体稀溶液固溶体中的相互作用未必完全相同，将铁液中相互作用系数代入奥氏体固溶体中进行计算得到的结论，其可靠性需要进一步论证。此外，以往的报道也未见对 La 与 Nb 的相互作用系数进行研究。因此，利用式(5-20)判断 La 加入后对 NbC 固溶度的影响，未必会得到可靠的结论。同时，合金元素之间的相互作用会对各自的扩散系数产生影响，加入 La 之后，Nb 和 C 的扩散系数也会受到影响，从而使 NbC 第二相的析出动力学发生变化。在这方面，也没有相应的研究报道。因此，针对加入 La 后引起 NbC 析出延缓的实验现象，需要从固溶度和扩散系数这两个影响因素出发，通过系统的理论方法深入研究。

　　基于前面的研究结果，在 fcc Fe 中，La-Nb 和 La-C 在不同近邻壳层中明显的吸引作用，使得 Nb 和 C 的固溶度有所升高而化学势有所下降；分子动力学的研究结果也表明，La 加入后会降低 Nb 在 fcc Fe 中的扩散系数。因此，结合实验结果和经典析出理论可以认为，La 使 Nb、C 在 fcc Fe 基体中的固溶度升高，同时使 Nb 的扩散系数降低，导致含 La 微合金钢在奥氏体区的 NbC 析出行为放缓。

参 考 文 献

[1] Tingaud D, Maugis P. First-principles study of the stability of NbC and NbN precipitates under coherency strains in α-iron[J]. Computational Materials Science, 2010, 49(1): 60-63.

[2] Wang H Y, Ren H P, Yang H, et al. Effect of rare earth addition on dynamic recrystallization and precipitation behavior of a niobium-containing microalloy steel[J]. Materials Science Forum, 2013, 762: 189-193.

[3] 姜茂发, 王荣, 李春龙. 钢中稀土与铌、钒、钛等微合金元素的相互作用[J]. 稀土, 2003, 24(5): 1-3.

[4] 林勤, 陈邦文, 唐历, 等. 微合金钢中稀土对沉淀相和性能的影响[J]. 中国稀土学报, 2002, 20(3): 256-260.

[5] 刘宏亮, 刘承军, 姜茂发. 稀土对 B450NbRE 钢热模拟组织的影响[J]. 稀有金属, 2011, 35(1): 53-58.

[6] Lanjewar H A, Tripathi P. Effect of hot coiling under accelerated cooling on development of non-equiaxed ferrite in low carbon steel[J]. Journal of Materials Engineering and Performance, 2016, 25(6): 2420-2431.

[7] Chen Y, Zhang D T, Liu Y C, et al. Effect of dissolution and precipitation of Nb on the formation of acicular ferrite/bainite ferrite in low-carbon HSLA steels[J]. Materials Characterization, 2013, 84(10): 232-239.

[8] Prasad S N, Sarma D S. Influence of thermomechanical treatment on microstructure and mechanical properties of Nb bearing weather resistant steel[J]. Materials Science and Engineering A, 2005, 408(1): 53-63.

[9] Gutiérrez I. Effect of microstructure on the impact toughness of Nb-microalloyed steel: Generalisation of existing relations from ferrite-pearlite to high strength microstructures [J]. Materials Science and Engineering A, 2013, 571(4): 57-67.

[10] Park J S, Lee Y K. Nb(C, N) precipitation kinetics in the bainite region of a low-carbon Nb-microalloyed steel[J]. Scripta Materialia, 2007, 57(2): 109-112.

[11] Nayak S S, Misra R D K, Hartmann J, et al. Microstructure and properties of low manganese and niobium containing HIC pipeline steel[J]. Materials Science and Engineering: A, 2008, 494(1-2): 456-463.

[12] Dutta B, Palmiere E J, Sellars C M. Modelling the kinetics of strain induced precipitation in Nb microalloyed steels[J]. Acta Materialia, 2001, 49(5): 785-794.

[13] Deschamps A, Brechet Y. Influence of predeformation and ageing of an Al-Zn-Mg alloy-II. Modeling of precipitation kinetics and yield stress[J]. Acta Materialia, 1998, 47(1): 293-305.

[14] 崔莉, 郭明星, 彭祥阳, 等. 预变形对汽车用 Al-Mg-Si-Cu 合金析出行为的影响[J]. 金属学报, 2015, 51(3): 289-297.

[15] 张巧霞, 郭明星, 胡晓倩, 等. 汽车板用Al-0.6Mg-0.9Si-0.2Cu合金时效析出动力学研究[J]. 金属学报, 2013, 49(12): 1604-1610.

[16] Qiao J C, Pelletier J M. Crystallization kinetics in $Cu_{46}Zr_{45}Al_7Y_2$ bulk metallic glass by differential scanning calorimetry (DSC)[J]. Journal of Non-Crystalline Solids, 2011, 357(14): 2590-2594.

[17] Kong L H, Gao Y L, Song T T, et al. Non-isothermal crystallization kinetics of FeZrB amorphous alloy[J]. Thermochimica Acta, 2011, 522(1): 166-172.

[18] Colombo S, Battaini P, Airoldi G. Precipitation kinetics in Ag-7.5wt.% Cu alloy studied by isothermal DSC and electrical-resistance measurements[J]. Journal of Alloys and Compounds, 2007, 437(1): 107-112.

[19] 张正延, 李昭东, 雍岐龙, 等. 升温过程中 Nb 和 Nb-Mo 微合金化钢中碳化物的析出行为研究[J]. 金属学报, 2015, 51(3): 315-324.

[20] Guo Z, Sha W, Li D. Quantification of phase transformation kinetics of 18wt.% Ni C250 maraging steel[J]. Materials Science and Engineering: A, 2004, 373(1): 10-20.

[21] 冯端, 师昌绪, 刘国治. 材料科学导论[M]. 北京: 化学工业出版社, 2002.

[22] Okaguchi S, Hashimoto T. Computer model for prediction of carbonitride precipitation during hot working in Nb-Ti bearing HSLA steels[J]. ISIJ International, 1992, 32(3): 283-290.

[23] 吴夜明, 杜挺. 稀土元素在铁液中热力学参数的研究[J]. 钢铁研究总院学报, 1985, (1): 41-49.

第6章 稀土元素对碳化铌在铁素体区析出行为的影响

6.1 引　言

研究表明，稀土元素在钢中会促进微合金碳氮化物在铁素体区的析出，并可以细化 Nb、V、Ti 在钢中的沉淀相，不仅能够阻止铁素体晶粒长大，还可以产生强烈的析出强化效果，有助于更好发挥这些微合金元素的作用[1-3]。由于 NbC 在铁素体中的固溶度远小于在奥氏体中的固溶度，当发生 $\gamma \to \alpha$ 转变后，会有大量的 NbC 析出[4, 5]。稀土元素在钢中的微合金化作用取决于稀土元素的存在状态、微量稀土元素的固溶、稀土元素与其他溶质元素或化合物的交互作用等。由于目前尚没有足够的证据能够精确表征稀土元素的存在形式，稀土原子与 Nb 微合金原子在铁素体区的交互作用规律，NbC 第二相的析出行为及其析出动力学模型还缺乏系统深入研究。Gao 等[6]研究表明，稀土元素对微合金钢中沉淀析出行为影响的结果，是由于稀土元素影响了钢中 Fe、C 及其他合金原子的扩散。然而，由于钢中稀土元素与合金元素交互作用规律的复杂性，目前尚未有关于稀土元素与钢中其他合金原子扩散行为的系统报道，固溶稀土元素对钢中碳及合金原子迁移扩散过程的影响，以及相关的基础数据还鲜有系统报道。

本章将通过铁素体区的等温析出实验，结合 SEM 与 TEM 观察，以及物理化学相分析，对添加稀土元素前后钢中 NbC 的析出行为进行定量定性表征。根据 DSC 曲线中第二相析出峰的变化，利用 JMA 模型讨论稀土对微合金钢中 NbC 析出动力学的影响。在上述基础上，讨论 RE 固溶于钢的体相后，对其作用范围内 Nb 的影响规律，从电子层次解释稀土元素对 NbC 析出行为的影响机理。借助系列扩散偶实验计算 La 作用下 Nb 的扩散系数，基于位错形核理论建立稀土元素作用下 NbC 在铁素体中等温析出的动力学模型。

6.2 铁素体区 NbC 的等温析出行为

本章基于表 5-1 给出的合金进行析出实验，将 Q1 钢与 Q2 钢加热至 1250℃保温 5min，然后以 10℃/s 冷却至 950℃，保温 30s 后进行压缩变形(应变 0.3，应变速率 1s⁻¹)，变形结束后移至 700℃的盐浴炉中保温 1000s 以模拟卷取工艺，保温结束后水冷。具体热加工工艺如图 6-1 所示。

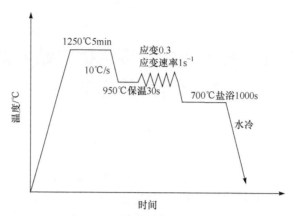

图 6-1　NbC 在铁素体区等温析出实验工艺

6.2.1　显微组织观察与分析

将 Q1 钢与 Q2 钢在 950℃压缩变形，并在 700℃盐浴等温 20s 后急冷。采用 4%的硝酸酒精溶液进行腐蚀，借助光学显微镜观察试样的显微组织，如图 6-2 所示。

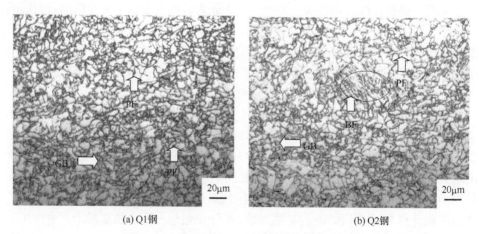

(a) Q1钢　　　　　　　　　　　(b) Q2钢

图 6-2　光学显微镜观察实验钢的显微组织形貌

从图 6-2 中可以看出，实验钢在铁素体区等温后的金相组织均主要为准多边形铁素体组织，以及条束状的贝氏体铁素体组织。准多边形铁素体晶界规则、清晰、平直，呈亮白色，晶界为灰黑色，同时能看出图中圈出部分为贝氏体铁素体板条，呈亮白色束状分布。

多视场统计后的金相组织对比分析表明，含稀土元素的 Q2 钢更有利于得到韧性良好的贝氏体组织。添加稀土元素会不同程度地促进粒状贝氏体与条片状贝氏体的形成。这是由于稀土元素加入后，会趋于偏聚在晶界，降低界面能和界面张力，使界面迁移速率减小，从而阻碍准多边形铁素体的形成与长大，促进针状铁素体复相组织的形成。

6.2.2　NbC 析出形态与分布

按照图 6-1 中的等温析出实验工艺，选取 Q1 钢与 Q2 钢 700℃的盐浴炉中保温 1000s 后急冷的试样，采用 AA 溶液(成分为 10%乙酰丙酮+1%四甲基氯化铵+89%甲醇)进行电解腐蚀，电解电压为 18V，电解时间为 10s，借助 ZEISS Supra-55 型场发射扫描电子显微镜观察各试样内的析出粒子分布，来研究稀土元素对铁素体区 NbC 粒子尺寸、分布、数量的影响。

图 6-3 为多视场下 NbC 颗粒统计的 SEM 照片。可以看出，与图 6-3(a)~(c) 中的析出物相比，图 6-3(d)~(f)中的析出物数量多且细小弥散，分布均匀。进一步地，采用酸溶方法提取第二相，再利用砂芯抽滤器收集富集第二相，最后利用 X 射线小角度衍射法直接测定 NbC 粒子尺寸。

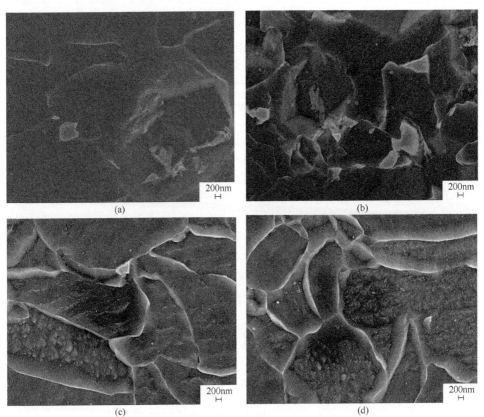

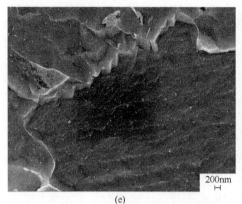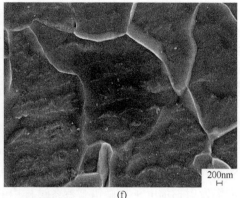

(e)　　　　　　　　　　　　　　　　　　　　(f)

图 6-3　多视场下 NbC 颗粒统计的 SEM 照片

(a)(b)(c) Q1 钢；(d)(e)(f) Q2 钢

表 6-1 为利用 X 射线小角度衍射方法测得的两种钢中 NbC 析出相的粒度分布。可以看出,两种实验钢中析出相的粒度分布峰值分别在 5~10nm 和 10~18nm。Q2 钢中的 NbC 颗粒的平均尺寸稍大于 Q1 钢, 这表明稀土元素具有促进铁素体区 NbC 析出的作用。

表 6-1　α-Fe 中不同尺寸碳化铌析出相占析出总量的质量分数　　　　　　（单位: %）

实验钢	尺寸范围/nm					
	1~5	5~10	10~18	18~36	36~60	60~96
Q1	10.3	39.7	30.1	10.5	5.4	4
Q2	4.6	13.2	49.5	22.7	3.2	6.8

由于稀土元素在奥氏体区延缓了 Nb 的析出, 从而增大了这些析出相在铁素体中的过饱和度, 有利于形成细小弥散的析出相。发生相变后, C、N 等元素的固溶度急速下降; 此外, 温度降低使得元素的溶度积显著减小, 为 NbC 的沉淀析出提供了有利条件, 因此在铁素体区将析出细小弥散分布的 NbC 颗粒。

当然, 本章研究对象均为热变形后等温过程的析出与再结晶行为, 区别于实际使用中更复杂的变温过程, 但相关实验观察可为变温过程的分析提供理论参考与实验依据, 相关机理还有待进一步研究。

6.3　稀土元素对 NbC 在铁素体区析出动力学的影响

6.3.1　NbC 在铁素体区析出的动力学实验

从 Q1 钢与 Q2 钢上制取尺寸为 3mm×1mm 的圆片试样, 采用 NETZSCH STA

449C 热分析仪进行 DSC 测量。将实验钢在 1250℃保温 10min 后急冷至 20℃，再以 10℃/min 的加热速率从 20℃加热升温至 1000℃，保温 30min 完成升温析出过程。

经过固溶处理及水淬后，可认为钢中的大部分 Nb 都固溶于基体中。在升温初期，基体为过饱和的铁素体。微合金碳化物的自由能比渗碳体低，在热力学上较为稳定，且在回火过程中析出温度较高。与此同时，渗碳体在较高温度下会发生分解和溶解，为微合金碳化物析出提供所需的 C 原子。在 DSC 测试过程中，由于升温较快，可认为渗碳体的生成和分解过程较为微弱，可不考虑。图 6-4 为 Q1 钢和 Q2 钢在升温速率为 10K/min 时的 DSC 曲线。

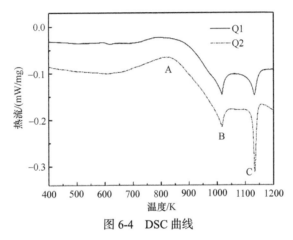

图 6-4　DSC 曲线

由图 6-4 可以看出，Q1 钢与 Q2 钢试样均出现 3 个峰值。其中，A 峰为 NbC 析出的放热峰；B 峰为铁素体向奥氏体转变的吸热峰，即 A_{c1} 线；C 峰为先共析铁素体向奥氏体的转变线，即 A_{c3} 线。每个峰值温度见表 6-2，峰值的各起始与结束点均由热分析仪自动标定给出。

表 6-2　DSC 曲线中各峰值温度　　　　　　　　　　（单位：K）

实验钢	A 放热峰			B 吸热峰			C 吸热峰		
	开始	峰值	结束	开始	峰值	结束	开始	峰值	结束
Q1 钢	772	798.9	935.7	1010.3	1016.3	1026.6	1118.8	1132.1	1147
Q2 钢	696.1	818.9	909.6	1003.2	1017.2	1023.6	1126	1134.3	1142.2

注：升温速率为 10K/min。

从表 6-2 可以看出，与 Q1 钢相比，Q2 钢中 NbC 的开始析出温度由 772K 变为 696.1K，表明稀土元素的加入对过饱和铁素体中 NbC 的析出产生了较为明显的促进作用。

根据第 5 章的计算方法，可得到不含稀土元素的 Q1 钢中 NbC 析出的体积分数与析出速率随温度的变化曲线，如图 6-5(a)与(b)所示。选取不同的 n 值和 $f(Y)$ 关系式，通过图 6-5(a)和(b)绘制 $\ln\left[\left(\dfrac{\mathrm{d}Y}{\mathrm{d}T}\right)\dfrac{\phi}{f(Y)}\right]$ 与 $\dfrac{1}{T}$ 的关系图，结果 $n=1.5$ 时的线性关系较好，如图 6-5(c)所示。线性拟合后，其斜率为–21.297，截距为 23.176，进而得到 Q1 钢在铁素体中 NbC 析出的激活能 Q 为 176.98kJ/mol，指前因子 k_0 为 1.16×10^{10}。

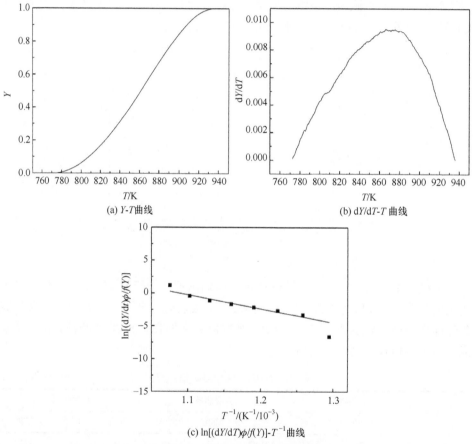

(a) Y-T曲线　　　　　　　　　　　(b) dY/dT-T 曲线

(c) $\ln[(\mathrm{d}Y/\mathrm{d}T)\varphi/f(Y)]$-$T^{-1}$曲线

图 6-5　Q1 钢 10K/min 升温时 NbC 析出激活能的计算过程

　　利用相同方法，通过尝试不同的 n 值与 $f(Y)$关系式，得到含稀土元素的 Q2 钢在升温过程中 NbC 析出动力学的相关参数，如图 6-6 所示。对图 6-6(c)线性拟合后，其斜率为–7.878，截距为 7.633，从而确定 Q2 钢在铁素体析出 NbC 的激活能 Q 为 65.47kJ/mol，指前因子 k_0 为 2065.6。

　　通过以上获得的析出动力学参数，可确定稀土元素作用前后实验钢中过饱和铁素体中析出 NbC 的析出动力学公式，如表 6-3 所示。

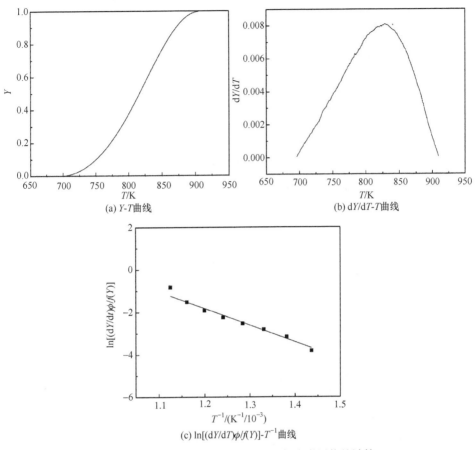

(a) Y-T曲线　　　　　　(b) dY/dT-T曲线

(c) ln[(dY/dT)φ/f(Y)]-T^{-1}曲线

图 6-6　Q2 钢 10K/min 升温时 NbC 析出激活能的计算

表 6-3　Q1 钢和 Q2 钢在铁素体区 NbC 析出的动力学参数与公式

实验钢	Q/(kJ/mol)	k_0/min^{-1}	动力学公式
Q1	176.98	1.16×10^{10}	$1-\exp[-(1.16\times10^{10}\exp(-21297/T)t)^{1.5}]$
Q2	65.47	2065.6	$1-\exp[-(2065.6\exp(-7878/T)t)^{1.5}]$

　　可以看出，Q2 钢与 Q1 钢相比，NbC 在铁素体区析出的激活能显著降低，表明钢中添加稀土元素后，Nb 和 C 在铁素体中形成原子团簇需要的激活能降低，从而会促进 NbC 在铁素体区的析出。

　　从基于空位机制的扩散来看，当稀土元素固溶入 bcc Fe 后，与近邻的空位相互吸引的作用大于 Nb 与空位的吸引作用，同时，若 La 和 Nb 处于较近距离时，两者之间会存在较明显的排斥作用。这样，在 La 的作用下，Nb 会具有向远离 La 原子的空位迁移的趋势。在实验中，通过固溶处理，使铁素体处于过饱和状态，再加上温度不断升高，使基体内空位浓度有所升高。在扩散的能量和通道都具备的条件下，固溶 La 原子的推动作用使得 Nb 扩散、聚集的进程得到提前，从而降低了 NbC 析出的激活能。

6.3.2　NbC 在铁素体区析出的理论模型

1. 析出模型的建立

1) 模型假设

热变形后的试样快速从奥氏体区降温至铁素体区后保温，会在 α-Fe 基体中析出 NbC。经 TEM 观察发现，NbC 析出物往往在基体的位错处析出，700℃保温 30min 时的析出情况如图 6-7 所示。

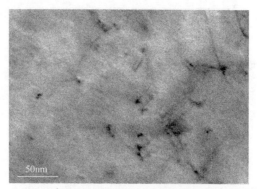

图 6-7　700℃保温 30min NbC 在位错处析出的 TEM 图像

这是由于实验钢试样由奥氏体快速冷却发生铁素体转变的过程中，形成准多边形结构的晶粒，这些晶粒尺寸较小并含有高密度位错。在保温过程中，晶粒中的位错仍保持较高密度，成为 NbC 析出的形核位置。

本节将主要讨论 NbC 颗粒在位错析出的情况。析出包括三个阶段：形核、长大、粗化。本节将 NbC 的整个析出过程分解为两个阶段：①形核和长大阶段，在本阶段形核和长大同时发生；②长大和粗化阶段，在本阶段析出物的长大和粗化同时进行。

本节的模型推导基于以下假设[7]：

(1) 析出物为化学计量比的 NbC，其热力学计算遵循简单的固溶度积。析出反应由扩散控制。

(2) 析出过程在回复过程结束之后开始，在析出过程中位错保持不变。

(3) 析出物为球形。

2) 形核与长大

析出物的形核和长大过程可同时进行，析出物数量的变化率与形核速率 J_n 相等。

$$\left.\frac{\mathrm{d}N}{\mathrm{d}t}\right|_{\mathrm{n\&g}} = J_{\mathrm{n}} \tag{6-1}$$

析出物平均尺寸的长大速度与两个因素有关：已有的具有平均尺寸 R 的析出物的长大速率，达到形核尺寸新的析出物数量。

$$\left.\frac{\mathrm{d}R}{\mathrm{d}t}\right|_{\mathrm{n\&g}} = \left.\frac{\mathrm{d}R}{\mathrm{d}t}\right|_{\mathrm{g}} + \frac{1}{N} J_{\mathrm{n}} (R^{*} - R) \tag{6-2}$$

式中，$\left.\dfrac{\mathrm{d}R}{\mathrm{d}t}\right|_{\mathrm{g}}$ 为已有析出物的长大速率；R^{*} 为析出物形核的临界形核半径，表示析出物在达到这一尺寸时，界面的平衡浓度与合金的平均溶质浓度相等。

$$R^{*} = \frac{R_{0}}{\ln\left(\dfrac{X_{\mathrm{ss}}^{\mathrm{Nb}} X_{\mathrm{ss}}^{\mathrm{C}}}{K^{\infty}}\right)} \tag{6-3}$$

其中，$X_{\mathrm{ss}}^{\mathrm{Nb}}$ 和 $X_{\mathrm{ss}}^{\mathrm{C}}$ 分别为固溶的 Nb 和 C 的原子分数；K^{∞} 为 NbC 在给定温度下的固溶度积；R_{0} 为毛细管半径：

$$R_{0} = \frac{2\gamma V_{\mathrm{NbC}}}{k_{\mathrm{B}} T} \tag{6-4}$$

式中，γ 为 NbC 析出物的界面能；V_{NbC} 为 NbC 的摩尔体积。

(1) 形核率。

位错上的稳定形核率 J_{s} 为

$$J_{\mathrm{s}} = Z\beta^{*} \frac{\rho}{b} \exp\left(-\frac{\Delta G_{\mathrm{Het}}}{k_{\mathrm{B}} T}\right) \tag{6-5}$$

式中，ΔG_{Het} 为异质形核功；ρ 为位错密度；b 为伯格斯矢量；k_{B} 为玻尔兹曼常数；T 为温度；Z 为 Zeldovich 因子；β^{*} 为溶质的临界匹配率。

$$Z = \frac{V_{\mathrm{NbC}}}{2\pi R^{*2}} \sqrt{\frac{\gamma}{k_{\mathrm{B}} T}}, \quad \beta^{*} = \frac{4\pi R^{*2} D_{\mathrm{Nb}}^{\mathrm{bulk}} X_{\mathrm{ss}}^{\mathrm{Nb}}}{a^{4}} \tag{6-6}$$

其中，$D_{\mathrm{Nb}}^{\mathrm{bulk}}$ 为 Nb 在基体中的扩散系数；a 为基体的晶格常数。异质形核功与同质形核功成比例，利用可调参数 α 可得

$$\Delta G_{\mathrm{Het}} = \alpha \frac{16\pi\gamma^{3}}{3\Delta g^{2}}, \quad \Delta g = -\frac{k_{\mathrm{B}} T}{V_{\mathrm{NbC}}} \ln\left(\frac{X_{\mathrm{ss}}^{\mathrm{Nb}} X_{\mathrm{ss}}^{\mathrm{C}}}{K^{\infty}}\right) \tag{6-7}$$

式中，Δg 为形核化学驱动力。

(2) 形核结束判据。

在同质形核的情况下，当基体中固溶的溶质降低到一定程度后，形核的驱动

力降至零，形核结束。然而，在位错进行异质形核时，形核的元素来自基体扩散的溶质。当一个溶质原子从体相内到达位错后，可能开始形核成为新的析出物，也可能沿着位错扩散到已有的析出物。

下面将讨论形核阶段结束的判据。

在两个已有析出物之间，一个新析出物的平均形核时间为 δt_1：

$$\delta t_1 = \frac{N_{\text{lin}}\rho}{J_s} \tag{6-8}$$

式中，J_s 为稳定形核率。

对于溶质原子通过位错扩散至已有析出物的这一过程，其时间主要由该溶质原子沿位错的扩散系数 $D_{\text{Nb}}^{\text{dis}}$ 决定：

$$\delta t_2 = \frac{d^2}{2D_{\text{Nb}}^{\text{dis}}} = \frac{1}{2N_{\text{lin}}^2 D_{\text{Nb}}^{\text{dis}}} \tag{6-9}$$

单位时间内，在两个已有析出物间不形成核胚的概率为

$$p = \exp\left(-\frac{\delta t_2}{\delta t_1}\right) = \exp\left(-\frac{1}{2\rho N_{\text{lin}}^3 D_{\text{Nb}}^{\text{dis}}} J_s\right) \tag{6-10}$$

因此，可用 $(1-p)$ 来表示位错上有效参与形核的 Nb 原子的比例，从而可得真形核率 J_n：

$$J_n = \left[1 - \exp\left(-\frac{\delta t_2}{\delta t_1}\right)\right] J_s \tag{6-11}$$

(3) 析出物的长大。

由于 Nb 在位错中的扩散系数远大于其在 Fe 基体中的扩散系数，可以认为析出物的长大过程主要受限于 Nb 从基体向位错的扩散过程。这里通过管道模型分析 Nb 在位错的扩散过程，如图 6-8 所示，设沿位错线有扩散管道，其中有两个边界条件：外半径和内半径。

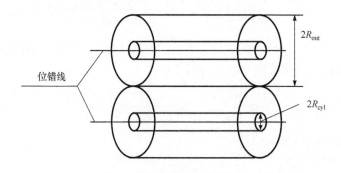

图 6-8 溶质在位错扩散示意图

设两个相互平行的位错，其距离的1/2为外半径：$R_{\text{out}} = \dfrac{1}{2}\sqrt{\rho}$ 。设想一个虚拟的圆柱状析出物，其沿单位位错线长度的体积与圆球析出物体积相同，则这一虚拟管道的内半径为

$$R_{\text{cyl}} = \sqrt{\dfrac{4R^3 N_{\text{lin}}}{3}} \qquad (6\text{-}12)$$

在析出的最初阶段，内半径非常小，可认为其等于 $2b$。

在一定溶质流量进入内半径时，圆柱析出物满足质量平衡：

$$\dfrac{\mathrm{d}R_{\text{cyl}}}{\mathrm{d}t} = \dfrac{|J|}{\dfrac{1}{V_{\text{NbC}}} - \dfrac{1}{V_{\text{Fe}}} X_i^{\text{Nb}}(R)} \qquad (6\text{-}13)$$

式中，V_{NbC} 和 V_{Fe} 分别为 NbC 和 Fe 的摩尔体积。

通过解圆柱体内扩散方程，可得溶质流量：

$$|J| = \dfrac{D_{\text{Nb}}^{\text{bulk}}}{R_{\text{cyl}} V_{\text{Fe}}} \dfrac{X_{\text{ss}}^{\text{Nb}} - X_i^{\text{Nb}}(R)}{\ln\left(\dfrac{R_{\text{out}}}{R_{\text{cyl}}}\right)} \qquad (6\text{-}14)$$

式中，$X_i^{\text{Nb}}(R)$ 为半径为 R 的球形析出物附近基体中 Nb 的浓度，也称为界面 Nb 浓度。此时，引入与析出物半径相关的固溶度积 $K(R)$：

$$K(R) = X_i^{\text{Nb}}(R) X_i^{\text{C}}(R) = K^\infty \exp\left(\dfrac{R_0}{R}\right) \qquad (6\text{-}15)$$

结合式(6-13)和式(6-14)，得到虚拟圆柱析出物的长大速度：

$$\dfrac{\mathrm{d}R_{\text{cyl}}}{\mathrm{d}t} = \dfrac{D_{\text{Nb}}^{\text{bulk}}}{R_{\text{cyl}}} \dfrac{X_{\text{ss}}^{\text{Nb}} - X_i^{\text{Nb}}(R)}{\dfrac{V_{\text{Fe}}}{V_{\text{NbC}}} - X_i^{\text{Nb}}(R)} \dfrac{1}{\ln\left(\dfrac{R_{\text{out}}}{R_{\text{cyl}}}\right)} \qquad (6\text{-}16)$$

根据最初的假设：析出物 NbC 遵守化学计量比，认为向析出物扩散的 C 和 Nb 的流量相等：

$$D_{\text{Nb}}^{\text{bulk}}\left(X_i^{\text{Nb}}(R) - X_{\text{ss}}^{\text{Nb}}\right) = D_{\text{C}}\left(X_i^{\text{C}}(R) - X_{\text{ss}}^{\text{C}}\right) \qquad (6\text{-}17)$$

根据式(6-15)和式(6-16)，可得到半径为 R 的析出物附近的溶质界面浓度。

由于虚拟圆柱析出物和球形析出物体积相等，从而得到球形析出物长大速率：

$$\left.\dfrac{\mathrm{d}R}{\mathrm{d}t}\right|_{\text{g}} = \dfrac{2}{3}\left(\dfrac{3}{4R_{\text{cyl}} N_{\text{lin}}}\right)^{1/3} \dfrac{\mathrm{d}R_{\text{cyl}}}{\mathrm{d}t} \qquad (6\text{-}18)$$

3) 长大与粗化

(1) 长大与粗化的转换。

在等温过程中，长大和粗化持续进行。当所有的析出物大于临界半径时，进入单纯的长大过程，此时的析出物密度保持不变，长大速度可用式(6-18)计算得到；当析出物的平均半径达到临界半径时，进入单纯的粗化过程，此时析出物密度不断降低，需考虑析出物粗化的长大速率。两种状态的转换遵循线性叠加原则：

$$\frac{\mathrm{d}R}{\mathrm{d}t} = (1 - f_{\mathrm{coars}})\frac{\mathrm{d}R}{\mathrm{d}t}\bigg|_{\mathrm{g}} + f_{\mathrm{coars}}\frac{\mathrm{d}R}{\mathrm{d}t}\bigg|_{\mathrm{coars}}$$
$$\frac{\mathrm{d}N}{\mathrm{d}t} = f_{\mathrm{coars}}\frac{\mathrm{d}N}{\mathrm{d}t}\bigg|_{\mathrm{coars}} \tag{6-19}$$

式中，f_{coars} 为粗化速率分数，析出物纯长大时为 0，纯粗化时为 1。f_{coars} 定义为当前体积分数 f_{v} 与平衡体积分数之比的函数，后者经 Gibbs-Thomson 效应修正[8]：

$$f_{\mathrm{coars}} = 1 - 100\left(\frac{f_{\mathrm{v}}}{f_{\mathrm{v}}^{\mathrm{eq}}} - 1\right)^2 \tag{6-20}$$

式中，$f_{\mathrm{v}}^{\mathrm{eq}} = [X_0^{\mathrm{Nb}} - X_{\mathrm{eq}}^{\mathrm{Nb}}(R)](V_{\mathrm{NbC}}/V_{\mathrm{Fe}})$，其中，$X_0^{\mathrm{Nb}}$ 为合金中 Nb 的名义浓度，$X_{\mathrm{eq}}^{\mathrm{Nb}}(R)$ 为固溶的平衡浓度，通过以下两式计算得到：

$$X_0^{\mathrm{Nb}} - X_{\mathrm{eq}}^{\mathrm{Nb}}(R) = X_0^{\mathrm{C}} - X_{\mathrm{eq}}^{\mathrm{C}}(R) \tag{6-21}$$

$$X_{\mathrm{eq}}^{\mathrm{Nb}}(R)X_{\mathrm{eq}}^{\mathrm{C}}(R) = K(R) \tag{6-22}$$

(2) 粗化速率。

在粗化过程中，溶质在析出物之间的交换既可通过体扩散进行，也可通过位错管道扩散进行。当溶质交换仅为体扩散时，长大速率满足 LSW(Lifshitz-Slyozov-Wagner)关系：

$$\frac{\mathrm{d}R}{\mathrm{d}t}\bigg|_{\mathrm{bulk}} = \frac{4}{27}\frac{X_{\mathrm{ss}}^{\mathrm{Nb}} \cdot R_0 \cdot D_{\mathrm{Nb}}^{\mathrm{bulk}}}{\dfrac{V_{\mathrm{Fe}}}{V_{\mathrm{NbC}}} - X_{\mathrm{ss}}^{\mathrm{Nb}}}\left(\frac{1}{R^2}\right) \tag{6-23}$$

对于完全沿晶界扩散进行溶质交换，且一个析出物仅与一个位错相连的情况，长大速率由下式计算：

$$\frac{\mathrm{d}R}{\mathrm{d}t}\bigg|_{\mathrm{disl}} = 2 \times 10^{-2} X_{\mathrm{ss}}^{\mathrm{Nb}} R_0 D_{\mathrm{Nb}}^{\mathrm{disl}} R_{\mathrm{pipe}}^2\left(\frac{1}{R^4}\right) \tag{6-24}$$

式中，$R_{\mathrm{pipe}} = 2b$ 为环绕位错的管道半径，低于该半径时可使用管道扩散系数。

在实际析出粗化过程中，以上两种机制往往同时发生，Iwashita 和 Wei[9]认为基于这两种机制的粗化速率可通过将式(6-23)和式(6-24)相加得到：

$$\left.\frac{dR}{dt}\right|_{coars} = \left.\frac{dR}{dt}\right|_{bulk} + \left.\frac{dR}{dt}\right|_{disl} \tag{6-25}$$

从式(6-25)可知，当析出物较小时，管道扩散的流通面积相对较大，这时长大速率以管道扩散机制为主；当析出物较大时，溶质交换主要以体扩散为主，此时长大速率满足 LSW 关系。当析出物半径达到临界半径 R_{trans} 时，两者发生转换。R_{trans} 与 Nb 的管道扩散系数和体扩散系数的比值相关：

$$R_{trans} = \sqrt{\frac{D_{Nb}^{disl}}{D_{Nb}^{bulk}} b^2} \tag{6-26}$$

通过式(6-25)可得到析出物的长大速率。在粗化阶段，析出物的平均尺寸与临界尺寸相等：

$$R^*(t) = R(t) \tag{6-27}$$

在 $t+dt$ 时刻，析出物的密度为

$$N_{coars}(t+dt) = \frac{f_v(t+dt)}{\dfrac{4}{3}\pi\left[R(t) + \left.\dfrac{dR}{dt}\right|_{coars} dt\right]^3} \tag{6-28}$$

则可得到

$$\left.\frac{dN}{dt}\right|_{coars} = \frac{\left[N_{coars}(t+dt) - N_{coars}(t)\right]}{dt} \tag{6-29}$$

需要注意的是，粗化阶段的形核速率应能够使析出物密度不断减少。

4) 两阶段的转换判据

可通过比较粗化形核率 $\left.\dfrac{dN}{dt}\right|_{coars}$ 和形核率 J_n，来判断"形核长大"和"长大粗化"阶段的转换。若析出物密度减少的速率大于新核的形成速率，则 NbC 的析出过程由"形核长大"转换到"长大粗化"阶段。

2. NbC 在铁素体区位错析出的动力学

按照上文所述的 NbC 析出动力学模型，在 C 语言中编程计算，实现 NbC 析出动力学的模拟，根据 Q1 钢和 Q2 钢的成分计算了 NbC 在钢中铁素体区位错析出的动力学，如图 6-9 中实线与虚线所示，计算中所选的参数见表 6-4。

将 Q1 和 Q2 两种实验钢在高温充分固溶后，降温至 950℃进行快速轧制，然后降至 700℃进行保温，利用物理化学相分析方法测定两种实验钢在不同保温阶段的 NbC 析出量,将实验所测结果也标于图 6-9 中。

图 6-9 的计算结果表明,Q2 钢中的 NbC 析出要早于 Q1 钢。此外,还可以看出,在整个析出过程中,Q2 钢中 NbC 析出相平均尺寸大于同一析出时间 Q1 钢中的 NbC 析出平均尺寸,这种趋势也与实验数据相符(图 6-9(b))。从图 6-9(c)可以看出,含稀土元素的 Q2 钢的单位体积内析出物密度在相同保温时间内也高于 Q1 钢。结合图 6-9(a),在 5000s 左右析出基本结束时,Q2 钢中的析出物密度高于 Q1 钢,前者中析出物的平均间距也小于后者,这将有利于提高 NbC 在铁素体区析出的弥散强化效果。

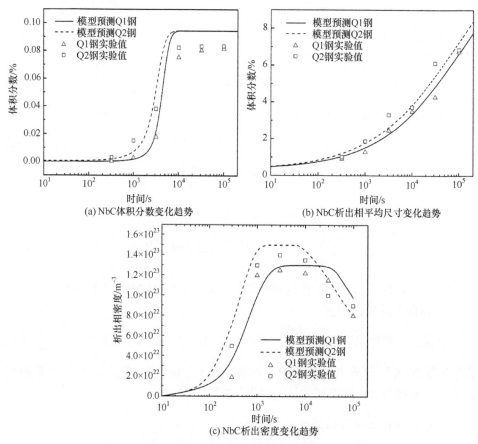

图 6-9 700℃保温 NbC 析出动力学的计算和实验结果

对于以扩散机制为主导的析出行为,NbC 的析出主要由 Nb 的扩散主导。本模型中使用了前文中利用扩散偶实验确定的 Nb 在纯 Fe 和含稀土 Fe 基合金中的扩散系数。对于 Nb 在位错中的管扩散系数,根据 Deschamps 和 Brechet[10]的经验方法,取小于体扩散系数的两个数量级。

　　研究发现,在铁素体中,La 原子会与其近邻的 Nb 原子产生一定的排斥作用,从而降低 La 偏聚区 Nb 原子的扩散激活能。在模型中,Nb 的扩散起到非常重要的作用。如前文所述,在析出的两个阶段,Nb 的扩散系数均会直接影响形核速率和长大(粗化)速率。如形核率计算公式中,用到的系数 β^* 与 Nb 在 α-Fe 中的扩散系数 D_{Nb}^{bulk} 有关,而长大和粗化过程与 D_{Nb}^{bulk} 和 D_{Nb}^{dis} 都相关。模型中所用参数见表 6-4。

表 6-4　模型计算所用参数表

参数	意义	数值
a/m	铁素体晶格常数	2.86×10^{-10}
K_{NbC}/%	NbC 在铁素体中固溶度(质量分数)积	$4.45-10045/T$
D_{Nb}^{bulk} /(m²/s)	Nb 在铁素体基体中扩散系数	$7.1\times10^{-4}\exp[-243143/(RT)]$
D_{Nb}^{disl} /(m²/s)	Nb 在铁素体位错中扩散系数	$7.1\times10^{-2}\exp[-243143/(RT)]$
D_{Nb}^{bulk} (La)/(m²/s)	La 作用下 Nb 在铁素体基体中扩散系数	$1.6\times10^{-4}\exp[-226740/(RT)]$
D_{Nb}^{disl} (La)/(m²/s)	La 作用下 Nb 在铁素体位错中扩散系数	$1.6\times10^{-2}\exp[-226740/(RT)]$
γ/(J/m²)	NbC 析出物的界面能	0.5
ρ/m⁻²	位错密度	2×10^{14}
V_{NbC}/(m³/mol)	NbC 的摩尔体积	1.28×10^{-5}
V_{Fe}/(m³/mol)	α-Fe 的摩尔体积	7.09×10^{-6}

6.4　La 对 NbC 在铁素体区析出行为的影响机理

　　本节将采用基于 DFT 框架下的 VASP 软件包进行第一性原理计算。通过研究 α-Fe 区稀土 La 原子与 Nb 原子之间的相互作用,讨论 La 在 α-Fe 中对 Nb 扩散激活能的影响,从而分析稀土元素对钢中 Nb 析出行为的作用机理。

　　本节计算中,选择 PAW,交换关联泛函采用 GGA,截断能量为 350eV。布里渊区积分采用 Monhkorst-Pack 特殊 k 网格点方法,计算选取了 6×6×6 的 k 网格。计算中采用自旋极化模拟体系的电子结构,能量收敛标准为小于 10^{-4}eV,每个原子的剩余力小于 0.01eV/Å。在对溶质原子扩散的计算中,采用 VASP 中的 CI-NEB(climbing-image nudged elastic method)方法,根据给定的扩散初始态和终止态,计算每个扩散的最小能量路径(minimum energy path,MEP),确定其扩散过程中的鞍点能量,鞍点能量与初始态能量之差为迁移能。

6.4.1　结构模型与结合能计算结果

本计算建立了包含 128 个原子(4×4×4)的 α-Fe 超晶胞。对该超晶胞结构优化后的晶格常数 a=2.873Å，与已报道的 2.866Å 较为接近。

本节分别计算 α-Fe 中 La 原子和 Nb 原子与空位之间，以及 La 原子和 Nb 原子之间的结合能，结果见表 6-5。

表 6-5　α-Fe 中点缺陷之间结合能

X-Y	E_b^{X-Y} /eV	
	1nn	2nn
Nb-空位	0.23	−0.09
La-空位	1.32	0.45
La-Nb	−0.48	−0.29

可以看出，Nb 原子与 1nn 的空位相互吸引，但与 2nn 的空位则显示为轻微的排斥。与 Nb 原子相比，La 原子与空位在 1nn 和 2nn 位置均有较大的吸引作用。此外，由表 6-5 还可以看出，La 原子和 Nb 原子处于 1nn 和 2nn 位置时的结合能分别为 −0.48eV 和 −0.29eV，表现为相互排斥作用，这表明在本节的计算条件下，两种元素结合不会产生化合物。

图 6-10 给出了在 α-Fe 中分别掺杂 Nb 和 La，当(011)面上的溶质原子与空位处于 1nn 位置时，体系的电荷密度分布图。其中，黑色方框表示空位。

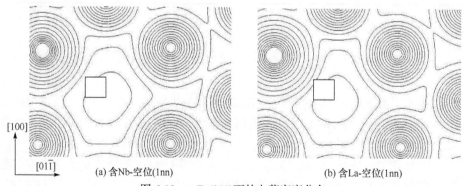

[100]

[011]

(a) 含Nb-空位(1nn)　　　　　　　　　　(b) 含La-空位(1nn)

图 6-10　α-Fe(011)面的电荷密度分布

图 6-10 表明，在经过结构弛豫后，Nb 原子和 La 原子都向空位有所移动。这是由于比 Fe 原子尺寸大的溶质原子取代基体原子后，会对周围的 Fe 原子产生一定应力，当溶质原子近邻存在空位时，溶质原子会向空位移动来缓解晶格畸变，这使溶质原子与空位的结合能得到增强。图 6-10 中，Nb 原子与空位的距离为 2.376Å，而 La 原子与空位的距离为 2.254Å，La 原子向空位移动了更多的距离，

与之对应，在 1nn 位置结构下，La-空位的结合能大于 Nb-空位的结合能。

　　为了进一步探究 La 对 Nb 的作用机理，计算 α-Fe 中 Nb 在最近邻掺杂 La 原子前后的态密度，结果如图 6-11 所示。

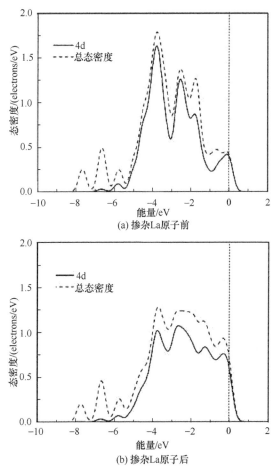

(a) 掺杂La原子前

(b) 掺杂La原子后

图 6-11　α-Fe 中 Nb 在最近邻掺杂 La 原子前后的态密度

　　比较图 6-11(a)与(b)可以看出，在 1nn 引入 La 原子后，Nb 原子的 4d 轨道电子在–3～–5eV 能量范围内的态密度明显降低,而在 0.5～–1eV 范围的峰值显著升高，这使得 Nb 原子的态密度整体向反键态偏移。态密度的这些变化表明，当 La 原子处于 Nb 原子近邻位置时，会使后者状态趋于不稳定，这一作用表现为 La-Nb 的结合能为–0.48eV，La 原子和 Nb 原子之间为排斥作用。

6.4.2　La 对 Nb 在铁素体区扩散激活能的影响

　　钢中的扩散主要为单空位机制，该机制的扩散行为包括两个过程：空位的形成和溶质-空位之间的位置互换。空位机制下，溶质原子在合金中的扩散激活能可通过式(6-30)计算：

$$Q = E_f^V + E_m^{Nb} \tag{6-30}$$

式中，E_f^V 为超晶胞中 1 个空位的形成能；E_m^{Nb} 为溶质原子 Nb 向空位扩散的迁移能。

同样，利用空位形成能计算公式计算可得，体系中掺杂 La 前后 Nb 原子近邻的空位形成能为 2.28eV 和-0.13eV。因此，α-Fe 中局部形成 La 原子和 Nb 原子的聚集体系时，必然会促进 Nb 周围的空位自发形成，这种趋势对于空位扩散是有利的。

同理，在计算 La 掺杂时 Nb 原子向最近邻空位扩散的迁移能时，分别考虑了 La 处于 Nb 1nn 和 2nn 位置的两种构型，如图 6-12 所示。由于体心立方结构中，溶质 Nb 原子具有 8 个最近邻阵点位置，从中选择距离 La 最近邻和次近邻的点阵位置，研究 Nb 向这两个位置的空位扩散的迁移能，在图 6-12 中用 w_A 和 w_B 表示。

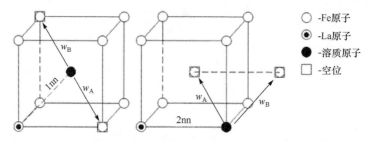

图 6-12　溶质原子处于 La 原子 1nn 和 2nn 位置时的跳跃示意图

依据图 6-12 所示的扩散方向，采用 CI-NEB 方法计算 La 掺杂前后 α-Fe 中 Nb 向最近邻空位跳跃的最小能量路径，计算结果如图 6-13 所示。可以看出，掺

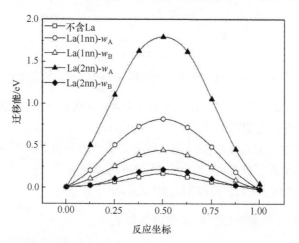

图 6-13　掺杂 La 前后 Nb 向近邻空位跳跃的最小能量路径

杂 La 之后，无论在 1nn 或 2nn 构型，还是 w_A 或 w_B 位置，其跳跃能量均有不同程度的升高。

通过计算图 6-13 中各能量路径鞍点和初始结构能量的差值，得到每个跳跃的迁移能，相关数值在表 6-6 中列出。

表 6-6　α-Fe 中掺杂 La 前后 Nb 原子的扩散迁移能和激活能

名称	迁移能/eV	激活能/eV
Nb	0.16	3.09
Nb-La(1nn)-w_A	0.81	0.68
Nb-La(1nn)-w_B	0.44	0.31
Nb-La(2nn)-w_A	1.79	1.66
Nb-La(2nn)-w_B	0.21	0.08

结合图 6-13 与表 6-6 可以看出，掺杂 La 之后，Nb 原子不同扩散路径的迁移能均有所上升，尤其是当 La 原子处于 Nb 原子的 2nn 位置时，向 La 的 1nn 空位扩散迁移能上升为 1.79eV。这是由于，Nb 原子向空位跳跃过程中，不仅需要克服其本身与 La 原子的相互排斥作用，还要破坏 La 原子与目标空位已形成的结合。

表 6-5 显示，La 原子与 1nn 空位的结合能为 1.32eV，Nb 原子与 1nn 空位的结合能为 0.23eV，La-空位之间具有远大于 Nb-空位之间的吸引作用；与此同时，Nb 原子处于 La 原子的 1nn 时，与 La 原子之间相互排斥。以上因素综合作用，造成 Nb 原子向 La 原子 1nn 空位跳跃的迁移能显著升高。

溶质的扩散激活能综合了空位形成能和迁移能的作用。La 原子虽然使 Nb 的扩散迁移能有所增加，但同时也使空位形成能明显降低至–0.13eV，从而造成其扩散激活能降低。因此，La 的加入会促进 NbC 在 α-Fe 中的析出。这表明，通过含 Nb 钢中的稀土微合金化，可以有效控制 Nb 碳化物的析出，提高合金元素的利用率。

参 考 文 献

[1] 姜茂发, 王荣, 李春龙. 钢中稀土与铌, 钒, 钛等微合金元素的相互作用[J]. 稀土, 2003, 24(5): 1-3.

[2] 林勤, 陈邦文, 唐历, 等. 微合金钢中稀土对沉淀相和性能的影响[J]. 中国稀土学报, 2002, 20(3): 256-260.

[3] 刘宏亮, 刘承军, 姜茂发. 稀土对 B450NbRE 钢热模拟组织的影响[J]. 稀有金属, 2011, 35(1): 53-58.

[4] Hong S C, Lim S H, Hong H S, et al. Effects of Nb on strain induced ferrite transformation in C-Mn steel[J]. Materials Science and Engineering: A, 2003, 355(1): 241-248.

[5] Choi Y H, Shin H C, Choi C S, et al. Precipitation kinetics of NbC in ferrite of a Nb microalloyed steel[J]. Journal De Physique IV, 2004, 120(12): 563-570.

[6] Gao X, Ren H, Li C, et al. First-principles calculations of rare earth (Y, La and Ce) diffusivities in bcc Fe[J]. Journal of Alloys and Compounds, 2016, 663: 316-320.

[7] Perrard F, Deschamps A, Maugis P. Modelling the precipitation of NbC on dislocations in α-Fe [J]. Acta Materialia, 2007, 55(4): 1255-1266.

[8] Perez M, Dumont M, Acevedo-Reyes D. Implementation of classical nucleation and growth theories for precipitation[J]. Acta Materialia, 2008, 56(9): 2119-2132.

[9] Iwashita C H, Wei R P. Coarsening of grain boundary carbides in a nickel-based ternary alloy during creep [J]. Acta Materialia, 2000, 48(12): 3145-3156.

[10] Deschamps A, Brechet Y. Influence of predeformation and ageing of an Al-Zn-Mg alloy-II. Modeling of precipitation kinetics and yield stress[J]. Acta Materialia, 1998, 47(1): 293-305.

第7章　稀土元素对微合金钢形变再结晶的影响

7.1　引　言

一般，微合金钢的热机轧制工艺(TMCP)可分为两个阶段，如图 7-1 所示。第一阶段轧制(粗轧)在 980～1200℃进行，这一阶段的目的是通过形变再结晶过程细化铸造晶粒。轧材在粗轧后，将温度降至 900℃以下，进行第二阶段轧制(精轧)。在精轧过程中，轧材经历一系列变形且不发生再结晶，合金基体内部将产生大量缺陷。同时，等轴奥氏体晶粒也变为类似于拉伸的扁平状。与无应变的等轴晶粒相比，单位体积的扁平细长晶粒具有更大的晶界面积。由于晶界是奥氏体向铁素体转变的优先形核位置，晶界面积与缺陷的增大增多了相变的潜在成核位置，从而进一步提高了晶粒细化程度。在整个轧制过程中，一般使轧材在粗轧阶段经历完全再结晶，而在精轧阶段避免发生再结晶。

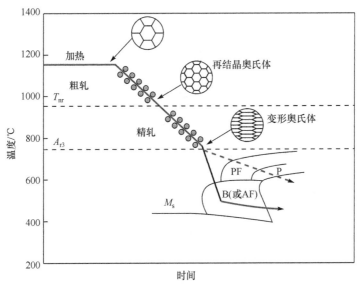

图 7-1　热机轧制工艺示意图

在低合金高强度(HSLA)钢的热机轧制过程中，主要涉及回复、再结晶、析出和晶粒长大等行为，这些行为与合金成分、温度、应变和弛豫时间有关，并且相互影响。钢中加入 Nb、V 和 Ti 等微合金元素，在高温下固溶入基体，在降温后以碳氮化物第二相形式析出。研究表明[1]，弥散细小的析出相不仅可以强化基体，而且可以通过 Zener 钉扎作用明显地延缓或阻止再结晶行为，从而在轧材中增加应变的累积。此外，这些微合金析出相也可以阻止合金的晶粒长大行为。在轧制过程中，通过合金元素的固溶拖曳和碳氮化物析出行为，可以改变钢的回复和再结晶动力学行为。

如前文所述，La 元素加入微合金钢中后，在奥氏体区会增加合金元素 Nb、C 的固溶度，降低 Nb、C 的化学势，并对 Nb 和 C 原子的扩散系数产生影响，这会导致 NbC 在高温轧制过程中的析出行为发生改变，从而影响轧制过程中的回复和再结晶。对于 NbC 的析出行为，在形核方面，合金中 Nb、C 含量相等的情况下，如果 NbC 的固溶度积增加，会降低 NbC 形核的化学驱动力；在长大方面，Nb 和 C 原子扩散系数的变化会影响参与反应的两种溶质聚集的速度，而 Nb、C 化学势的降低会延缓 NbC 的生成速率。

对于本节讨论的体系，La 元素的存在一方面会降低 Nb 原子的扩散系数，另一方面会使 C 的扩散系数小幅增加。研究表明[2]，在热变形后弹性应变场的作用下，C 原子会迅速向位错区偏聚，形成局部的 C 富集区，Nb 原子也在弹性应变场的作用下向位错区扩散，并逐步替代 C 富集区的 Fe 原子，从而最终形成 NbC 析出相。NbC 的形成被其中较慢的扩散元素 Nb 控制，而 NbC 的空间分布则主要受制于较快的扩散元素 C。

7.2　稀土元素对微合金钢形变再结晶行为的影响

7.2.1　稀土元素对形变再结晶行为的影响

微合金钢的控制轧制工艺包括奥氏体再结晶区轧制、未再结晶区轧制、两相区轧制。其中，TMCP 即采用低于奥氏体未再结晶温度 T_{nr} 的温度区间进行大变形量轧制和较快的轧后冷却，未再结晶温度 T_{nr} 表示在低于该温度时，轧制道次之间不发生静态再结晶。利用多道次变形实验的应力-应变曲线来计算平均流变应力(mean flow stress，MFS)的变化，可确定未再结晶温度 T_{nr}[3]。

本节选取 Q1 钢、Q2 钢、Q3 钢为实验材料，在 Gleeble-1500D 热模拟试验机上，将试样以 10℃/s 的升温速率加热到 1250℃保温 300s，再以 10℃/s 的速率分别冷却至 1010℃、990℃、970℃、950℃、930℃、910℃、890℃ 、870℃、850℃、830℃进行多道次压缩变形，每道次应变为 0.15，变形速率为 10s⁻¹，各温度间的降温速率为 1℃/s，也即各压缩道次的间隔时间为 20s。通过以上多道次压缩试验，得到实验钢的应力-应变曲线，根据平均流变应力的变化来确定实验钢的未再结晶临界温度 T_{nr}。

　　在具体选择轧制温度时，一般参考再结晶-析出-温度-时间(recrystallization-precipitation temperature-time diagram，RPTT)曲线。根据 Dutta-Sellars 模型[4]，按照 Q1 钢和 Q2 钢的实验成分计算预测出 RPTT 曲线，如图 7-2 所示。

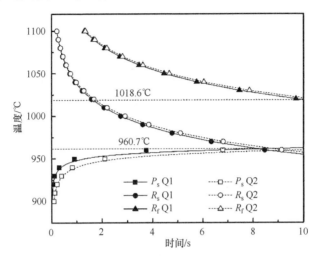

图 7-2　RPTT 曲线计算预测结果(Q1：不含稀土元素，Q2：含稀土元素)

　　在图 7-2 中，P_s 表示 NbC 的析出开始线，R_s 和 R_f 则分别为再结晶开始与结束线。根据温度的高低可将 RPTT 曲线分为三个区间：①$T>1018.6℃$时，为完全再结晶区；②$960.7℃<T≤1018.6℃$时，为部分再结晶区；③$T≤960.7℃$时，为非再结晶区。在非再结晶区，NbC 析出先于再结晶发生，从而抑制了再结晶的形核长大行为。

　　为了清晰显示稀土元素对析出和再结晶开始时间的影响，只选取时间为 0～10s 的变化曲线。由图可以看出，与未加稀土元素的 Q1 钢相比，添加稀土元素的 Q2 钢的再结晶开始温度有所提高。此外，在相同温度下，再结晶开始时间有所推迟。同时，在保温初期(0～4s)，Q2 钢的析出行为明显延缓，开始析出温度也有所降低。根据 Dutta-Sellars 模型的预测结果，添加稀土元素前后，两种实验钢的再结晶开始和析出开始温度的交点也有所延迟。因此，微量稀土元素添加对再结晶与析出行为的影响规律，还需进一步地实验研究与理论分析。

　　Dutta-Sellars 等主要考虑了 Nb 在基体中的含量和平衡固溶度，本节所研究材料中，Nb 含量约为文献所述含量的 2 倍，同时固溶度积也高于后者，因此其再结晶与析出开始点分别向高温区与低温区偏移[5]。

　　需要说明的是，基于 Dutta-Sellars 模型的计算中，重点考虑两者 NbC 固溶度积的差别，但是实际的变化趋势可能更为复杂，后续实验表明其再结晶温度有所不同，这可能和稀土元素作用下 Nb 原子扩散性行为的变化有关。

　　在研究未再结晶温度方面，Maccagno 等[3]提出了利用多道次变形实验的应力-应变曲线计算 MFS 的变化，从而确定 T_{nr} 的方法。每道次的 MFS 定义为该道次应力的积分对于这一道次应变的平均值，即为该道次应变曲线的面积除以应变的增量，其计算公式如下：

$$MFS = \frac{1}{\varepsilon_b - \varepsilon_a} \int_a^b \sigma d\varepsilon \tag{7-1}$$

式中，ε_a 和 ε_b 分别为变形开始和结束时的应变；σ 为瞬间应力。

　　由式(7-1)计算可得各道次的 MFS，绘制 MFS 和相应热力学温度的倒数 $1000/T$ 之间的数据点。

　　本次 MFS 实验在 Gleeble-1500D 热模拟试验机上进行，将各道次 MFS 和相应温度倒数之间的数据点绘于图 7-3 中。

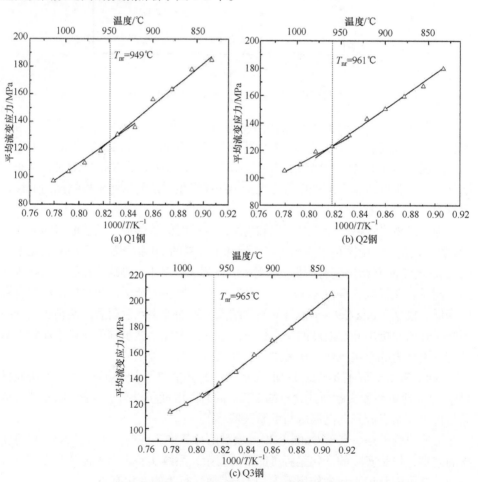

图 7-3　试样的平均流变应力与相应温度的关系

随着温度的变化,MFS 曲线根据斜率的变化可划分为两个区域:在高温区域,相邻两次变形之间可发生完全再结晶,不产生应变积累,因而平均应力的增加只与温度的持续降低相关;在 $T<T_{nr}$ 的低温区域,将发生部分再结晶或不发生再结晶,此时的应变随道次增加而不断积累,相比高温区,其应力表现为较明显的增加。

由图 7-3 可以看出,不含稀土元素 Q1 钢的 T_{nr}=949℃,含稀土元素的 Q2 钢和 Q3 钢的 T_{nr} 则分别为 965℃和 961℃。这表明,实验所得的 T_{nr} 与根据 Dutta-Sellars 模型预测的结果较为一致。此外,在其他成分一致的情况下,稀土元素的添加会提高钢的未再结晶温度。而图 7-2 所示的预测结果表明,再结晶开始温度曲线和析出开始曲线的交点仅向右横移,未发现升高趋势。这表明,Dutta-Sellars 模型在预测本节所讨论的含稀土微合金钢时,未能全面考虑稀土元素的影响因素,应引入新的参数进行调整。

对于形变后的试样,内部形成大量位错、层错,这些缺陷为形变储存能的主要形式。在这些储存能的作用下,合金内部会发生回复与再结晶。其中,回复只涉及缺陷的消除、多边形化或亚晶的形成,而再结晶则通过形核与长大方式形成无畸变的晶粒。这两个过程之间是相互竞争的。回复过程会为再结晶提供核心,同时也消耗了一部分储存能,从而会降低再结晶的驱动力。

回复过程中的应力演变可用式(7-2)来表达[6]:

$$\frac{\mathrm{d}\sigma_{\mathrm{D}}}{\mathrm{d}t} = -\frac{64\sigma_{\mathrm{D}}^2 v_{\mathrm{d}}}{9M^3\alpha E}\exp\left(-\frac{U_\alpha}{k_{\mathrm{B}}T}\right)\sinh\left(\frac{\sigma_{\mathrm{D}}V_\alpha}{k_{\mathrm{B}}T}\right) \tag{7-2}$$

式中, σ_{D} 为应力; t 为时间; v_{d} 为德拜频率; M 为泰勒因子; α 为常数; E 为弹性模量; U_α 为激活能, V_α 为激活体积。

研究表明[7],激活体积 V_α 受溶质浓度和温度的影响较大。激活体积与亚晶界钉扎中心的间距有关,这一钉扎中心可以是位错节点间距,也可以是溶质富集团簇中心间距,溶质富集区间距与 $\frac{1}{\sqrt[3]{C}}$ 成正比(C 为溶质固溶量)。激活体积与位错密度 ρ 和 Nb 溶质浓度之间的关系为

$$V_\alpha = \frac{b^2}{6.3\sqrt{\rho} + \dfrac{0.042}{b}\sqrt[3]{C_{\mathrm{Nb}}}} \tag{7-3}$$

由式(7-3)可以看出,当基体中的 Nb 含量增加时,钉扎间距减小,回复过程的激活体积增加,从而导致回复过程变慢。进一步地,回复过程的减慢也延缓了再结晶进程的开始时间。在本节中,稀土元素的加入增加了 Nb 在奥氏体中的固溶量,因此延长了热变形后的回复进程,从而也相应地延缓了再结晶进程。

7.2.2 稀土元素作用下奥氏体再结晶组织变化规律

基于以上实验，将试样升温到 1250℃保温 300s，降至 T_{nr} 以上 975℃进行压缩变形，变形量 ε 为 0.3，变形速率为 $10s^{-1}$。变形后分别保温 0s、10s、20s、30s、40s、100s、1000s，然后以设备允许的最快速度冷却至室温，热模拟实验工艺路线如图 7-4 所示。

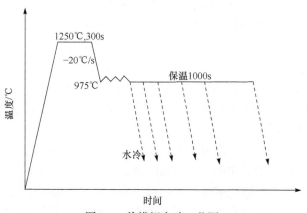

图 7-4 热模拟实验工艺图

将各工艺下的系列样品由横向断开取样，采用苦味酸腐蚀，显示其原奥氏体晶界，在激光共聚焦显微镜下观察不同保温时间下的金相组织，如图 7-5～图 7-7 所示。

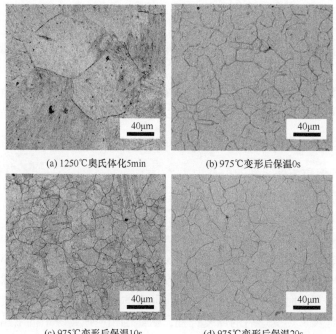

(a) 1250℃奥氏体化5min   (b) 975℃变形后保温0s

(c) 975℃变形后保温10s   (d) 975℃变形后保温20s

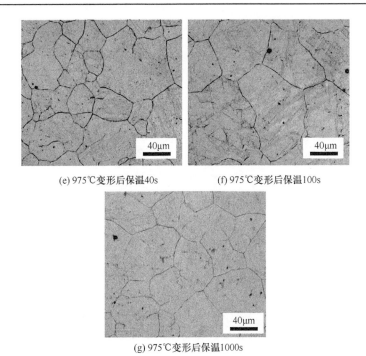

(e) 975℃变形后保温40s　　　　　　　　(f) 975℃变形后保温100s

(g) 975℃变形后保温1000s

图 7-5　Q1 钢各热变形工艺下的原奥氏体晶界 1250℃奥氏体化 5min 及 975℃变形后保温 0s、

10s、20s、40s、100s、1000s 的金相组织

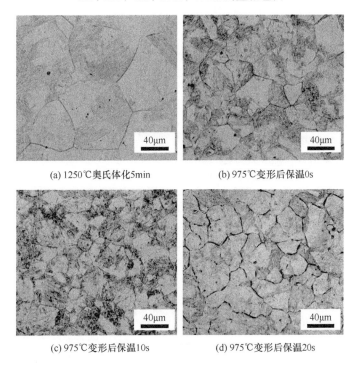

(a) 1250℃奥氏体化5min　　　　　　　　(b) 975℃变形后保温0s

(c) 975℃变形后保温10s　　　　　　　　(d) 975℃变形后保温20s

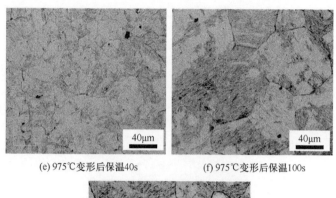

(e) 975℃变形后保温40s   (f) 975℃变形后保温100s

(g) 975℃变形后保温1000s

图 7-6   Q2 钢各热变形工艺下的原奥氏体晶界 1250℃奥氏体化 5min 及 975℃变形后保温 0s、

10s、20s、40s、100s、1000s 的金相组织

(a) 1250℃奥氏体化5min   (b) 975℃变形后保温0s

(c) 975℃变形后保温10s   (d) 975℃变形后保温20s

(e) 975℃变形后保温40s　　　　　　　(f) 975℃变形后保温100s

(g) 975℃变形后保温1000s

图 7-7　Q3 钢各热变形工艺下的原奥氏体晶界 1250℃奥氏体化 5min 及 975℃变形后保温 0s、

10s、20s、40s、100s、1000s 的金相组织

由图 7-5～图 7-7 可以看出，Q1、Q2、Q3 钢经 1250℃奥氏体化 5min 后，其平均晶粒直径分别为 57.56μm、58.87μm、62.91μm。试样经 975℃压缩变形并保温后发生再结晶，随着保温时间延长，再结晶晶粒不断粗化长大。在 100s 后，三种试样的平均晶粒直径分别为 49.0μm、52.4μm、56.9μm。金相显微组织观察表明，Q2 钢和 Q3 钢在再结晶后期的晶粒长大速率明显加快，其演化机理将在后文详细讨论。

图 7-8 所示为 Q1 钢试样在保温 20s 时的 TEM 图。可以看出，变形基体中逐渐出现了等轴的新晶粒，说明基体已开始发生再结晶。

在保温过程中，随着保温时间的延长，一方面 NbC 将缓慢析出，另一方面变形晶粒将发生再结晶。

再结晶晶粒的长大驱动力为储存能，主要与变形后产生的位错密度有关。在存在第二相粒子的情况下，晶粒长大还需克服颗粒的钉扎力 P_z。此外，基体溶质也会对晶粒的迁移产生溶质拖曳作用。晶界迁移速率与纯驱动力 F_{net} 成比例，且与晶界迁移性 M_{GB} 相关，其关系式为

$$v = M_{GB}F_{net} \tag{7-4}$$

晶界迁移性 M_{GB} 与不含溶质晶界的内禀迁移性 M_{GB0}，以及溶质的浓度 C_{Nb}(原子分数，单位为%)有如下关系[8]：

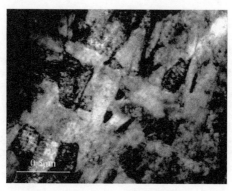

图 7-8　Q1 钢奥氏体化后在 975℃变形并保温 20s 的 TEM 图像

$$M_{\mathrm{GB}} = \left(\frac{1}{M_{\mathrm{GB0}}} + \lambda C_{\mathrm{Nb}} \right)^{-1} \tag{7-5}$$

式中，λ 为常数，其与溶质-晶界的结合能、溶质穿过晶界的扩散系数及温度相关
晶界内禀迁移性的表达式为

$$M_{\mathrm{GB0}} = \frac{1}{10} \frac{D_{\mathrm{GB0}} V_{\mathrm{m}} \delta}{b^2 RT} \tag{7-6}$$

其中，D_{GB0} 为 Fe 原子在晶界的自扩散系数；δ 为晶界厚度。

在忽略回复的情况下，再结晶晶粒长大驱动力等于变形后基体内的储存能：

$$F_{\mathrm{D}} = 0.5 \mu \rho b^2 \tag{7-7}$$

式中，μ 为剪切模量(约 4×10^4MPa)；b 为奥氏体的伯格斯矢量(约 2.53×10^{-10}m)；
位错密度 ρ 可通过式(7-8)计算得到：

$$\rho = \left(\frac{\sigma_{\mathrm{m}} - \sigma_{\mathrm{y}}}{M \cdot \alpha \cdot \mu \cdot b} \right)^2 \tag{7-8}$$

其中，σ_{m} 和 σ_{y} 分别为一定温度下的流变应力与屈服应力；M 为泰勒因子(对于 fcc
结构，M 为 3.1)；α 为常数(0.15)。由压缩过程中的应力-应变曲线，可得出两种试
样的流变应力 σ_{m}；按照 2%补偿法确定材料的屈服应力 σ_{y}，根据式(7-7)和式(7-8)
计算变形后的位错密度与驱动力，结果见表 7-1。

表 7-1　Q1 和 Q2 钢的再结晶长大驱动力及相关参数

实验钢	σ_{m}/MPa	σ_{y}/MPa	$\sigma_{\mathrm{m}}-\sigma_{\mathrm{y}}$/MPa	$\rho/(10^{13}/\mathrm{m}^2)$	F_{D}/MPa
Q1	145	47	98	43.37	0.56
Q2	131	42	89	35.77	0.46

在晶粒长大过程中，还需克服第二相颗粒的钉扎力 P_{z}：

$$P_z = \frac{\varphi f_p}{r_p} \tag{7-9}$$

式中，$\varphi=1.5\times(1.3115-0.0005T)$；$f_p$ 为析出物的体积分数；r_p 为析出物的平均半径。

析出物的钉扎力会拖延或者阻止晶粒的长大进程，这样，综合考虑变形储存能和钉扎力后，再结晶晶粒长大的纯驱动力为

$$F_{net} = F_D - P_z \tag{7-10}$$

根据上述公式，以保温 0s 时的平均晶粒尺寸为初始值，计算出再结晶平均晶粒尺寸随保温时间的变化关系如图 7-9 所示，图中也给出了实验观察到的两种试样在保温过程中的晶粒尺寸变化规律。

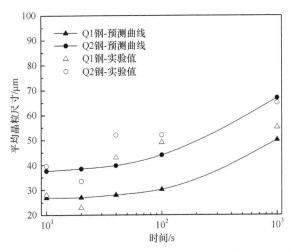

图 7-9　Q1 和 Q2 试样在 975℃保温过程中晶粒尺寸的实验与预测结果

由计算预测的趋势来看，在保温初期，不含稀土元素的 Q1 钢试样中，晶粒的长大较为平缓，而 Q2 钢试样则在 40s 之后观察到明显的长大趋势。这是由于 Q2 钢试样在热变形后析出的第二相数量较少，且稀土添加后使碳化铌的固溶度积略有增大，使得 NbC 析出速度稍慢，因而导致 NbC 在 Q2 钢试样中钉扎晶粒长大的效果减弱。

从实验测定结果来看，在保温初期的 20s 之内，晶粒尺寸并未明显长大，Q1钢在 20s 时的平均晶粒尺寸还略小于 10s 的尺寸。这是因为，在这一阶段，不仅有再结晶晶粒的持续长大，也伴随着新的再结晶晶粒的形核与长大，两者的尺寸差别较大，从而使整体的平均尺寸变化程度较小。

7.2.3　添加 La 对 Nb 拖曳和 NbC 钉扎作用的影响

在再结晶晶粒长大过程中，晶界迁移率为

$$M_{GB} = \left(\frac{1}{M_{GB0}} + \lambda C_{Nb} \right)^{-1} \tag{7-11}$$

式中，M_{GB0} 只与纯 Fe 基体的特性有关；λ 为表征溶质拖曳效应强弱的参数，与晶界宽度 δ、温度 T、溶质与晶界的结合能 E_b、溶质穿过晶界的扩散系数 D^{trans}，以及溶质的摩尔体积 V_m 有关[9]：

$$\lambda = \frac{\delta(RT)^2}{V_m E_b D^{trans}} \left[\sinh\left(\frac{E_b}{RT} \right) - \frac{E_b}{RT} \right] \tag{7-12}$$

根据表 7-2 中的参数，计算 La 加入前后奥氏体晶界迁移性随温度的变化曲线，如图 7-10 所示，在参数确定过程中，根据前文分子动力学计算的结果，在加入 La 后，Nb 的扩散系数有所降低。

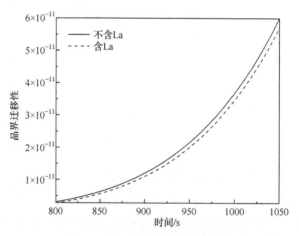

图 7-10　La 对晶界迁移性的影响

由图 7-10 可以看出，随着温度的升高，晶界迁移性也不断升高。在 La 的作用下，奥氏体晶界的迁移性比无 La 体系的晶界迁移性有所降低。这是由于 La 加入后降低了 Nb 的扩散系数，使参数 λ 升高，从而降低了晶界的迁移性。这表明 Nb 扩散系数的降低使晶界的迁移过程较难摆脱固溶 Nb 的影响，增大了该溶质对晶界运动的拖曳作用。

表 7-2　晶界迁移性计算参数表

参数	意义	数值
δ	晶界宽度/nm	1[10]
R	摩尔气体常数/(J/(mol·K))	8.314
E_b	溶质与晶界的结合能/(kJ/mol)	25[11]

参数	意义	数值
b	伯格斯矢量/m	3.17×10^{-10}
D_{gb}	Fe 原子沿晶界的扩散系数/(m^2/s)	$5.5 \times 10^{-5} \exp(-145000/RT)$[12]
V_m	溶质 Nb 摩尔体积/(m^3/mol)	6.77×10^{-6}[13]

根据上述公式，可以将晶界的迁移速率公式进一步演变为

$$v = \frac{M_{GB0}}{1 + M_{GB0} \lambda C_{Nb}} \left(F_D - \varphi \frac{f_p}{r_p} \right) \tag{7-13}$$

实验钢中含 Nb 的总量 C_{Nb}^0 为基体中固溶量与析出物中的含量之和：

$$C_{Nb}^0 = C_{Nb} + f_p C_{Nb}^P \tag{7-14}$$

将式(7-14)代入式(7-13)后可得到

$$v = \frac{M_{GB0} F_D - \dfrac{M_{GB0} \varphi}{r_p} f_p}{1 + M_{GB0} \lambda C_{Nb}^0 - M_{GB0} \lambda C_{Nb}^P f_p} \tag{7-15}$$

式(7-15)综合描述了晶界迁移速率与溶质拖曳和析出物钉扎作用之间的关系。为了讨论晶界迁移速率与析出物之间的关系，利用式(7-15)将 v 对 f_p 求偏导数：

$$\begin{aligned}
\frac{\partial v}{\partial f_p} &= \frac{M_{GB0}}{\left[\left(1 + M_{GB0} \lambda C_{Nb}^0 \right) - M_{GB0} \lambda C_{Nb}^P f_p \right]^2} \left[M_{GB0} \lambda \left(F_D C_{Nb}^P - \frac{\varphi}{r_p} C_{Nb}^0 \right) - \frac{\varphi}{r_p} \right] \\
&= \frac{M_{GB0}}{\left[\left(1 + M_{GB0} \lambda C_{Nb}^0 \right) - M_{GB0} \lambda C_{Nb}^P f_p \right]^2} \Omega_p
\end{aligned} \tag{7-16}$$

式中，$\Omega_p = M_{GB0} \lambda \left(F_D C_{Nb}^P - \dfrac{\varphi}{r_p} C_{Nb}^0 \right) - \dfrac{\varphi}{r_p}$。

式(7-16)表示在析出物中 Nb 浓度在某一数值且析出物平均尺寸为 r_p 时，析出一定体积的第二相颗粒后，对晶粒长大速率的影响。该公式同时也考虑了 Nb 析出过程中基体中固溶 Nb 相应减少而引起的溶质拖曳作用的变化。当 $\Omega_p > 0$ 时，$\partial v / \partial f_p > 0$，此时合金中 NbC 析出物增加不会使晶界的迁移速率减小，即固溶 Nb 的拖曳作用比 NbC 的钉扎作用对晶粒长大的阻止更为有效；当 $\Omega_p < 0$ 时，$\partial v / \partial f_p < 0$，析出相的增加会阻止晶界迁移，固溶态 Nb 的拖曳作用较小；当 $\Omega_p = 0$ 时，$\partial v / \partial f_p = 0$，此时溶质拖曳和析出相钉扎共同作用最大化，晶界的迁移速率达到最低。

　　根据晶界迁移速率的公式可以看出，固溶态的 Nb 通过拖曳作用来降低晶界的迁移速率，而 NbC 析出颗粒则通过钉扎作用降低晶界运动的驱动力。在实验钢热变形后再结晶组织演变过程中，Nb 固溶拖曳和 NbC 析出钉扎作用之间为此消彼长和相互竞争的关系。在添加 La 后，Nb 的扩散系数降低，NbC 的析出行为放缓，与不含 La 的实验钢相比，在相同条件下对晶界移动的拖曳作用会有所增加，NbC 的钉扎作用则会相应有所下降。

　　通过式(7-16)中 Ω_p 的数值，可以表征固溶 Nb 拖曳和 NbC 析出相钉扎作用在抑制晶界移动过程中比重的大小。图 7-11(a)为考虑不同尺寸 NbC 析出颗粒情况下，Ω_p 在常规热轧温度范围内的变化曲线。图中，实线表示不含 La 的体系，虚线表示含 La 体系。从图中可以看出，参数 Ω_p 随着温度的升高不断降低，从正值过渡到负值。如前所述，当 $\Omega_p > 0$ 时，固溶 Nb 拖曳阻止晶界迁移的作用较大；当 $\Omega_p < 0$ 时，NbC 析出颗粒的钉扎作用对阻止晶界运动的作用比例较大，此时应增大 NbC 析出量以抑制晶界迁移；当 $\Omega_p = 0$ 时，拖曳和钉扎的贡献较为均衡。对于不含 La 的体系，在析出物尺寸为 12nm 的情况下，当温度低于 1025℃时，溶质拖曳对晶界移动的作用较大；当温度上升至 1025℃以上后，NbC 析出物钉扎的作用更有效；在析出物尺寸为 6nm 的情况下，Ω_p 数值正负值的变化温度降低为 857℃，析出相的钉扎作用在大部分热轧温度区间均占主导地位。从图 7-11(a)可以看出，在常规的热轧工艺温度范围内，当析出相尺寸在小于 12nm 时($\Omega_p < 0$)，对奥氏体晶界的钉扎作用较为明显，可以很好地起到阻止再结晶晶粒长大的作用，当析出相尺寸大于 12nm 后($\Omega_p > 0$)，第二相颗粒对再结晶晶粒长大的抑制作用减弱，这与文献报道较为一致[14]。比较图 7-11(a)中实线和虚线的位置可以发现，加入 La 后，同一析出相尺寸所对应的曲线向右偏移。这表明，加入稀土元素后，溶

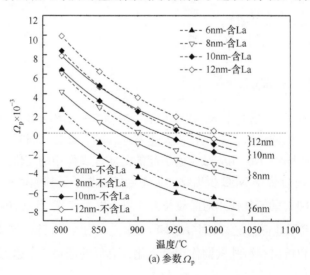

(a) 参数 Ω_p

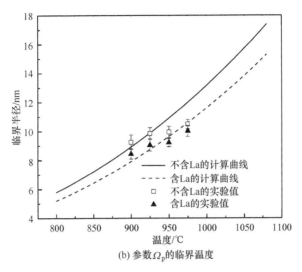

(b) 参数 Ω_p 的临界温度

图 7-11　不同析出尺寸的参数 Ω_p 随温度的变化

质拖曳起主导作用的温度区间向较高温度偏移。以 12nm 析出相为例，加入 La 后，$\Omega_p=0$ 时对应的温度从 974℃提高到 1008℃，也就是在高于 1059℃后 12nm 的析出相才起到明显的钉扎作用，在小于该温度时，尺寸为 12nm 的析出相对抑制晶界迁移贡献的作用较少。

　　在含 Nb 微合金钢的热变形过程中，为了更好地控制再结晶晶粒的细化程度，往往要确定某一工艺区段 Nb 在固溶态和析出相中的含量比，并控制析出相颗粒的尺寸范围。当 $\Omega_p=0$ 时，溶质拖曳和析出相钉扎的作用均等，此时固溶 Nb 和析出 Nb 达到最合理的含量比，将 $\Omega_p=0$ 时所对应的温度为临界温度。从图 7-11(b) 可以看出，参数 Ω_p 变化的临界温度随着析出相尺寸的增大而不断上升，即温度越高能够有效阻止晶界移动的 NbC 析出相尺寸范围越大，而在较低温度时，则需要控制析出更小的析出相来达到细化晶粒的效果。进一步也可以说，如果析出物尺寸处于图 7-11(b) 中曲线左上方，则溶质拖曳占主导地位；如果析出物尺寸处于图 7-11(b) 右下方，则析出相钉扎占主导地位。因此，在热轧过程中，应按照析出颗粒的尺寸，将轧制温度控制在图 7-11 所示的临界温度附近，以实现溶质拖曳和析出相钉扎的均等作用。比较添加 La 前后参数 Ω_p 临界温度的变化曲线发现，加入 La 之后，同一温度下 Ω_p 临界温度有所降低。以 950℃为例，加入 La 之前的临界尺寸为 10.8nm，加入 La 之后临界尺寸减小为 9.6nm。这表明，加入 La 后，相同温度下起主导作用的析出相尺寸范围变窄，在析出相尺寸相同的情况下，溶质拖曳作用的温度范围变宽。

　　图 7-11(b) 中给出了不含 La 和含 La 实验钢在 900℃、925℃、950℃和 975℃变形 (变形量 0.3，应变速率为 $1s^{-1}$) 后等温 100s 时析出相的平均半径。对于不含

La 实验钢，在 900℃时，钢中析出相的尺寸稍高于其临界半径，在这种情况下，应该控制 NbC 的析出，尽量使固溶态的 Nb 产生影响；在 925℃时，析出相尺寸与临界尺寸接近，此时析出相钉扎和固溶 Nb 拖曳的共同作用最大化；在 950℃和 975℃，NbC 尺寸低于临界晶粒尺寸，此时第二相钉轧对晶粒长大有明显的抑制作用，此时应尽量多地使实验钢内产生 NbC 第二相。对于含 La 实验钢，在 900℃和 925℃下，第二相颗粒的尺寸大于临界半径，此时，固溶 Nb 的拖曳对晶界迁移的作用明显；在 950℃和 975℃下，第二相的尺寸小于临界半径，此时，NbC 钉轧对抑制晶粒长大起主导作用。因此，如果要在含 La 的实验钢中更加充分地发挥析出相对界面的钉轧作用，应更加严格地控制析出相的尺寸。

参 考 文 献

[1] Herman J C, Donnay B, Leroy V. Precipitation kinetics of microalloying additions during hot-rolling of HSLA steels[J]. ISIJ international, 1992, 32(6): 779-785.

[2] Hin C, Bréchet Y, Maugis P, et al. Kinetics of heterogeneous dislocation precipitation of NbC in alpha-iron[J]. Acta Materialia, 2008, 56(19): 5535-5543.

[3] Maccagno T M, Jonas J J, Yue S, et al. Determination of recrystallization stop temperature from rolling mill logs and comparison with laboratory simulation results[J]. ISIJ International, 1994, 34(11): 917-922.

[4] Dutta B, Sellars C M. Effect of composition and process variables on Nb (C, N) precipitation in niobium microalloyed austenite[J]. Materials Science and Technology, 1987, 3(3): 197-206.

[5] Kundu A, Davis C, Strangwood M. Grain size distributions after single hit deformation of a segregated, commercial Nb-containing steel: Prediction and experiment[J]. Metallurgical and Materials Transactions A, 2011, 42(9): 2794-2806.

[6] Maruyama N, Uemori R, Sugiyama M. The role of niobium in the retardation of the early stage of austenite recovery in hot-deformed steels[J]. Materials Science and Engineering: A, 1998, 250(1): 2-7.

[7] Kang K B, Kwon O, Lee W B, et al. Effect of precipitation on the recrystallization behavior of a Nb containing steel[J]. Scripta Materialia, 1997, 36(11): 1303-1308.

[8] Hutchinson C R, Zurob H S, Sinclair C W, et al. The comparative effectiveness of Nb solute and NbC precipitates at impeding grain-boundary motion in Nb steels[J]. Scripta Materialia, 2008, 59(6): 635-637.

[9] Cahn J W. The impurity-drag effect in grain boundary motion[J]. Acta Metallurgica, 1962, 10(9): 789-798.

[10] Zhang Y J, Miyamoto G, Shinbo K, et al. Effects of transformation temperature on VC interphase precipitation and resultant hardness in low-carbon steels[J]. Acta Materialia, 2015, 84: 375-384.

[11] Zurob H S, Brechet Y, Purdy G. A model for the competition of precipitation and recrystallization in deformed austenite[J]. Acta Materialia, 2001, 49(20): 4183-4190.

[12] Hernandez C A, Medina S F, Ruiz J. Modelling austenite flow curves in low alloy and microalloyed steels[J]. Acta Materialia, 1996, 44(1): 155-163.

[13] 付立铭, 单爱党, 王巍. 低碳 Nb 微合金钢中 Nb 溶质拖曳和析出相 NbC 钉扎对再结晶晶粒长大的影响[J]. 金属学报, 2010, 46(7): 832-837.

[14] Vervynckt S, Verbeken K, Thibaux P, et al. Recrystallization-precipitation interaction during austenite hot deformation of a Nb microalloyed steel[J]. Materials Science and Engineering: A, 2011, 528(16-17): 5519-5528.

第8章　稀土元素在微合金钢中应用的工业评价及理论探索

8.1　引　　言

白云鄂博矿拥有丰富的铁、稀土和铌等多种金属矿，稀土、铌与铁共生，多种物质成分共存，形成了白云鄂博矿独特的矿床类型。由于白云鄂博铁矿资源的特殊性，目前的冶金技术条件下，很难高效提取利用铁矿中的稀有金属。白云鄂博地区铁矿原料生产的钢材中，自身约含有一定量的固溶稀土。理论与实践均表明，这些固溶度极低的稀土元素起到有效的微合金化作用，并提高包头钢铁公司系列微合金板材(如管线钢、重轨、汽车板等)的性能。

2003 年，美国科罗拉多州天然气公司将 HTP X80 管线钢用于美国第一条 X80 输气管线，该管线钢取消了钼元素的使用，与传统的含钼钢相比，其成本大为降低[1]。其采用高铌低碳的成分设计，不仅可以降低甚至取代钼的添加，还可以通过增加奥氏体中的铌固溶量提高奥氏体再结晶温度，从而实现 TMCP 工艺的高温轧制，降低对加工设备的要求。如前文所述，微合金钢的微量固溶稀土元素可增加钢中的铌固溶量，影响铌碳化物在奥氏体与铁素体区的析出。因此，基于白云鄂博矿的矿产资源优势，通过深入探索稀土元素在钢中的作用机理，控制稀土元素在钢中的存在形式，使白云鄂博矿自然带入钢中的残留稀土元素发挥其特殊作用，具有重要的工业实际意义。

本章将在前期工作与文献调研的基础上，总结稀土钢在成分优化设计、添加关键技术、轧制工艺设计等方面的要点，并对含稀土铁矿生产钢材的可行性和经济性，以及稀土元素在微合金钢中研发应用情况进行讨论。

8.2　稀土元素在微合金钢中应用的工业评价

8.2.1　稀土钢的成分优化设计

掌握某一温度下稀土元素在 Fe 基合金中的固溶度对于稀土微合金钢的成分设计至关重要。目前测得 La 在 Fe 中的固溶度(原子分数)在 1400℃为 0.03%，900℃时小于 0.2%，780℃时小于 0.1%；在 950℃时，Ce 在 Fe 中的固溶度(质量分数)

测量值为 0.596%，在 860℃时则为 0.439%[2]。从 Fe-RE(La,Ce)二元相图的热力学计算结果可以看出，除 La 之外，Ce 和 Y 均可与 Fe 形成稳定的化合物，三种稀土元素在 Fe 中的固溶度均极低。

本书 2.3 节中，首先利用第一性原理从微观结构能量角度预测了 Y、La 和 Ce 元素在 bcc Fe 中的固溶度。计算结果表明，稀土元素的固溶度在高温与低温区间差别很大。在稀土微合金钢板实际的控轧控冷工艺过程中，随着温度变化，稀土元素的固溶度也会发生变化，这将导致已固溶的合金元素在降温过程中有偏聚或析出的趋势。

进一步地，以纯铁为基体，避免其他合金元素的干扰，通过内耗谱实验检测了不同稀土含量的 Fe-RE 系合金在升温与降温等动态过程中内耗峰的变化情况，由此表征了固体内部微观结构的演变规律，探究了稀土元素在 Fe 基稀溶液固溶体中的存在形态。根据无序原子群模型，晶界上存在局域无序的原子群，且每个无序原子群所包含的原子数通常会少于同基体的正常晶体中的原子数。当异类元素及合金元素原子较少，不足以形成化合物时，将以固溶态存在于空位、位错、晶界、晶内、间隙等缺陷处。含有固溶微合金原子的弛豫过程会引起内耗的变化，产生固溶峰。内耗谱变化趋势表明，随着稀土元素含量增加，PM 峰逐渐消失，出现了晶界峰 P_1 峰、固溶晶界峰 P_3 峰和沉淀晶界峰 P_4 峰。这表明，钢中添加的少量稀土元素将以固溶形式存在于晶界，当稀土含量继续增加到固溶度极限时，则以固溶态与析出相两种形式存在。

根据稀土原子与 Fe 晶界的结合能 E_{GB}，可以推断出平衡状态下稀土元素在 Fe 晶界的偏聚浓度 C_{GB}[3]：

$$\frac{C_{GB}}{1-C_{GB}} = C_{Bulk} \exp\left(-\frac{E_{GB}}{kT}\right)$$

式中，C_{Bulk} 为基体中的稀土浓度。

按照前文对稀土元素 La 和 Ce 在 Fe 晶界偏聚能的计算结果可知：

$$E_{GB}(La) = -9.766 - (-9.203) = -0.563eV$$

$$E_{GB}(Ce) = -6.428 - (-6.056) = -0372eV$$

稀土微合金钢设计时，往往将稀土元素含量控制在很低的数量级。按稀土元素含量为 $1×10^{-5}$ 即 0.001%(原子分数)计算，根据上面偏聚浓度计算公式，可得 La 和 Ce 在 1000K 下偏聚于晶界的局域浓度分别为 0.683%与 0.0749%(原子分数)(由于低温条件下扩散很难进行，不做讨论)。按照前文计算结果，1000K 时 La 与 Ce 在 Fe 中的平衡固溶度分别为 0.03%和 0.01%(原子分数)。可以看出，在足够平衡条件下，局部晶界区域会出现单质 La 或 $Fe_{17}Ce_2$ 化合物析出行为。研究发现[4]，当稀土元素超过一定含量后，合金冲击韧性显著下降，稀土-铁化合物的形成可能是其脆性增加的原因。当然，由于理论计算固溶度中，仅考虑稀土元素的溶解焓和空位浓度等因素，没有将稀土原子自身的相互作用、稀土原子与其他合金元素之间的交互作用，以及材料在制造工艺过程中出现的各种缺陷纳入考虑，从而使得到的理想固溶度低于材料实际的固溶度。因此，在实际进行稀土微合金钢成分设计时，可根据计算结果和使用温度适当放宽稀土含量范围。

Mo 在微合金钢中可以使铁素体析出线右移，同时可以提高 NbC 在奥氏体中的固溶度积。谭起兵[5]研究表明，加入稀土元素后可以增强过冷奥氏体稳定性，使 C 曲线向右偏移，同时根据前述稀土元素对 NbC 溶析和再结晶的作用规律，可以在成分设计中适当减少金属元素 Mo 的用量。对管线钢等含 Mo 的 HSLA 钢来说，如典型的 X80 管线钢使用 0.3% Mo(质量分数)，若将 Mo 含量降至 0.2%(质量分数)，按当前 Mo 价格 98000 元/t 计算，每吨管线钢可节省原料成本 98 元。根据以上初步分析，基于白云鄂博稀土共伴生铁矿，对于年产量为 100 万 t 的钢铁企业，每年在原料成本上可以节约 9800 万元。减少合金元素的使用量，不仅降低了生产成本，也降低了每吨钢的环境成本。此外，由于轧钢生产中的精轧轧制力降低，使轧钢电耗有所降低，进一步节约了生产成本。

8.2.2　稀土元素添加的关键技术

大量研究表明，稀土元素在钢中的作用主要体现在细化变质夹杂物、深度净化钢水和强烈的微合金化等方面，对钢的性能影响主要体现在提高钢的韧塑性、耐热性、耐蚀性和耐磨性等四个方面。稀土钢性能的一致性和稳定性取决于稀土元素对钢中夹杂物形态、大小、数量和分布的影响。其中，原位纳米级夹杂物的生成是关键，合理的稀土元素加入工艺与合适的稀土元素加入量(0.01%～0.05%)是保障。

稀土元素能否与钢液充分作用是发挥其在钢中作用的关键因素。然而，稀土元素加入工艺不当，不仅易造成稀土元素氧化烧损、成分分布不均等问题，而且会引起水口结瘤和二次氧化，造成双浇、短锭甚至整炉钢报废，因此稀土元素采用何种加入方式对于稀土钢的生产至关重要。选择合理的稀土元素添加方法和优化稀土元素加入工艺主要是为了避免稀土元素大量氧化烧损、避免出现水口结瘤、避免过量稀土元素在晶界富集析出，保证稀土元素在钢液中充分反应、精确控制稀土元素回收率。

目前，已经较为成熟的钢中稀土元素添加技术有多种类型。按照稀土元素的加入位置，可分为钢包加入法、模铸中注管加入法、模铸钢锭模内加入法、连铸结晶器加入法、电渣重熔过程加入法等。按照稀土元素的加入方式，可分为压入法、吊挂法、喂丝法、喷吹粉剂法、渣系还原法等[6-10]。朱健等[11]根据生产实践将稀土元素加入工艺的类型与特点归纳于表 8-1 中。

　　稀土元素加入前钢水的纯净度，高纯稀土金属、稀土铁合金的制备，稀土元素的保护性加入，稀土钢水的保护性浇注是稀土钢生产的关键控制工艺[12]。实际生产中发现，钢包压入法、钢包喷吹粉剂法、钢包喂稀土丝法都存在稀土元素回收率低、工作环境恶劣、污染严重等问题，连铸中间包喂稀土丝法易导致水口结瘤、钢液氧化等问题，模铸钢锭模内吊挂法存在影响钢的洁净度、难以进行连续生产等问题，因此这些稀土元素加入工艺都难以满足实际生产要求。连铸结晶器喂线法是最有效的稀土元素加入工艺，它具有稀土元素回收率高、分布均匀，适合现代钢铁连铸生产等优势。近年来，喂线技术在国内铸造企业得到长足发展，如研发了高精度、智能化、高稳定性的喂线机，开发加强芯线的线卷接口、控制粉料均性和不漏分的技术等[13]，推动了该工艺的实际应用。同时，采用连铸专用中间包覆盖剂和结晶器保护渣[14]，解决了该工艺中稀土氧化物使传统中间包覆盖剂、结晶器保护渣使用性能发生变化而导致铸坯表面缺陷等问题，因此这是目前钢铁连铸生产最有效的稀土元素添加工艺。

　　然而，我国钢厂的技术更新改造和连铸比的大幅度提高，导致以前试用有效的稀土元素加入工艺可能难以继续实施，为适应新的现场情况，必须研究新的加入方法与工艺。而且，随着我国制造实力的不断提升，重大设备制造用大型、超大型铸/锻件生产需求越来越大。由于电渣重熔技术所制备的铸锭具有成分均匀、组织纯净、致密、性能优异等诸多优点，成为大型铸件的重要制备技术。另外，发挥稀土元素在电渣重熔过程中的变质、净化、微合金化和抑氢的作用，可解决重大装备制造用的大锻件长期面临的钢锭氢含量、成分均匀性难以控制等问题。因此，稀土电渣重熔工艺逐渐成为稀土钢大型铸、锻件生产过程中主要稀土元素添加工艺的一种新思路。该工艺只需采用含稀土元素渣系替代传统渣系，就能够实现稀土元素的添加。因此，大力发展稀土电渣重熔工艺，对生产重大装备制造用大型铸件具有重要的应用价值。

表 8-1　主要稀土元素加入工艺类型与特点[11]

工艺类型	工艺过程	应用实例	收得率/%	主要优点	存在问题
钢包压入法	用 3mm 钢板焊铁箱，箱内放入需加稀土合金，利用吊车将其压入包内钢液	鞍钢 150t 氧气转炉生产 16Mn 钢	20~25	操作简单，稀土元素在钢中分布均匀，基本上不发生水口结瘤	稀土元素回收率低，夹杂物变质不完全
钢包喷吹法	利用载气(氩气)将粉剂通过喷枪载入钢液中，扩展粉剂和钢水的反应界面	上钢三厂电炉 15t 钢包，实验钢 16MnRE；氧气顶吹转炉 30t 钢包，实验钢为 Y08RE	45~60	强化冶金反应过程，大幅度降低钢中硫含量和夹杂物总量	喷粉设备复杂，工艺烦琐

工艺类型	工艺过程	应用实例	收得率/%	主要优点	存在问题
钢包喂稀土丝法	精炼后喂稀土丝,然后进行真空处理(VD)	包头钢铁公司,多流大方坯连铸机,实验钢为 20 钢	10~25	操作简单,净化钢液,工艺顺行	稀土元素回收率低,夹杂物变质不完全
连铸中间包喂稀土丝法	连铸生产后期加入,钢水从中间包 T 型口流到结晶器阶段加入	包头钢铁公司,多流大方坯连铸机,实验钢为 20 钢	50~75	操作方便,稀土元素分布均匀、收得率较高,夹杂物变质完全	水口结瘤,工艺复杂,稀土部分烧损并与熔融的覆盖渣发生反应,导致覆盖剂烧结并结块
连铸坯结晶器喂丝法	通过喂丝机将稀土丝加入结晶器对角线 1/4 处	武钢 10.3m 大型弧形板坯连铸机,实验 0.9MnRE 和 16MnRE;武钢二炼钢厂 50t 纯氧顶吹转炉和弧形板坯连铸机上进行,实验钢种为 16Mn、08Al、09Mn	70~90	工艺顺行,稀土元素收得率高、分布均匀,夹杂物变质完全	稀土反应物易存留于钢中形成夹杂物;稀土及其反应产物在渣钢界面富集,造成连铸结晶器保护渣性能恶化,导致铸坯表面缺陷产生
模铸钢锭模内吊挂法	钢锭模内采用石墨渣保护浇注,吊挂稀土棒	上海第三钢铁厂,镇静钢	65~85	显著降低钢中氧含量,消除低倍稀土夹杂物的孔洞缺陷,吊挂工艺简单,效果稳定	稀土硫氧化物随钢液结晶凝固不易上浮,沉积在钢锭中下部影响钢锭的洁净度,进而影响力学性能
模铸中注管喂丝法	将稀土丝通过加丝机连续地加入中注管的钢流中	上海第三钢铁厂于电炉、平炉、转炉中冶炼多个钢种,其中 16MnRE、14MnMoV13RE、14MnVTiRE、55SiMnRE 取得良好效果	>80	稀土消耗下降 75%,脱硫率 60%,硫含量小于 0.005%,稀土元素和硫分布均匀,避免水口结瘤	需对喂丝速度、钢流注入流速等进行匹配调试
模铸中注管喂丝法	30%CeO₂+20%CaO + 50%CaF₂ 三元稀土渣系,代替氧化铝渣,重熔过程中用硅钙粉作为还原剂	中国兵器工业集团第五二研究所和东北大学开展研究,实验钢为 38CrNi3MoV、38CrNi4MoV、38CrMn2Mo 钢	15~35	控制加入还原剂的数量,可准确控制钢中的实际稀土元素含量;反应稳定,起到充分的变质和净化作用	对于渣系制备和操作制度要求高,工艺较复杂

综上所述，我国稀土元素在钢中应用虽然取得了较大成就，但是钢中稀土元素的加入工艺和设备尚不能地很好地满足从国外引进的炼钢和炉外精炼设备的高度自动化、连续化的要求。随着科学技术的进步，还需研究发展稀土元素的加入方法与工艺，以更好地匹配工业化生产。

8.2.3　稀土钢的轧制工艺控制

1. 稀土元素在 TMCP 工艺中的作用

钢中的微合金元素铌能否充分溶解到奥氏体中，对于热轧过程具有重要影响，铌的溶解和析出行为及其对轧制冷却组织变化的影响是热轧板成分与工艺设计的关键。

研究表明[15]，稀土元素能降低 C、Nb 的活度，也能降低 C、Nb 的扩散系数，促进这些元素在钢中的溶解，从而不同程度地影响 NbC 的溶析行为。此外，稀土元素在晶界处的偏聚会降低晶界处的自由能，进一步影响碳化物的析出位置与形貌。如果将稀土元素与微合金元素的这种相互作用与控轧控冷工艺相结合，则有可能开发出生产 HSLA 钢的新工艺。

高温下，未溶的微合金碳氮化物会阻止奥氏体晶粒长大；轧制温度下，固溶的 Nb、V、Ti 等微合金元素对基体的再结晶及相变行为产生重要影响。钢中弥散析出的第二相和较高的微合金元素固溶量会抑制奥氏体再结晶、提高再结晶温度和扩大未再结晶区间，从而有利于未再结晶区的控制轧制，轧制时未溶或应变诱导析出的微合金碳氮化物则会抑制再结晶晶粒长大；其中，铌对再结晶的推迟作用非常明显，可显著扩大奥氏体未再结晶区温度范围，在铁素体转变过程中，细小的微合金碳氮化物析出则会产生强烈的沉淀强化作用。

通过以上实验分析与理论计算可知，在奥氏体区，稀土元素会影响铌的扩散，从而延缓铌碳化物颗粒的析出过程，造成奥氏体区析出量降低，但 18nm 以下的小尺寸颗粒数量明显居多，特别是尺寸为 5～10nm 的颗粒比例上升，析出颗粒的平均尺寸减小。此外，在未再结晶区多道次轧制时，固溶铌通过溶质拖曳机制对位错的攀移起到了限制作用，使形变奥氏体的回复、再结晶受到抑制，增加了 $\gamma \rightarrow \alpha$ 相变的相变驱动力，使铁素体形核率增加，可以起到细化组织的作用。

2. 稀土元素对碳化铌析出的作用机理

稀土元素在结构材料中微合金化行为研究的前提是对稀土元素的存在状态及微量稀土元素的精确表征方法进行深入探索，这是稀土钢研究和应用中的主要问题。然而，由于稀土理化性质的特殊性，极易受到钢中氧与其他杂质元素的干扰，导致在实际冶炼和轧制过程中均较难控制；同时，由于稀土元素在钢中固溶度极低，常规分析检测手段无法对其作用机理进行系统分析，这就造成稀土元素在钢中存在状态的精确表征、分布稳定性的控制，以及稀土元素对材料的组织结构影响规律等相关研究较为困难。因此，生产过程中，较多地凭借经验指导生产，产品质量难以控制。

研究表明，Nb 在奥氏体中与稀土元素的相互作用系数为负值，基于 Nb 固溶与析出实验，结合理论计算表明，在高温均匀化处理时，稀土元素 La 可以促进 Nb 溶解。第一性原理计算显示，在奥氏体区 La 会在局部区域对 Nb 元素形成捕获效应，从而延缓 Nb(C,N) 的析出；在 T_{nr} 温度以下的精轧区间，稀土元素虽然具有延缓析出的趋势，但是由于未再结晶温度下轧制积累了大量的位错，可为 NbC 的析出提供额外的形核位置，大应变能促进析出的作用远大于微量稀土元素的延缓作用。在铁素体区，理论计算与实验分析均表明，由于 La 会与作用范围内的 Nb 相互排斥，且 La、Nb 富集区易于形成空位，稀土元素的存在会促进铁素体区 NbC 的析出。

Nb 的析出强化效果取决于粒子析出量、析出尺寸、分布状况等。不同的高温轧制工艺对 NbC 的析出有影响。未再结晶区变形时，为奥氏体晶粒内引入了大量的位错、变形带和亚结构等缺陷。这些缺陷为微合金碳氮化物的析出提供了有利的场所，因此析出细小的微合金碳氮化物，析出第二相粒子形式主要以 NbC 为主，在铁素体晶界、铁素体晶内均有分布。因此，为了充分发挥 Nb 的作用，在精轧阶段未再结晶区应尽可能增大变形量，轧后冷速以及终冷温度可以根据现场条件进行适当控制，保证 Nb(C, N) 的充分析出，发挥其较强的细晶强化作用和低温下弥散、细小的析出粒子的沉淀强化作用。

对于微合金钢的热机轧制，工艺的核心之一是合理控制 Nb(C,N) 的析出行为，以及合理的精轧变形工艺，再结合合理的轧后热处理工艺。稀土元素添加后，扩大了未再结晶的温度区间，较高的未再结晶温度使得未再结晶区轧制的变形抗力减小，能提高未再结晶区间轧制的变形量，从而在细化奥氏体晶粒的同时改变了 Nb 元素的析出规律。这为稀土微合金钢的轧制工艺调整提供了依据。研究表明[15]，通过适当调整稀土微合金钢的轧制工艺，稀土元素的微合金作用会得到充分发挥，可以使合金的奥氏体晶粒更加细化，同时促进相变后铁素体中第二相的沉淀析出，起到沉淀强化的作用。

奥氏体未再结晶温度 T_{nr} 对于制定热机轧制工艺参数，获得理想的成品组织非常重要[16,17]。微合金钢在未再结晶温度以下轧制时，一般仅发生部分回复而不发生再结晶，从而在基体中积累位错密度和应变能。稀土元素会促进 NbC 的溶解，阻碍 NbC 的析出，因此高温状态下更多的 Nb 固溶会进一步阻碍再结晶的发生，使 T_{nr} 温度提高，这不仅能够使奥氏体中积累更多的位错和应变能，促进大量弥散析出相的生成；同时，由于在基体中形成了更多的变形带，细化相变形成的贝氏体或铁素体，提高成品的力学性能。

　　稀土元素与 Nb 的综合作用，使未再结晶温度进一步提高，即提高了精轧的起始温度。同时，有研究表明，稀土元素的加入可以提高过冷奥氏体稳定性，延缓 $\gamma \rightarrow \alpha$ 转变过程，降低 A_{r3} 相变温度。稀土元素的这两点作用，拓宽了精轧温度区间(图 8-1)，为增加精轧变形道次，进一步细化奥氏体晶粒提供了条件。同时，也降低了精轧机组的轧制力，减少了轧制能耗。

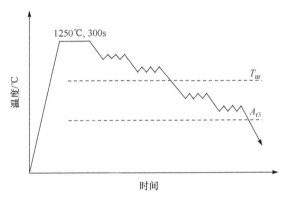

图 8-1　热机轧制工艺示意图

3. 稀土微合金钢中的弥散强化

　　碳氮化物的析出强化是微合金钢中最重要的强化方式之一。通过添加微量合金元素即可获得成百兆帕的强度增量，同时微合金碳氮化物析出还会实现晶粒细化的作用。

　　一般，Nb 碳化物质点均为球形或圆片状，其对韧性的危害并不很大，仅其周围基体的点阵畸变而导致一定程度的韧性下降与冲击转折温度的升高。目前普遍采用的微合金碳氮化物沉淀强化的脆化矢量为 0.26℃/MPa，与固溶强化方式相比要小[18]。

　　Nb 的碳氮化物析出相作为障碍物与位错的交互作用是析出强化的本质。Nb 的碳氮化物具有高硬度和低塑性，为强障碍物，无论析出相与基体共格与否，位错均难以切过析出相。含 Nb 微合金钢中，碳氮化物析出基本都按照 Orowan 机制来实现弥散强化。

　　按照微合金碳氮化物的析出强化理论，NbC 的析出强化一般按照第二相体积分数的 1/2 次方增加，而其脆化作用则随第二相体积分数的增大而增大，因此不能靠提高 MC 相的体积分数来无限制地提高其强化效果。

　　Gldamna 等认为，在沉淀粒子随机分布的情况下，位错线在位于滑移面上的两个相邻粒子之间弓出，沉淀析出强化效果为

$$\sigma_{\mathrm{ppt}} = (5.9\sqrt{f}\,/\,x)\ln(x\,/\,2.5\times10^{-4}) \tag{8-1}$$

式中, f 为析出相的体积分数; x 为析出相的平均直径。

可以看出, Nb 析出强化的效果取决于析出量、析出粒子尺寸、分布情况等。不同的高温轧制工艺对 NbC 的析出有影响。未再结晶区变形时, 为奥氏体晶粒内引入了大量的位错、变形带和亚结构等缺陷。这些缺陷为微合金碳氮化物的析出提供了有利的场所, 因此析出细小的微合金碳氮化物, 析出二相粒子形式主要以 NbC 为主, 在铁素体晶界、铁素体晶内都有。因此, 为了充分发挥 Nb 的作用, 在精轧阶段未再结晶区应尽可能增大变形量, 轧后冷速以及终冷温度可以根据现场条件进行适当控制, 保证 Nb(C, N) 的充分析出, 发挥其较强的细晶强化作用和低温下弥散、细小的析出粒子的沉淀强化作用。

NbC 等稳定碳化物的相变自由能较大, 一般均为扩散型相变, 因此无论 NbC 粒子形核或是粗化都会受到扩散快慢的影响。C 原子扩散速率较快, 因此 NbC 的析出主要受 Nb 扩散速率的影响。研究表明, 稀土元素能增加 Nb 的扩散激活能, 降低其扩散系数, 对 NbC 的析出和熟化都有影响, 稀土元素会使碳化物的分布更为细小弥散。

根据第 6 章中铁素体区等温析出实验和模拟结果, 加入稀土元素后, 能够促进 NbC 在铁素体等温过程的析出行为。其中, 析出相数量密度分布结果也表明, 稀土微合金钢中 NbC 第二相的析出密度明显提高, 而析出颗粒的平均间距则较小。实验观察也表明, 与析出相平均间距相比, 稀土元素对析出相平均直径的影响较小。结合式(8-1)可以看出, 对于本节讨论的稀土元素对铁素体区 NbC 析出动力学的影响而言, 在稀土元素作用下, NbC 的弥散强化效果增强。

综上所述, 由于稀土元素会改变碳及合金元素铌的活度, 使得元素扩散激活能增加, 从而减缓其偏聚速率, 延缓 NbC 的析出, 因此高温状态下更多的 Nb 固溶会进一步阻碍再结晶的发生, 在控制轧制大应变量后形成较小的晶粒, 从而提高细晶强化的效果。另外, 稀土元素会促使 NbC 的析出颗粒更为细小, 进一步提高 Nb 的析出强化效果。综合分析, 稀土元素会进一步增强 Nb 在钢中的作用, 改善组织, 提高强度与韧性。

8.3　稀土元素在微合金钢中研发的未来探索

随着《中国制造 2025》的提出, 传统的材料研发模式已无法满足先进制造和高新技术新材料的研发需求。"十三五"时期是我国稀土行业转型升级、提质增效的关键时期, 大力发展稀土高端应用, 加快稀土行业转型升级, 优化稀土添加技术开发新品种并开拓研发新思路、缩短研发周期、提高效率, 对于稀土行业转型具有重要意义[11]。

针对目前的发展趋势，稀土钢工业化的进一步突破仍需解决以下问题：积极开发稀土钢新品种，结合时代寻找全新的应用方向；努力攻关突破稀土应用的关键核心技术；极力解决稀土钢应用发展不平衡问题，加大应用推广深度。

8.3.1　适应新形势与新环境

随着制造强国战略目标的提出，对材料制造提出了更高、更迫切的发展要求。例如，用于桥梁建设和公路防护栏的金属材料，长期暴露在自然环境中容易发生腐蚀现象，从而影响材料的使用寿命，形成安全隐患。对其表面进行钝化，可提高防腐蚀性能，增加使用寿命，减少安全隐患。目前，铬酸盐钝化在我国金属表面钝化工业中占据很大的比重，而铬酸盐钝化所产生的六价铬会对环境造成污染，对人体也有毒性作用。国际上已经立法限制铬的使用。而稀土钝化具有无毒害、无污染、价格便宜、工艺简单等优点，并且稀土在我国分布广泛、储量大，因此稀土钝化是无铬钝化的重要方向之一。已有学者对稀土钝化工艺进行了研究，发现经过稀土钝化工艺增强的钝化膜均匀致密，极大程度地提高了钝化膜的防腐蚀功能。目前，稀土钝化的工艺和技术日益成熟。由于镀锌钢板的广泛使用，大部分研究都以锌或镀锌钢板为基体，相信未来的研究将会逐渐普及到其他基体表面钝化中，更好地利用好稀土这一战略资源。

8.3.2　寻求新方法与新技术

除了开拓新的应用领域，发展稀土钢应用的新思路也是突破技术核心的关键。"材料基因组计划"作为"先进制造业伙伴关系"计划的重要组成部分，是以市场和应用为导向的材料研发新理念，通过"多学科融合"实现"高通量材料设计与实验"[19]。其基本思路是，通过融合高通量计算(理论)、高通量实验、专用数据库等三大技术，变革新材料研发理念和模式，研究材料的成分、相组成和微结构等基本属性及其组合规律和比例与性能之间的关系，从而缩短新材料研发周期，降低研发成本。我国围绕材料高通量的制备、设计和表征方法，启动了"十三五"重点研发计划材料基因工程关键技术与支撑平台重点专项，以加速我国关键新材料的"发现—开发—生产—应用"。

对稀土钢而言，其成分设计的主要任务就是优化稀土元素含量。由于稀土元素化学性质活泼，能够与钢中几乎所有杂质和合金元素发生反应。对常用钢种而言，其往往由多种合金成分组成，因此稀土元素在钢液中的化学反应非常复杂，给成分设计造成很大的挑战。采用高通量第一性原理与热力学计算，可快速获得相关物化性质参数和热力学参数。通过这些参数可以预测稀土元素的脱氧、脱氢、脱硫能力，杂质形成能力和形成杂质的种类等，从而建立稀土元素在钢材中的反应模型，获得原材料中杂质成分、含量与稀土元素消耗量之间的关系，从而精确预测各反应过程所需的稀土元素。建立稀土钢材料设计的基础数据库，不仅能缩短优化周期和降低成本，而且有助于成分的精确控制。

稀土元素在钢中主要有三种存在形式，通过与杂质元素发生反应形成稀土化合物，或固溶于钢基体，或与钢中的合金元素反应生成稀土金属化合物。稀土元素对钢的净化作用是其应用的重要基础之一，净化程度取决于稀土元素与杂质元素发生反应的充分程度。添加足够量的稀土元素，可达到深度净化钢液的效果。但如果稀土元素添加过量，多余的稀土元素会与钢中合金元素反应生成脆性的稀土金属化合物，使钢材的力学性能发生严重下降。因此，精确控制钢中稀土元素的含量是稀土钢成分设计的关键。采用高通量热力学计算，可以快速计算稀土元素在不同钢中的固溶度及各种合金元素与稀土元素的反应生成焓，判断可能生成的稀土金属化合物，结合稀土钢性能数据库和相关模型，预测稀土元素含量对钢材性能的影响。实际生产中，还可以采用高通量材料组织模拟技术和高通量样品制备与表征技术，并与材料性能数据库、制备加工数据库相结合快速建立材料制备加工工艺-组织-性能之间的关系。

如上所述，在稀土钢研发过程中，针对应用需求，从材料成分与组织设计、加工制备工艺优化、性能与寿命预测等方面进行全链条一体化研究[20]。目前，稀土元素与其他元素的综合作用尚没有建立相应的系统的数据库，导致稀土元素在各类钢中作用机理的研究还不够深入。通过引入材料基因工程先进研究理念，建立稀土钢数据库，采用高通量计算与模拟、高通量制备与表征研究方法，可实现精准匹配并加快稀土钢的研发进程。

8.3.3　发展新钢种与新应用

我国稀土产业的发展前景广阔，稀土元素在钢中应用取得了很大成就，但仍然存在诸多问题。从事稀土研究的科技工作者应突破传统思路的束缚，充分发挥稀土元素深度净化、有效变质和强效合金化作用，利用稀土元素与富产微合金元素优势互补的作用提高钢的质量和开发稀土新品种，发掘稀土的新用途，发展稀土在钢中的应用，把稀土资源优势转化为钢的品种优势和经济优势。并针对不同的新钢种，研究探索稀土元素加入工艺，优化稀土元素加入量，开发专用保护渣，解决大块夹杂物和分布不均匀等问题。

目前，稀土在钢中的应用研究在品种和数量上还有很大的扩充余地。我国目前以板材供应的各类低合金钢和耐候钢为主，结构钢以及各种高合金耐热钢、不锈钢、工具钢产量未见突破性的进展，需要推广现有钢厂已有的性能优良的稀土钢种，寻求新品种钢的加入量与加入方法，更好地发挥稀土在钢中的综合作用。例如，研发稀土耐候钢新品种应用于集装箱、建筑用钢结构、网架结构等，来满足高强、耐候、耐火、冷弯等综合性能的要求；研发含 Mn 稀土低合金钢新品种，应用于焊接气瓶、汽车大梁等，满足高强韧性、成型性及钢板良好横向性能等综合性能的要求；利用稀土元素 Y 等改善钢的抗氧化、耐热、耐蚀性能，如含稀土元素的 H861 和 H921 等以及含稀土元素的 304 不锈钢等，可应用于耐热钢板、钢管，以此替代 0Cr25Ni20、0Cr21Ni32AlTi 和 Inconel601，具有显著的经济效益，可考虑研发新型稀土耐热钢；利用稀土元素消除钢中的氢致裂纹，将会是稀土在钢中有重要应用的领域，有很大的经济和社会效益；利用稀土元素在钢中部分代替 Mn 或 Ni 等合金元素，如硅锰铸钢代高锰钢，用稀土可节省锰铁合金在其中的使用；1t 钢用 5kg 稀土能节省锰铁合金 60kg 左右，可明显改善钢的塑韧性；利用稀土降低低熔点金属如 Sb、Sn、Pb、Zn、As、Bi、Cu 等在钢中的危害作用，变害为利，将有很大的开发应用前途；利用稀土和硅钙的双重有利作用，综合利用两者优势，并将稀土与硅钙合金采用合适的方法加入；利用稀土对铸造、焊接和热加工性能的良好作用，减少铸件和热加工过程中产生的各种缺陷而提高产品质量。

面对存在的问题，需要根据我国的稀土资源特点，合理开发新的稀土添加剂品种，并进行应用研究与推广。目前，对稀土元素的使用多数仅限于简单的 La、Ce，其他稀土元素的价值需要进一步挖掘，因此在廉价镧铈合金丝棒大力推广应用的同时，需开发其余稀土元素。同时，利用稀土元素在钢中与其他合金元素交互作用的潜在作用提升钢材的性能。更重要的是，应建立协调机制，集中优秀人才，发挥专家作用，提升稀土在钢铁中应用技术水平及产品的终端制造能力。

综上所示，稀土在钢中应用的研究主要集中在以下方面：第一，从生产工艺入手，推行目前已经行之有效的稀土钢种。第二，利用稀土在钢中的作用，研发低成本高附加值钢铁产品。第三，充分利用稀土元素与微合金元素的优势互补作用。尽管科研工作已取得许多有价值的成果，但在实际生产中仍存在问题，尤其是稀土在各类钢中作用机理的研究还不够深入，需要广大科研工作者不断继续努力，依靠科技进步使钢的品种和质量上升到一个新的水平，提高钢质在国际市场上的竞争力，把稀土资源优势转化为钢的品种优势和经济优势。

参 考 文 献

[1] Stalheim D G. The use of high temperature processing (HTP) steel for high strength oil and gas transmission pipeline applications[C]//Fifth International Conference on HSLA Steels, Chinese Society of Metals, Sanya, 2005.

[2] Lin Q, Guo F, Zhu X. Behaviors of lanthanum and cerium on grain boundaries in carbon manganese clean steel[J]. Journal of Rare Earths, 2007, 25(4): 485-489.

[3] Yamaguchi M, Shiga M, Kaburaki H. Grain boundary decohesion by impurity segregation in a nickel-sulfur system[J]. Science, 2005, 307(5708): 393-397.

[4] Liu H L, Liu C J, Jiang M F. Effect of rare earths on impact toughness of a low-carbon steel[J]. Materials & Design, 2012, 33: 306-312.

[5] 谭起兵. 稀土对 Mn-RE 系贝氏体钢相变动力学及组织的影响[D]. 贵阳: 贵州大学, 2008.

[6] 张庆登. 稀土合金在钢中加入方法的综述[J]. 特殊钢, 1987, 27(2): 32-37.

[7] 曹伟, 兰正录, 林竖. 开发结晶器喂稀土丝方法扩大稀土处理钢品种[J]. 炼钢, 1992, (2): 3-11.

[8] 鞠远峰, 左生华, 刘爱生, 等. 稀土处理钢生产用混合稀土金属丝、棒的质量控制及加入方法[J]. 稀土, 1993, (4): 63-65.

[9] 周宏, 崔崑, 孙培祯. 稀土在钢中的作用及加入方法[J]. 钢铁研究, 1994, (3): 47-51.

[10] 任新建, 陈建军, 王云盛. 连铸稀土加入工艺试验[J]. 稀土, 2003, 24(5): 22-25.

[11] 朱健, 黄海友, 谢建新. 近年稀土钢研究进展与加速研发新思路[J]. 钢铁研究学报, 2017, 29(7): 513-526.

[12] 孟庆江. 2017 年稀土合金应用市场发展形势分析[J]. 稀土信息, 2018, (5): 37-39.

[13] 刘燕平, 杨宇鹏, 钟伟昌, 等. 喂线法球化处理及变质处理工艺的应用[J]. 现代铸铁, 2014, 34(1): 19-23.

[14] 王德永, 姚永宽, 王新丽, 等. 稀土钢连铸喂丝工艺存在的问题及对策[J]. 炼钢, 2003, 19(5): 14-17.

[15] 刘宏亮. 稀土对 X80 管线钢组织和性能的影响[D]. 沈阳: 东北大学, 2011.

[16] Wang S, Yu H, Zhou T, et al. Effects of non-recrystallization zone reduction on microstructure and precipitation behavior of a ferrite-bainite dual phase steel[J]. Materials and Design, 2015, 88: 847-853.

[17] Huang K, Logé R E. A review of dynamic recrystallization phenomena in metallic materials[J]. Materials & Design, 2016, 111: 548-574.

[18] 雍歧龙, 马鸣图, 吴宝榕. 微合金钢——物理和力学冶金[M]. 北京: 机械工业出版社, 1989.

[19] 汪洪, 向勇, 项晓东. 材料基因组——材料研发新模式[J]. 科技导报, 2015, 13(10): 13-19.

[20] 王崇愚, 于涛, 于潇翔. 多尺度模拟及其在高温合金中的应用进展[J]. 科研信息化技术与应用, 2014, 5(6): 53-58.